U0322045

SHIMOXI REDIAN LINGYU ZHUANLI

XINXI FENXI

石墨烯热点领域专利

信息分析

郭　雯 ◎ 主编

知识产权出版社

全国百佳图书出版单位

— 北京 —

图书在版编目（CIP）数据

石墨烯热点领域专利信息分析／郭雯主编 . —北京：知识产权出版社，2020. 12
ISBN 978 - 7 - 5130 - 7328 - 8

Ⅰ. ①石… Ⅱ. ①郭… Ⅲ. ①石墨—纳米材料—专利技术—情报分析
Ⅳ. ①TB383②G306

中国版本图书馆 CIP 数据核字（2020）第 243720 号

责任编辑：齐梓伊　雷春丽　　　　　　　责任校对：王　岩
封面设计：乾达文化　　　　　　　　　　责任印制：孙婷婷

石墨烯热点领域专利信息分析
郭　雯　主编

出版发行：知识产权出版社 有限责任公司	网　　址：http：//www. ipph. cn
社　　址：北京市海淀区气象路 50 号院	邮　　编：100081
责编电话：010 - 82000860 转 8004	责编邮箱：leichunli@ cnipr. com
发行电话：010 - 82000860 转 8101/8102	发行传真：010 - 82000893/82005070/82000270
印　　刷：北京九州迅驰传媒文化有限公司	经　　销：各大网上书店、新华书店及相关专业书店
开　　本：720mm×1000mm　1/16	印　　张：21
版　　次：2020 年 12 月第 1 版	印　　次：2020 年 12 月第 1 次印刷
字　　数：342 千字	定　　价：98. 00 元

ISBN 978 - 7 - 5130 - 7328 - 8

本书编委会

主　编：郭　雯

副主编：闫　娜　朱晓琳　刘　彬

编　委：聂春艳　傅晓亮　丁　雷

编　者：（按姓氏笔画为序）

　　　　于丽娜　卫立现　马　然　刘　欣　杜骁勇

　　　　杨　坤　张春荣　张殊卓　林丹丹　赵义强

　　　　姚　希　彭芳芳　强　婧　魏　静

统　稿：魏　静　于丽娜

审　稿：聂春艳

前·言

石墨烯自 2004 年被发现以来，因其特殊的微观结构和优异的物理化学性能而在电学、光学、磁学、生物医学等诸多领域展现出巨大的应用潜能，引起了科学界和产业界的高度关注。随着石墨烯制备与应用技术的不断完善，石墨烯对一些传统产业的升级换代和高端制造业的发展都将产生巨大的促进作用。全球众多国家和地区都把发展石墨烯产业提升至战略高度，并结合自身实际情况，相继发布或资助了一系列相关研究计划和项目，推进石墨烯研究进程。美国、中国、日本、韩国、欧盟及其成员国处于全球石墨烯技术研究与产业化的前列，先后从国家或地区层面开展战略部署，出台多项扶持政策和研究计划。在我国，石墨烯发展尤其迅猛，国内的学术界和产业界均在积极加快和推进石墨烯的研究和产业化。我国石墨烯全产业链已初现雏形，涉及石墨烯研发、制备、销售、应用、技术服务等各个方面，涉及半导体产业、光伏产业、锂离子电池、涂料等领域。可以说，我国石墨烯相关技术的研究开发都前景可期，石墨烯相关创新主体不断涌现。一定程度上，我国在石墨烯研究和产业化进程上，已走在世界前列。

近年来，随着石墨烯科学研究和产业应用的发展，围绕石墨烯的专利申请在全球范围内呈现高速增长态势，已成为新材料领域一个非常活跃的专利申请热点。众多国内外科研机构和企业相继申请了有关石墨烯制备、应用等方面的专利。对于我国众多创新主体而言，虽然石墨烯的研发和产业化发展尤为迅速，但仍然需要面对国际上强有力的竞争，在做好石墨烯研究开发的同时，还需为石墨烯未来可预见的应用或产业化做好必要的准备工作，综合产业、市场和法律等因素，从与未来自身可能相关的技术、产品和地区等维度构建严密高效的保护网。这是我国创新主体未来能够持续发展的保障。而专利作为最重要的知识产权保护手段之一，必将成为创新主体十分重视并积极利用的主要方式，在保护石墨烯技术、抢占石墨烯目标市场等方面发挥重要作用。专利文献由于其形式的标准化、规范化，以及内容的多样性和丰富性，通过合适的分析手段能够展现出丰富的信息，例如，通过分析可以展现某项技术的申请趋势、研发方向、重点技术、布局区域等多方面的信息，所以充分发掘和利用石墨烯现有专利文献信息，可以全面了解石墨烯研究的发展方向，有助于我国创新主体更好地确定研发方向、进行专利布局、制定适合自身的战略发展模式、开拓潜在应用市场。与此同时，上述专利信息分析对于产业政策制定而言，也能提供有益的参考。

基于上述需求，本书以石墨烯相关专利申请为研究对象，依托国家知识产权局全面的专利检索与服务系统，检索了截至 2019 年 4 月 30 日之前的全球石墨烯相关专利。在全面覆盖、充分检索的基础上，通过人工筛选和标引去除噪声项，进而根据最终结果，对石墨烯专利申请的总体情况、石墨烯主要制备方法和一些热点应用研究方向，例如，石墨烯在涂料、锂离子电池、超级电容器和触摸屏方面的应用，进行了相关专利信息分析；同时根据引用频次、同族数量等数据对重点专利进行筛选，并结合分析数据介绍了热点领域主要申请人的基本情况、申请态势、主要技术等。上述专利信息分析，旨在揭示石墨烯相关技术当前专利申请的特点和热点，力求为科研界和产业界的研究人员在科学研究和项目开发中提供有价值的专利信息，同时也为石墨烯技术产业化以及产业政策制定提供有益的参考。

本书共包括九章。第一章简要介绍了国内外石墨烯技术的研究现状和产业发展现状。第二章对全球已公开的石墨烯相关专利文献进行了分析，概述了全球、在华石墨烯技术专利申请总体情况。第三章对石墨烯制备方法及应

用的专利申请总体情况进行了分析，随后对石墨烯制备技术中最主要的两种
方法化学气相沉积法和氧化还原法的专利申请进行了重点分析。第四至八章
分别针对石墨烯在涂料、锂离子电池、超级电容器和触摸屏等当前几个热点
应用领域，从专利申请态势、技术来源国（地区／组织）、技术目标国（地
区／组织）、申请类型、法律状态、重点申请人、技术主题分布等方面进行了
重点分析，并依据一定指标筛选了典型和重点专利。第九章则基于上述分析
结果，就我国未来的石墨烯技术研发、专利申请及布局等方面提出了一些建
议，希望能为我国石墨烯技术和产业的发展提供一定帮助。

　　本书各章节完成人员如下：第一章由张殊卓完成；第二章由于丽娜完
成；第三章由赵义强完成；第四章第 4.1 节、第 4.3.3 ～ 4.3.4 节、第 4.4 节由
姚希完成，第 4.2 节由杨坤完成，第 4.3.1 ～ 4.3.2 节由彭芳芳完成；第五章
第 5.1 节、第 5.4 ～ 5.5 节由魏静完成，第 5.2 ～ 5.3 节由张殊卓完成，第 5.6
节由魏静完成；第六章第 6.1 ～ 6.2 节由马然完成，第 6.3 节由杜骁勇完成，
第 6.4 ～ 6.5 节由刘欣完成；第七章第 7.1 ～ 7.3 节由强婧完成，第 7.4 ～ 7.5
节由林丹丹完成；第八章第 8.1.1 ～ 8.1.3 节、第 8.2 ～ 8.3.2 节由张春荣完成，
第 8.1.4 节、第 8.5 节由卫立现完成，第 8.3.3 节由强婧完成，第 8.4 节由林丹
丹完成，第 9 章由杨坤、姚希完成。

　　由于水平有限，书中错误之处在所难免，希望读者批评指正。

目·录

第六章　石墨烯锂离子电池专利技术分析 219

第一章 国内外石墨烯技术的研究现状和产业发展现状

1.1 石墨烯产业研究概述

1.1.1 石墨烯技术的起源与发展

石墨烯（graphene）是一种由碳原子构成的单层片状结构的新材料，由英国曼彻斯特大学的安德烈·海姆和康斯坦丁·诺沃肖洛夫的研究小组在实验中首次通过微机械剥离的方法成功制得，发现者也因此获得了2010年的诺贝尔物理学奖。

自2004年以来，石墨烯受到了极大的关注，美国麻省理工学院的《技术评论》曾将石墨烯列为2008年十大新兴技术之一，2009年12月出版的《科学》杂志中将《石墨烯研究取得的新进展》列为2009年十大科技进展之一。由于石墨烯特殊的微观结构和优异的物理化学性能，以及其在电子学、光学、磁学、生物医学、催化、储能和传感器等诸多领域展现出巨大的应用潜能，引起了科学界和产业界的高度关注。

1.1.2 石墨烯的组成、结构和性质

石墨烯是以 sp^2 杂化连接的碳原子层构成的二维材料，厚度仅为一个碳子层的厚度（0.34nm）。它由二维蜂窝状晶格紧密堆积而成，其中碳原子以六元环形式周期性排列于石墨烯平面内，每个碳原子通过 σ 键与邻近的三个碳原子相连，s、p_x 和 p_y 三个杂化轨道形成强的共价键合，组成 sp^2 杂化的结构，具有 120° 的键角，剩余的 p_z 轨道的 π 电子在与平面垂直的方向形成轨道，此 π 电子可以在石墨烯晶体平面内自由移动。

石墨烯按照厚度的不同，可以分为：（1）单碳层石墨烯，它是由单个碳原子层构成的大平面共轭结构材料；单碳层石墨烯是最初发现的本征石墨烯；（2）多层石墨烯或少数碳层石墨烯，它是厚度在 2 ~ 10 碳层的石墨薄片材料，其层内的电子运动行为有别于原来的石墨材料；（3）石墨烯微片，它是厚度在 10 个碳层至 100 纳米厚的石墨薄片材料，其与宏观石墨材料只存在几何结构、形貌的差别，而无电子运动行为的差异。

迄今为止，已发现石墨烯在很多方面具备超越现有材料的特性，如图 1-1-1 所示。① 由于石墨烯具有非凡的物理和电学性质，有望从构造材料到用于电子器件的功能性材料等多领域引发材料革命。

1.最强性能

最薄、最轻	→	厚0.34nm，比表面积为2630m²/g
载流子迁移率最高	→	室温下为0.2×10⁶cm²/Vs（硅的100倍） 理论值为10⁶cm²/Vs以上
电流密度耐性最大	→	有望达到0.2×10⁹A/cm²（铜的100倍）
强度最大最坚硬	→	破坏强度：42N/m 杨氏模量与金刚石相当
导热率最高	→	3000 ~ 5000W/mK（与碳纳米管相当）

2.独特性质

高性能传感器功能	→	可检测出单子有机分子
类似"催化剂"的功能	→	添加少量石墨烯至树脂材料等， 可强化电子输送功能
吸氢功能	→	已在低温下确认具有一定效果
双极半导体	→	无须添加剂即可实现 互补金属氧化物构造半导体元件
常温下可实现无散射传输	→	英特尔等公司正在积极研究

图 1-1-1　石墨烯超越现有材料的性能

---

① 国家知识产权局学术委员会.石墨烯专利技术信息分析与研究［Z］.国家知识产权局学术委员会 2014 年度一般课题研究项目，2014：2.

1.1.3 石墨烯的制备方法

从发现稳定存在的石墨烯到现在，石墨烯在制备方面取得了长足进步。微机械剥离法是最早用于制备石墨烯的物理方法，2004 年 Novoselov 等 [1] 利用透明胶带反复剥离高定向热解石墨获得石墨烯。2006 年 Somani 等 [2] 用化学气相沉积法（CVD 法）制备得到石墨烯，在规模化制备石墨烯的问题方面有了新的突破。同年 Stankovich 等 [3] 用肼还原脱除石墨烯氧化物的含氧基团，从而恢复单层石墨的有序结构，氧化还原法以其简单易行的工艺成为实验室制备石墨烯最简便的方法，得到石墨烯研究者的青睐。其他的方法还有碳化硅热分解法、液相或气相直接剥离法、电弧放电法、切割碳纳米管法等，也为石墨烯的制备与合成开辟了不同的道路。

石墨烯潜在应用前景需要大量高质量、结构完整的石墨烯材料，这就要求提高或进一步完善现有制备工艺的水平。微机械剥离法可制备高质量的石墨烯，但产率低、耗时长，不适合大规模工业生产；化学气相沉积法可以制备出大面积且性能优异的石墨烯薄膜材料，但现有的高温处理工艺导致无法实现连续化生产以及成本较高等因素限制了其大规模应用；氧化还原法虽然能够以相对较低的成本制备出大量的石墨烯，但制备的石墨烯通常含有氧的官能团，对物理、化学等性能有不利影响。因此，如何大量、低成本制备出高质量的石墨烯材料仍是未来研究的一个重点。此外，可控制地制备石墨烯，如控制石墨烯的形状、尺寸、层数、元素掺杂和聚合形态等也是关注的重点。

[1] Novoselov K S, GEIM A K, MOROZOV S V, et al.Electric field effect in atomically thin carbon films［J］. Science, 2004：666-669.

[2] SOMANI P R, SOMANI S P, UMENO M.Planer nano-graphenes from camphor by CVD［J］.Chemical Physics Letters, 2006：56-59.

[3] STANKOVICH S, DIKIN D A, PINER R D, et al.Synthesis of graphene-based nanosheets via chemical reduction of exfoliated graphite oxide［J］.Carbon, 2007：1558-1565.

1.1.4 石墨烯的应用

随着石墨烯制备与应用技术的不断完善，石墨烯对传统产业的升级换代和高端制造业的发展都将产生巨大的促进作用。

石墨烯特殊的平面二维结构有利于电子的传输，因而其可以作为导电添加剂，进一步降低电池的内阻，从而提高电池倍率性能和循环寿命；可以作为导热材料，对热导纤维和导热塑料等进行改性，提升材料的散热能力；可以用作新型导电油墨的主填充料，调节导电油墨的电阻率和附着性能；可在防腐漆膜中承担骨架作用，提高膜的抗腐蚀效能。另外，石墨烯优异的抗静电、防辐射功能和溶胀性、吸湿性、抗菌性等特性，使之可以成为生物医用纺织材料、抗菌医用材料、柔性传感器材料。

在电子领域，研究者已将石墨烯应用于电子器件中，目前已开发出在沟道层使用石墨烯的高速动作性射频电路用电场效应晶体管、在碳化硅晶元上集成使用石墨烯作为沟道的晶体管和电感器、工作带宽超过 10GHz 的混频器集成电路。在能源领域，石墨烯优良的导电性可大幅度提高电池的输出功率密度，石墨烯制备的锂离子电池、超级电容器充放电速率远远高于普通电池。在光电器件领域，透明导电膜是最接近实用化的应用例之一，石墨烯可作为氧化铟锡的替代材料，用于触摸面板、柔性液晶面板、有机电致发光照明等。据报道，目前手机用石墨烯电容触摸屏已研制成功。[①] 石墨烯基的复合材料，在机械强度、导热性、吸附性等方面都有很大程度的提升，被看好用来制作"宇宙电梯"的缆线材料，近期也被提倡用于散热等方面。在生物医药领域，石墨烯纳米生物分子传感器研究也取得突破性的进展。石墨烯的出现，无论是对传统领域还是新兴领域都将带来革命性的技术进步。其主要应用领域如图 1-1-2[②] 所示。

---

① 吴东康，薛静，白赛雪，等．全球首款手机用石墨烯电容触摸屏研制成功［N/OL］．科技日报，2012-01-11［2020-09-03］．http：//www.cas.cn/xw/kjsm/gndt/201201/t20120111_3426084.shtml.

② 国家知识产权局学术委员会．石墨烯专利技术信息分析与研究［Z］．国家知识产权局学术委员会 2014 年度一般课题研究项目，2014：3.

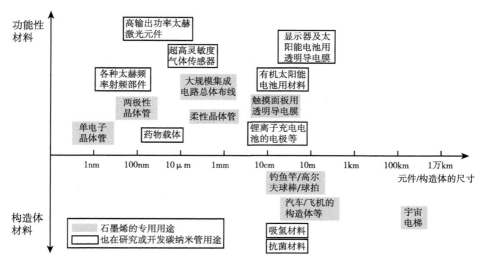

图 1-1-2　石墨烯的应用

　　对石墨烯应用方面的研究，我国正处于从实验室走向产业化的关键时期，并相继取得了众多有分量的成果，如表 1-1-1 所示 [①]。

表 1-1-1　中国石墨烯技术大事件

时间	事　　件
2012 年 1 月	常州二维碳素科技股份有限公司研制出全球首款石墨烯电容触摸屏
2013 年 1 月	中国科学院重庆绿色智能技术研究院成功制备出国内首片 15 英寸单层石墨烯显示屏
2013 年 4 月	贵州新碳高科有限责任公司推出国内首个纯石墨烯粉末产品柔性石墨烯散热薄膜
2013 年 11 月	常州第六元素材料科技股份有限公司投产国内最大氧化石墨烯 / 石墨烯粉体生产线，年产 100 吨
2013 年 12 月	宁波墨西科技有限公司年产 300 吨石墨烯生产线正式建成投产
2013 年 12 月	重庆墨希科技有限公司建成具有年产 100 万平方米生产能力的石墨烯薄膜生产线
2014 年 1 月	常州立方能源技术有限公司建成中国首条石墨烯基超级电容器生产线

① 李雷，张静.中国石墨烯产业发展现状与风险分析［J］.中外能源，2017，22（2）：79-84.

时间	事件
2015 年 1 月	江苏道森新材料有限公司成功研发出石墨烯防腐涂料，创造世界海洋重防腐领域里程碑
2015 年 1 月	吴江市华诚电子有限公司成功研发出全球首款石墨烯移动电源"秒充宝"
2015 年 3 月	重庆墨希科技有限公司与嘉乐派科技有限公司联合发布全球首批 3 万部石墨烯手机
2015 年 4 月	重庆墨希科技公司发布可弯曲智能手机，成为第一家发布可弯曲手机制造商
2015 年 6 月	北京碳世纪科技有限公司发布石墨烯发动机油节能改进剂——"碳威"
2015 年 1 月	中国中车集团有限公司研制成功新一代大功率石墨烯超级电容器
2016 年 7 月	东旭光电科技股份有限公司推出世界首款石墨烯基锂离子电池产品——"烯王"
2018 年 10 月	华为技术有限公司推出使用石墨烯散热膜的 Mate 20X 手机

1.1.5 石墨烯的产业现状

鉴于石墨烯优越的性能及广阔的应用前景，近年来，石墨烯在全球受到追捧，目前全球有 80 多个国家和地区开展了相关研究，纷纷出台创新战略、产业规划、扶持政策等，并给予资金资助，不断加大对石墨烯研究和产业化的支持力度。美国、中国、英国、日本、韩国、欧盟及其成员国先后从国家层面开展战略部署，出台多项扶持政策和研究计划，处于全球石墨烯技术研究与产业化的前列。[①] 根据 BCC Research & Consulting 最新研究报告预测，到 2023 年将超过 13 亿美元。2016 年 12 月，新技术行业研究公司壹行研（Innova Research）公布的《2017 全球石墨烯产业七大趋势》中明确指出，石墨烯涂料将成为石墨烯复合材料中的明星。最新版欧盟石墨烯旗舰技术和创新路线图特别探索了石墨烯商业化的四个有希望的领域：超级电容器、抗腐蚀、锂

---

① 赛迪研究院. 中国石墨烯产业地图白皮书（2017 年）[Z/OL].（2017-10-25）[2020-09-03]. https：//mp.weixin.qq.com/s/u-U2b9OMdbKJaZAr7sjgEw.

离子电池和神经接口。

1.1.5.1 国内产业现状

石墨烯作为新材料中的明星，虽然产业刚刚起步，但受到了我国政府主管部门的大力重视。2015 年，国务院印发《中国制造 2025》，提出"高度关注颠覆性新材料对传统材料的影响，做好超导材料、纳米材料、石墨烯、生物基材料等战略前沿材料提前布局和研制。加快基础材料升级换代"。2015年 11 月 20 日，工业和信息化部、国家发展和改革委员会、科学技术部联合印发《关于加快石墨烯产业创新发展的若干意见》，该意见指出：要把石墨烯产业打造成先导产业，到 2018 年，实现石墨烯材料稳定生产；到 2020 年，实现石墨烯材料标准化，形成若干家具有核心竞争力的石墨烯企业。2018年 11 月，工业和信息化部发布《产业转移指导目录（2018 年本）》，指出了各省市发展石墨烯的方向。处于大规模产业化前夕，我国石墨烯的发展迎来国家政策层面的大力扶持，且支持力度不断加大。《新材料产业发展指南》《"十三五"材料领域科技创新专项规划》等国家相关政策出台后，各地纷纷布局石墨烯。2018 年 9 月 25 日，广西壮族自治区正式出台《广西石墨烯产业发展工作方案》，提出开展石墨烯产业关键技术攻关、支持组建广西石墨烯产业技术创新战略联盟等举措，大力推动石墨烯产业发展。[①]2018 年，福建省发展和改革委员会发布"2018 年战略性新兴产业专项评审入围名单"，其中包括石墨烯基锂电池关键材料循环利用研发项目、高能量、高比功率锂电池正极材料氟化石墨烯的公斤级制备及工艺研发等七项石墨烯研发类项目，新能源汽车用石墨烯改性复合材料抗静电电池箱体的开发与产业化等五项石墨烯产业化类项目。[②]

目前，我国石墨烯全产业链雏形初现，覆盖从原料、制备、产品开发到下游应用的全环节。根据《2017—2018 中国石墨烯发展年度报告》，我国石墨烯聚焦共性技术攻关、示范工程实施、服务平台搭建、标准体系建设等领域，扶植政策进一步细化。在我国由石墨烯基础材料研发向应用产品开发转

---

① 2018 年石墨烯大事记［EB/OL］.（2018-12-26）［2020-10-12］.https：//m.sohu.com/a/284674732_
472917.

② 多项石墨烯研发及产业化项目入围福建省战略性新兴产业专项［EB/OL］.（2018-05-10）［2020-
10-12］.http：//mchuneng.bjx.com.cn/mnews/20180510/896940.shtml.

变的形势下，全国石墨烯企业如雨后春笋般不断涌现，涉及石墨烯研发、制备、销售、应用、技术服务等方面。在石墨烯产业化进程上，我国处于世界领先水平。例如，石墨烯"三防"涂层技术已在秦皇岛经济技术开发区研发成功，可应用于舰船燃气轮机、航空航天发动机高温部件保护等，有力填补了产业空白。

目前，我国涉及石墨烯研发、生产的上市企业有：中国安宝集团股份有限公司、方大炭素新材料科技股份有限公司、中钢吉林炭素股份有限公司、金路集团股份有限公司等，其中中国安宝集团股份有限公司控股的子公司——深圳贝特瑞新能源材料股份有限公司据称拥有完整的石墨烯价值产业链，已完成石墨烯中试线建设并投入生产。方大炭素新材料科技股份有限公司是国内最大的石墨电极生产企业，中钢吉林炭素股份有限公司是全国最大的综合性炭素制品生产企业，这一类的炭制品厂家依托已有的石墨生产基础，纷纷投入大量的资金进行石墨烯产品的开发。金路集团股份有限公司携手中国科学院金属研究所共同投资研发石墨烯，厦门凯纳石墨烯技术股份有限公司与华侨大学陈国华教授及其团队合作，宁波墨西科技有限公司引进了中国科学院宁波材料技术与工程研究所的石墨烯制备技术。各大企业纷纷与研究机构合作，以期掌握石墨烯的最新生产技术。此外，重庆墨希科技有限公司、常州第六元素材料科技股份有限公司、常州二维碳素科技股份有限公司等也有涉及石墨烯的相关研发和生产。

国内的学术界和产业界也在积极推进石墨烯的产业化，随着石墨烯产业技术创新战略联盟的成立，这一速度有望提升。2013 年 7 月 13 日，在中国产学研合作促进会的支持下，由清华大学、中国科学院金属研究所、南京科孚纳米技术有限公司、中国科学院宁波材料技术与工程研究所、北京现代华清材料科技发展中心等单位发起成立中国石墨烯产业技术创新战略联盟，并在无锡建立石墨烯技术创新示范基地。[1]2015 年 5 月 18 日，常州石墨烯科技产业园成立，该产业园位于西太湖科技产业园内，总投资 25 亿元，重点发展纳米碳材料（石墨烯、碳纳米管等）、碳纤维及复合材料等产业，致力打造"东方碳谷"。2018 年 6 月，国内第一条石墨烯纳米管电热膜生产线顺利

---

[1] 崔彩凤.中国石墨烯产业技术创新战略联盟成立［EB/OL］.（2013-07-23）［2020-10-12］. http://www.360doc.cn/mip/354736296.html.

建成。^①2018 年 11 月，长沙暖宇新材料科技有限公司开工建设年产量 100 万平方米的石墨烯膜生产线，年内可实现订单式批量生产，建成后该生产线将为国内第二大石墨烯膜生产线。^②

我国对石墨烯的研发和应用主要集中在以下领域。

1. 石墨烯涂料

2018 年 9 月 19~21 日，"2018 中国国际石墨烯创新大会"在西安举行。在为期三天的大会上，展示了从全球范围内收集的 200 多项具有市场前景的石墨烯应用项目，并举办百项成果展示暨石墨烯创业项目评选活动。项目范围涵盖新能源、大健康、热管理、涂料、汽车、润滑、纤维、传感器等多个领域。在大会期间，中国石墨烯产业技术创新战略联盟和山东欧铂新材料有限公司等多家业界机构联合主办"石墨烯改性防腐涂料市场应用促进大会"，旨在拓展石墨烯防腐涂料的应用领域，快速推进产业化应用，促进石墨烯防腐涂料产业发展。工业和信息化部印发《2017 年第三批行业标准制修订计划的通知》中的化工行业标准项目中，石墨烯锌粉涂料（2017—1119T—HG）为新增制定标准，并被作为重点项目进行推荐。中国拥有高达两千亿元的防腐涂料市场，其中海洋重防腐涂料需求年均增速超过 20%。

2. 石墨烯锂离子电池

2016 年 7 月，东旭光电科技股份有限公司推出了首款石墨烯基锂离子电池产品"烯王"石墨烯基锂离子电池产品。该产品性能优良，可在 −30~80℃ 的环境下工作，电池循环寿命高达 3500 次左右，充电效率是普通充电产品的 24 倍，可实现 15 分钟内快速充电，而且具有卓越的高低温性能和超长使用寿命。2016 年 9 月，东旭光电科技股份有限公司推出了首款石墨烯基锂离子电池产品充电宝。2017 年 4 月，东旭光电科技股份有限公司推出了"烯王"二代。2017 年 6 月，"烯王"石墨烯基锂离子电池作为动力电池已在共享电动单车上进行了小批量应用，该产品未来亦有望成为新能源汽车的心脏。"烯

① 常州石墨烯科技产业园开园［EB/OL］.（2015–05–19）［2020–10–12］.http : // www.jitri.org/ archives/636/.
② 王斌 . 国内第二大石墨烯膜生产线在长开建　年产石墨烯膜 100 万平方米［EB/OL］.（2018–11–04）［2020–10–12］.https : //m.sohu.com/a/273250752_392415.

王"的成功上市,意味着石墨烯从实验室走向了产业化,而其在锂离子电池材料中的应用以及由此所带来的石墨烯基锂离子电池的产业化突破预计将对新能源产业发展产生革命性影响。[①]

2016年12月,华为技术有限公司中央研究院瓦特实验室在第57届日本电池大会上,宣布即将推出业界首个石墨烯基锂离子电池。早在第56届日本电池大会上,华为技术有限公司就展示了锂电池超级快充技术,这种新的电池充电速度是普通手机的10倍,一款3000mAh的电池5分钟可充入48%的电量,充电速度比现在业界主流要快上三四倍。[②]

2017年,北京碳世纪科技有限公司发布首款5号石墨烯锂离子充电电池,并正式投入市场,可循环3万次,可在-45~60℃下使用。

湖南艾威尔新能源科技有限公司的石墨烯锂电池项目总投资62亿元,一期建设于2017年11月开工建设,可年产储能和动力电池12GWh,年销售收入可达到260亿元。

3. 石墨烯超级电容器

近些年,随着针对石墨烯这种"万能材料"研究的不断深入和国家对新能源领域的大力支持与投入,一些高校和科研院所,包括清华大学、北京大学、复旦大学、天津大学,中国科学院的物理研究所、金属研究所、宁波材料技术与工程研究所以及兰州化学物理研究所等,都在积极开展石墨烯基微型超级电容器的研究工作。石墨烯的制备与应用研发一直是国际热点,是我国新材料科技"十三五"规划中的重要方向,超级电容器也是我国新能源领域的重要发展方向。2018年5月,"基于石墨烯—离子液体—铝基泡沫集流体的高电压超级电容技术成果鉴定会"在江苏省南通市成功召开。此次鉴定会由清华大学、江苏中天科技股份有限公司、中天储能科技有限公司、上海中天铝线有限公司联合组织,中国电工技术学会主办。此次鉴定会鉴定成果包括:(1)提出了基于石墨烯—离子液体—铝基泡沫集流体的高电压超级电容技术。(2)研发了高强度、超轻全铝与复合铝基泡沫集流体,

① 龙昊.东旭光电"烯王"全球发售[EB/OL].(2016-09-12)[2020-09-03].https://m.sohu.com/a/114517817_115124.

② 矩大LARGE.华为石墨烯基锂离子电池真是黑科技吗[EB/OL].(2018-5-21)[2020-09-03]. http://www.juda.cn/news/8107.html.

填补了国内空白，技术指标优于国外产品。（3）开发了石墨烯浆料制作、注浆于集流体、压制集流体等极片制作新工艺，研制了石墨烯—离子液体—铝基泡沫集流体的高电压双电层超级电容器。100F—200F 器件的体积能量密度达 23Wh/L，500F 器件的体积能量密度达 16Wh/L。40C 充电时能量密度是 5C 充电时能量密度的 90% 以上。（4）提出采用 γ 丁内酯与 EMIBF$_4$ 电解液配方，使用温度可低至 –70℃。全铝泡沫集流体与电容器均通过了权威机构检测。鉴定专家组认为"该技术达到国际领先水平"。该新材料不但可以应用到双电层电容、电池电容、锂离子电池等广阔的新能源领域，还具有减重、抗高速振动、高通量气流的快速传热与超快变速的压力释放等重要的航天与国防用途。[①]

4. 石墨烯触摸屏

在石墨烯触摸屏的研发方面，常州二维碳素科技股份有限公司的研发团队已研发的石墨烯薄膜应用于中小尺寸手机的触摸工艺，实现了石墨烯薄膜材料和现有氧化铟锡模组工艺线的对接，正积极联合上下游企业、行业协会、各地标准院起草相关行业标准。业内专家表示，石墨烯薄膜工艺线只需要对现有氧化铟锡模组工艺线进行简单改造就可以完成对接，石墨烯薄膜材料在触控显示领域的产业化应用将加速。

目前，国内四家主要的石墨烯触摸屏生产商包括常州二维碳素科技股份有限公司、无锡格菲电子薄膜科技有限公司、重庆墨希科技有限公司和辉锐集团。

常州二维碳素科技股份有限公司技术团队于 2008 年率先发布了化学气相沉积法合成石墨烯，世界上首次成功生长出宏观大尺寸、高质量石墨烯薄膜，使得大规模生产石墨烯薄膜成为可能，团队成员也因此受到了诺贝尔奖获得者安德烈·海姆和康斯坦丁·诺沃肖洛夫博士的共同赞誉。2012 年 1 月，该团队率先发布世界首款石墨烯电容式触摸屏，确立了石墨烯薄膜的首个产业化应用方向；2013 年 5 月，年产 3 万平方米石墨烯薄膜生产线建成投产，石墨烯触控手机新品也随之发布，石墨烯产品正式形成市场销售。

---

① zwq. 我国石墨烯超级电容器技术取得重大突破［EB/OL］. 华强电子网，（2018-05-29）［2020-09-03］.https://tech.hqew.com/fangan_2002791.

无锡格菲电子薄膜科技有限公司是一家专门从事石墨烯薄膜研发、生产、销售的高科技企业，拥有由大批海归博士组成的核心研发团队，自主核心发明专利 50 多项。公司现有 150 多人，初步投入已超过 1.2 亿元，已经成功量产石墨烯触控产品，于 2013 年 12 月形成年产 500 万片石墨烯触控产品。

2013 年 2 月，上海南江（集团）有限公司与中国科学院重庆绿色智能技术研究院在重庆签订了大面积单层石墨烯产业化制备技术合作协议，双方共同出资成立了重庆墨希科技有限公司。未来将以重庆墨希科技有限公司作为平台，推进大面积单层石墨烯的产业化应用和开发。目前，重庆墨希科技有限公司已经和广东正扬科技股份有限公司签订了战略合作协议，共同推进石墨烯薄膜在触摸屏上的应用，解决了未来五年的石墨烯薄膜的销售问题。近期石墨烯薄膜将在触摸屏上首先得到应用，随后将进一步在有机电激光显示、太阳能电池、超级电容等领域进行试用和推广。

辉锐集团通过石墨烯的转移技术，使大面积高质量石墨烯的量产成为现实，通过石墨烯材料应用技术，推出自主知识产权的应用产品，从事应用产品设计和营销，提升石墨烯在移动设备、发电和能源储备以及医疗保健等各大领域的应用，并针对移动设备研发量产基于石墨烯材料应用技术的触控产品。[①]

2016 年，重庆高新技术交易会亮相的国际首款石墨烯柔性屏手机在业界引起轰动。2018 年，重庆墨希科技有限公司与京东方科技集团股份有限公司共同研究如何将石墨烯柔性触摸屏和有机电激光显示柔性显示屏结合，以生产完全柔软的手机。[②]

1.1.5.2　国外产业现状

鉴于极大的市场潜力，美国、欧盟、日本、韩国等世界主要国家（地区 / 组织）相继投入大量的资金扶持并给予政策支持石墨烯功能器件研发和

① 石墨烯触摸屏最新进展及代表企业盘点［EB/OL］.矿道网，（2014-09-27）［2020-09-03］. http：//www.mining120.com/news/show-htm-itemid-216633.html.
② 烯碳资讯 . 石墨烯 +OLED，屏幕到底能完成什么样［R/OL］.重庆商报，（2018-5-14）［2020-09-03］.https：//m.baidu.com/sf_baijiahao/s?id=1600435776995529816&wfr=spider&for=pc.

产业化应用。①

1. 英国

虽然石墨烯诞生于英国，但是英国企业对于石墨烯产业化的开发并不多。为加快石墨烯产业发展，英国政府给曼彻斯特大学投入了巨资，成立了国家石墨烯研究院和石墨烯工程创新中心，以期加速石墨烯的基础研究和应用开发。

2. 美国

石墨烯在美国的研发开始得较早，并且顺利开展了后续的产业化和应用进程，上中下游产业链发展均衡，涵盖了上游的基础研究和应用研究、中游的石墨烯生产以及下游的各种应用产业。不仅 IBM、英特尔、波音等国际化大型企业投身于石墨烯研发，而且许多小型石墨烯企业也应运而生。在资金投入上，美国国防部不遗余力，重点支持石墨烯晶体管、能量存储、超级电容器、晶体管等领域的研发及产业化。

3. 欧盟

石墨烯的研发在欧盟受到了高度的重视，欧盟选定的首批技术旗舰项目即包括石墨烯研究项目，总投资高达 10 亿欧元，无论是资金投入、基础研究的系统性都位于世界的前列，但其产业进程推进仍然较慢，产业分布主要集中在德国、法国、西班牙等地。

4. 韩国

石墨烯产业在韩国的发展特点是产学研紧密结合：在政策上，韩国政府在资金支持、整合研究力量等多方面提供大力支持；在科研上，韩国成均馆大学、韩国科学技术院等表现出了出色的研发实力；在下游产业中，得到了以韩国三星集团和 LG 公司为首的企业的充分重视。以韩国三星集团为例，其投入巨大研发力量，使韩国在石墨烯柔性显示、触摸屏以及芯片等领域占据国际领先地位。

---

① 赛迪研究院. 中国石墨烯产业地图白皮书（2017 年）［EB/OL］.（2017–10–25）［2020–09–03］. https：//mp.weixin.qq.com/s/u–U2b9OMdbKJaZAr7sjgEw.

5.日本

得益于早期对碳材料的研究基础，日本也是石墨烯整体发展均衡、研究开展时间早、产学研结合较为紧密的国家。无论是科研机构还是企业都对石墨烯基础研究和应用开发予以高度重视，例如，以日本东北大学、东京大学、名古屋大学为代表的大学和以日立、索尼、东芝为代表的日本企业都致力于石墨烯的研究和开发，研究重点主要集中在石墨烯薄膜、新能源电池、半导体、复合材料、导电材料等应用领域。

在政府、企业与科研机构的重视支持下，发达国家不仅在石墨烯的基础理论、制备技术与商业化应用上获得了进展，并且涌现出一批代表性企业，其主要产品包括用化学气相沉积法规模化生产石墨烯、石墨烯薄膜、石墨烯粉体、石墨烯制备设备、石墨烯油墨等。

石墨烯产业作为前沿性、先导性产业，其培育与发展有自身的规律和特殊性，需要具有针对性的政策扶持。全球众多国家和地区都把发展石墨烯产业提升至战略高度，并结合自身实际情况，相继出台了一系列扶持政策，如表1-1-2，推进石墨烯科研及应用进程。[①]

表 1-1-2　世界各国石墨烯产业扶持政策

国家	时间	主要政策
美国	2006~2011 年	美国国家自然科学基金关于石墨烯的资助项目达 200 项；石墨烯超级电容器应用项目；石墨烯连续和大规模纳米制造
	2008 年	美国国防部高级研究计划署投资 2200 万美元研发超高速和低能耗的石墨烯晶体管
	2013 年	美国国家自然科学基金会与美国加州大学签署为期三年、价值 36 万美元的研发合同，以支持对石墨烯热性能的进一步研究，为先进电子和光学器件带来全新散热技术

---

① 赛迪研究院.中国石墨烯产业地图白皮书（2017 年）[Z/OL].（2017-10-25）[2020-09-03].
https://mp.weixin.qq.com/s/u-U2b9OMdbKJaZAr7sjgEw.

国家	时间	主要政策
英国	2011 年	英国自然科学研究院委员会、英国技术战略委员会投入约 1000 万英镑，建立一个以新兴技术探索和市场开放为核心的创新中心，致力于开发、应用、探索新的石墨烯技术
	2012 年底	追加 2150 万英镑资助石墨烯的商业化探索研究
	2013 年	英国政府投入 6100 万英镑成立英国国家石墨烯研究所，支持石墨烯研究和商业化应用研究
日本	2007 年	日本学术振兴机构从 2007 年起开始对石墨烯硅材料／器件的技术进行资助
	2011 年	重点支持碳纳米管和石墨烯的批量合成，研究期间为 2011~2016 年，研究经费为 9 亿日元
德国	2009 年	德国科学基金会开展石墨烯新兴前沿研究项目，项目时间跨度为 6 年
	2010 年	德国科学基金会启动了石墨烯优先研究项目，包括 38 个研究项目，前 3 年预算经费为 1060 万欧元

国外对石墨烯的研发和应用主要集中在以下领域。

1. 石墨烯涂料

2017 年以来，石墨烯涂料相关的研发合作与进展不断被报道。例如，2017 年 3 月，石墨烯企业 Talga Resources Ltd. 宣布与全球材料巨头德国巴斯夫旗下 Chemetall 公司合作开发应用于金属表面的石墨烯防腐环保涂料。应用石墨烯材料公司（AGM）与 HMG Painting Ltd. 在石墨烯涂料上的新进展可能预示着石墨烯涂料进入汽车和建筑等涂料市场的速度将进一步加快。

世界上首款石墨烯涂料于 2017 年在英国上市，其是制造商 Graphenstone 生产的环保涂料。这是一种由天然石灰石与石墨烯组合而成的无机矿物涂料，它与石墨烯完美地结合在一起，拥有更好的硬度、柔韧性以及传导性。它将通过 Graphene 公司在英国分销，该公司声称格芬是世界上最环保的涂料。当涂刷格芬涂料时，它会吸收空气中的二氧化碳完成一个硬化的过程，紧紧地与墙面结合在一起，并且在这个过程中不会散发出烟雾。格芬涂料分为内墙涂料与外墙涂料，已广泛应用于医院、酒店和学校的墙面上。

日前，HMG Painting Ltd. 与 AGM 签署协议，双方将合作开发和商业化针对各种行业应用的含有石墨烯的涂料。HMG Painting Ltd. 石墨烯项目负责人声称其产品正在进行全面的试验和商业推广，HMG Painting Ltd. 于 2016 年初加入欧盟资助 PolyGraph 项目，其目的是利用石墨烯的革命性特征开发具有前所未有功能特性的开创性材料。PolyGraph 项目已于 2013 年 11 月启动，并使用相对便宜的膨胀型石墨作为原料。企业强强联合，深入石墨烯涂料领域，必然推动前所未有的开创性材料的开发。

2. 石墨烯锂离子电池

总部位于美国的锂离子电池用硅石墨烯材料开发商 SiNode Systems 和总部位于日本东京的特种化学品制造商 JNC 将联合成立合资企业 NanoGraf，致力于推进石墨烯硅锂离子电池及先进材料商业化，该合资企业已投资 450 万美元，SiNode 将改名为 NanoGraf。NanoGraf 材料可将电池能量和功率密度提高多达 50%，并提供与同类产品相比最佳的循环寿命。据报道，NanoGraf 电池材料可以定制，可以实现 1000mAh/g 到 2500mAh/g 之间的容量，为高放电应用提供更高的电池级能量密度和更快的充放电效率。NanoGraf 将利用新的资金扩大其硅石墨烯复合阳极材料的生产规模，并继续开发更多的材料平台。通过合作协议，NanoGraf 将获得在日本的生产设施、扩大的全球分销渠道、50 多项专利和两个研究机构。①

韩国三星集团在 2018 年北美车展上展示了其最新的电池产品，宣称该产品可增加电动汽车的续航里程并且增强充电能力，强调其推出的"石墨烯球"技术可以使电池容量增加 45%，充电速度提高 5 倍。

---

① 希岩. 石墨烯 – 硅锂离子电池要来了！美日联合推进商业［Z/OL］.（2018–12–06）［2020–09–03］. https：//mp.weixin.qq.com/s？__biz=MzAwNzU5NjY5MA==&mid=2658345565&idx=3&sn=c79616c35f8 88ad60131ff1dc28ca074&chksm=80fc3da0b78bb4b6dd14fd2ccb8f7003187d95ae62598d61a9e47b343e 7d684f6aa651e95c09&mpshare=1&scene=1&srcid=0620EAfoUXkZIZKplBsEpkCL&pass_ticket=7XFkD x2M57xL2GCUgdSSJSKSymo7sTeE3XgKbNLF%2B%2ByaUZrqSOzuRwV%2BImTYMQYO#rd.

3. 石墨烯超级电容器

2017 年，据美国商业资讯网报道，全球首家采用石墨烯打造超级电容移动电源的 Zapgo 有限公司（Zap&Go）日前正式和株洲企业——立方新能源科技有限责任公司（以下简称"立方新能源"）签订合作协议，共同开发"Carbon-Ion"石墨烯超级电容器。这预示着以石墨烯为代表的下一代电池开始商业化量产。Zapgo 有限公司总部位于英国牛津的哈威尔研究中心，是一家国际知名的科技型公司，公司旗下的 Carbon-Ion 超级电容器是第一款可以实现商业化的锂离子电池替代品。立方新能源创立不到四年，已成为湖南省内新能源锂离子电池研发生产的知名企业。此次双方之所以能达成合作，源于 Carbon-Ion 超级电容器使用的生产线与锂离子电池相同，立方新能源生产这一全新的产品，无须另外设计和安装生产线。立方新能源期待和 Zapgo 有限公司建立强有力的合作关系，推动石墨烯超级电容技术在各种电子产品市场中的应用。该技术最初将应用于电动摩托车、无绳电动工具和清洁机器人。相比目前普通电池几个小时的充电时间，Carbon-Ion 超级电容器三五分钟即可完成充电。

4. 石墨烯触摸屏

2018 年，全球首款石墨烯柔性显示屏原型产品研发成功，由剑桥大学石墨烯研究中心和英国公司 Plastic Logic 共同生产。据了解，它是一款有源矩阵电泳显示屏，通过使用电场重新排列溶液上的悬浮粒子，显示图像。这也是首次将石墨烯技术应用在基于晶体管的电子设备上。这种全新的石墨烯的成本更低，并且可以进行大批量生产。利用石墨烯材料，可以提供最低的成本、最便捷的柔性显示屏制造解决方案，并且其固有的电子属性可利用在许多电子元件上，如导体、超级电容、太阳能电池等。未来，随着项目的进一步深入开发，并结合液晶屏和有机发光二极管技术，这项技术将会具备全彩色支持能力，并满足视频显示的高速刷新率需要。目前，研发团队正在设想开发全新的柔性背板，这项研究得到了英国技术战略委员会的支持，并作为旗下"石墨烯革命"项目的一部分。

1.2 文献检索和数据处理

1.2.1 数据来源和数据范围

本书采用的专利文献数据主要来自国家知识产权局专利检索与服务系统（以下简称 S 系统）。其中，全球数据主要来源于 S 系统中的德温特世界专利索引数据库和世界专利文摘数据库，中国专利数据主要来源于中国专利文摘数据库。此外，在研究过程中还使用了部分商业专利数据库以及非专利数据库，如 DII、PATENTICS、INCOPAT。

1. 专利文献来源

中国专利文摘数据库（China Patent Abstract Database，以下简称 CNABS），数据涵盖自 1985 年至今所有中国专利文摘数据。

中国专利全文文本代码化数据库（China Patent Full-Text Database，以下简称 CNTXT），数据涵盖 1985 年至今的中国专利全文文本代码化数据，此外也可针对全文数据的信息进行检索。

德温特世界专利索引数据库（Derwent World Patents Index，以下简称 DWPI），包括八国两组织[①]在内的 47 个国家和组织从 1948 年至今的专利数据。DWPI 数据涵盖生物、化学、电子等领域，提供包括美国、日本的信息，同时，也提供人工改写摘要信息。此外 DWPI 还将其收入的专利按照一定的规则整理出具有数据特色的同族数据。数据具有准确、有序的特性。

世界专利文摘数据库（State Intellectual Property Office Abstract Database，以下简称 SIPOABS），包括八国两组织在内的 103 个国家和组织从 1827 年至今的专利数据。SIPOABS 数据以 DOCDB2.0 数据为基础数据，以欧洲专利局数据库（EPODOC）数据，美国、日本、韩国、加拿大文摘辅助数据作补充，按照一定规则加工整合而成，包括的专利信息主要有著录项目、引证、摘要、分类欧洲专利分类（国际专利分类［IPC］、欧洲专利分类［ECLA］、原始国家分类）等；经过加工整合后的数据内容更加丰富，包括英语、德语、法语三种语言的摘要信息，欧洲专利分类［ECLA］、国际专利分类［IPC］等

---

① 八国两组织是指中国、日本、美国、英国、法国、德国、瑞士、韩国、欧洲专利局、世界知识产权组织。

分类信息，以及美国、日本、韩国原始数据信息。

2.法律状态查询

中文法律状态数据来自中国专利文献数据库（CNABS）。

3.引用频次

引文数据来自 DII（Derwent Innovations Index）数据库、PATENTICS 和 INCOPAT 数据库。

4.非专利数据

主要来源于中国期刊全文数据库（China Journal Full-Text Database，以下简称 CJFD）和 Web of Science 数据库。

CJFD 收录了 1979 年至今的中文期刊全文数据，数据范围包括理工、农业、农药卫生、电子技术等几类，其数据内容主要包括中国期刊的篇名、作者、机构、摘要、出版日期、正文等信息；Web of Science 数据库以科学引文索引（SCI）为核心，集期刊、专利、会议录、化学反应等学术资源，涉及自然科学、工程技术、生物医学等领域，主要包括引文索引和化学索引。引文索引包括 Science Citation Index Expanded（SCI-EXPANDED）（1985 年至今）以及 Conference Proceedings Citation Index- Science（CPCI-S）（1991 年至今）；化学索引包括 Current Chemical Reactions（CCR-EXPANDED）（1986 年至今，包括 Institut National de la Propriete Industrielle 化学结构数据，可回溯至 1840年）以及 Index Chemicus（IC）（1993 年至今）。

5.引进技术来源

引进技术数据来自行业协会和合作单位提供的数据清单。

1.2.2 数据检索过程

本书的检索主题是石墨烯及其相关应用，检索截止日期为 2019 年 4 月 30 日。本书的研究对象是石墨烯相关专利技术，因此，检索的目标文献是所有与石墨烯相关的专利文献。

需要说明的是，发明专利申请自申请日起（有优先权的，自优先权日起）满 18 个月公开，同时各数据库更新存在一定程度的时滞，因此，截至本报告数据检索日，尚有 2018~2019 年提出的部分专利申请未被主要数据库收录，导致本报告中 2018~2019 年的专利申请数据统计不完全，可能在一定程度上对分析结果有影响，后文对此现象和原因不再赘述。

本报告的检索由初步检索、全面检索和补充检索三个阶段构成，针对中文数据库和外文数据库分别单独进行检索，从而避免由于数据库自身特点造成的检索数据遗漏。

（1）初步检索阶段：初步选择关键词和分类号对该技术主题进行检索，对检索到的专利文献关键词和分类号进行统计分析，并抽样对相关专利文献进行人工阅读、提炼关键词。初步检索阶段还要进行检索策略的调整、反馈，总结各检索要素在检索策略中所处的位置，在上述工作基础上制定全面检索策略。

（2）全面检索阶段：选定精确关键词、扩展关键词、精确分类号和扩展分类号作为主要检索要素，合理采用检索策略及其搭配，充分利用截词符和算符，同时利用不同数据库的优势进行适时转库检索，对该技术主题在外文和中文数据库进行全面而准确的检索。

（3）补充检索阶段：在前面全面检索的基础上，统计本领域主要申请人，并结合企业关注的申请人，以申请人为入口进行补充检索，保证重要申请人检索数据的全面和完整。

1.2.3　检索结果筛选

在上述申请数据筛选的基础上，进一步对专利文献的数据进行了人工逐条筛选和标引。虽然本次数据筛选是在对技术分类的技术内涵作充分了解的基础上进行的，但该结果并非最终确定各技术分类的专利文献。由于本次筛选是在大量文献基础进行的，虽然结果不会偏离本次研究的技术主题石墨烯及其相关应用，但各技术分类的归属上仍然存在一定的偏差，这些偏差在后续专利信息微观技术分析所需的技术问题、手段标引过程中给与了充分校正。

1.2.4　技术分解

根据不同的研究目的，石墨烯技术在业界具有不同的分类方式。对于专利信息分析来说，客观上同样要求在明确的技术分类和清晰的技术边界之下进行。只有明确了石墨烯的技术分类，才可能有针对性地进行研究和分析；同样，只有了解了清晰的技术边界，才可能将属于石墨烯的专利技术从海量的专利技术文献中检索出来，并作为分析的数据基础。

因此，必须在充分考虑企业关注的技术分类标准上、结合目前产业技术分类及专利信息分析对技术分类要求的基础上，形成石墨烯专利技术分类体系，并且提出一种结合科学性和可行性的石墨烯专利技术界定标准，从而为本书的研究工作扫清障碍。这也正是本书研究初期确定技术分类和技术界定标准的重要意义所在。

经过前期的技术和产业现状调研，对石墨烯行业有了全面的认识。在此基础上，本书编写组进行了石墨烯技术分解的研讨，最终形成了更为详尽的技术分解表。本技术分解表同时兼顾行业标准、习惯与专利数据检索、标引。

1.2.5 术语约定

本小节对本书上下文中出现的主要术语进行解释和约定。

1. 同族专利

同一项发明在多个国家或地区申请专利而产生的一组内容相同或基本相同的专利文献出版物，称为一个专利族或同族专利。从技术角度看，属于同一专利族的多件专利申请可视为同一项技术。在本书中，针对技术和专利技术原创国或地区进行分析时，对同族专利进行了合并统计；针对专利在国家或地区的公开情况进行分析时，各件专利进行了单独统计。

2. 技术目标国（地区／组织）

以专利申请的公开国家、地区或组织（所述组织主要指世界知识产权组织 WIPO，在后续统计中以 WO 表示）来确定。

3. 技术来源国（地区／组织）

以专利申请的首次申请优先权国别、地区或组织（所述组织主要指优先权来自国际知识产权组织 WIPO，在后续统计中以 WO 表示）来确定，没有优先权的专利申请以该申请的最早申请国别来确定。

4. 项

同一项发明可能在多个国家或地区提出专利申请。DWPI 将这些相关的多件专利申请作为一条记录收录。在进行专利申请数量统计时，对于数据库中以一族数据的形式出现的一系列专利文献，计算为"1 项"。一般情况下，专利申请的项数对应于技术的数目。

5. 件

在进行专利申请数量统计时，例如，为了分析申请人在不同国家、地区或组织所提出的专利申请的分布情况，将同族专利申请分开进行统计时，所得到的结果对应于申请的件数。一项专利申请可能对应于 1 件或多件专利申请。

6. PCT

Patent Cooperation Treaty，《专利合作条约》。

7. IPC

International Patent Classification，国际专利分类号。

8. WIPO

World Intellectual Property Organization，国际知识产权组织。

9. 日期约定

依照最早优先权日确定每年的专利数量，无优先权日的以最早申请日为准。

10. 图表数据约定

由于 2018 年和 2019 年数据不完整，不能代表整体的专利申请趋势，因此，在与年份有关的趋势图中并未对 2018 年和 2019 年的数据进行完全分析。

第二章　石墨烯技术整体
专利申请态势分析

2.1　全球石墨烯技术专利申请总体情况

　　分析专利申请的总体态势有助于了解行业发展的整体技术状况，把握目前专利技术所处的发展阶段，明确创新主体的技术实力分布情况和发展趋势，为国家产业政策制定、行业发展规划以及企业技术研发和创新方向的确定提供数据支持。

　　本章对全球和在华的石墨烯技术相关专利文献进行宏观数据分析，具体包括专利申请量、申请人情况、技术分类以及专利技术来源国（地区／组织）、技术目标国（地区／组织）的研究，据此以了解石墨烯技术的整体专利态势，并试图揭示该领域专利申请的发展历程。

　　通过对相关专利数据库进行检索并筛选后得到全球石墨烯相关专利申请63286项；其中，在华专利申请51344件。由于2018年和2019年的专利申请存在未完全公开的情况，故本节所列图表中2018年、2019年的相关数据不代表这两个年份的全部申请。

　　一种技术的生命周期通常由萌芽、发展、成熟、衰退几个阶段构成，如表2-1-1所示。通过分析一种技术的专利申请数量及申请人情况的年度变化趋势，可以得知该技术处于生命周期的何种阶段，进而可为研发、生产、投资等提供决策参考。[①]

---

① 　陈燕，黄迎燕，方建国，等.专利信息采集与分析［M］.北京：清华大学出版社，2006：244-247.

表 2-1-1　技术生命周期主要阶段简介

阶段	阶段名称	代表意义
第一阶段	技术萌芽	社会投入意愿低，专利申请数量与专利权人数量都很少
第二阶段	技术发展	产业技术有了一定突破或厂商对于市场价值有了认知，竞相投入发展，专利申请数量与专利权人数量呈现快速上升
第三阶段	技术成熟	厂商投资于研发的资源不再扩张，且其他厂商进入此市场意愿低，专利申请数量与专利权人数量逐渐减缓或趋于平稳
第四阶段	技术衰退	相关产业已过于成熟，或产业技术研发遇到瓶颈难以有新的突破，专利申请数量与专利权人数量呈现负增长

自 2000 年出现第一件石墨烯相关专利以来，石墨烯技术研究经历了 20 年的发展，主要分为两个发展阶段，如图 2-1-1 所示。

1.技术萌芽期

2000~2007 年底，石墨烯相关专利的申请数量较少，2000 年出现了第一项石墨烯专利。随后慢慢增多，但申请量维持在较低的水平，且专利申请年增量最大值仅为 68 项，直到 2007 年专利申请量才达到 128 项。图 2-1-1 中对申请量不足 500 项的 2000~2008 年的申请态势作了局部放大（图 2-1-1 的左上部分）。

2.技术发展期

2008 年以后，石墨烯申请数量出现迅猛增长，以每年 100 项以上的速度递增，这标志着石墨烯技术进入快速发展期。2008 年申请量比上年增长了 161 项，总量达到了 289 项，随后的 2009 年申请量比上年增长了 377 项，尤其是 2010 年和 2011 年，专利申请量比上年增长了 749 项和 1117 项，可见全球石墨烯专利申请数量开始较快增长。2013 年和 2014 年申请量增长幅度放缓。2015 年以后，石墨烯相关专利申请出现了爆发式增长，2015 年、2016 年申请量分别达到 6861 项和 11867 项，此后均维持每年 1 万项以上的专利申请量。以上数据表明，石墨烯相关专利技术进入技术发展期，在此期间技术快速发展，专利申请非常活跃，后续将会出现更多的专利申请。

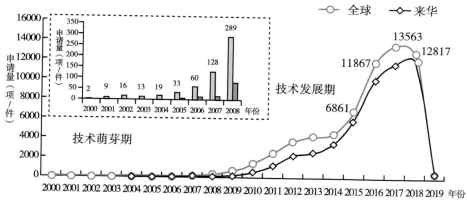

图 2-1-1　全球石墨烯专利申请趋势

2.1.1　专利总体分类及其申请趋势

石墨烯专利技术总体上分为石墨烯的制备技术和应用技术。

在石墨烯制备技术方面，除石墨烯制备方法外，还包括以下紧密相关的技术分支：制备石墨烯的设备、石墨烯产品以及石墨烯后处理技术。一方面，研究者积极改进石墨烯的各类制备方法，力求在制备工艺上有所突破；另一方面，期望通过改进与各制备方法相对应设备的结构来获得更高质量的石墨烯产品。此外，获得特定微观形态的石墨烯产品也是石墨烯技术研发的方向之一；而为了得到特定微观形态的石墨烯产品或者具有特定性能的包含石墨烯的产品，研究者致力于将石墨烯进行分散、掺杂、刻蚀等后处理。

在石墨烯应用技术方面，石墨烯作为新材料主要应用在六大类领域：电子器件领域、能源领域、光电器件领域、材料领域、化学领域、生物医用领域；除此之外，还存在一小部分石墨烯材料应用于其他技术领域。

全球石墨烯专利技术申请制备技术与应用技术总体占比如图2-1-2所示。制备技术为5869项，占9%，应用技术为54260项，占86%。其中既含有制备技术又含有应用技术的专利的申请量为2845项，占5%。总体来看，应用技术总量远远超过制备技术总量。

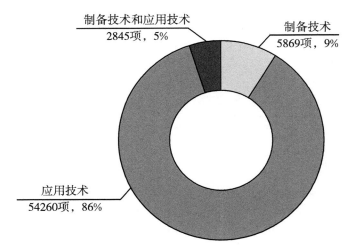

图 2-1-2　全球石墨烯专利申请制备技术与应用技术总体占比

图 2-1-3 反映了全球石墨烯专利制备技术与应用技术申请趋势，可以看出，制备技术和应用技术的申请趋势与全球和来华石墨烯专利申请趋势整体一致，制备技术和应用技术在 2007 年前申请量较小，2008 年之后出现了快速增长。

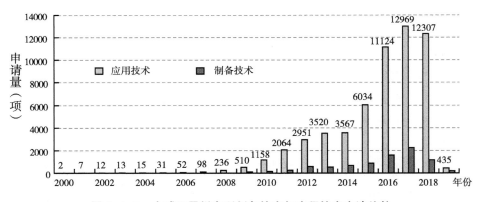

图 2-1-3　全球石墨烯专利制备技术与应用技术申请趋势

应用技术申请量一直大于制备技术申请量。

2.1.2　专利区域分布

本小节中对全球石墨烯专利区域分布的研究包括对技术来源国（地区／组织）的专利分布态势分析以及对技术目标国的专利分布态势分析。技术来源国（地区／组织）分析反映了主要技术研发力量的分布情况，有助于了解各国家或区域的技术创新能力；而技术目标国（地区／组织）分析则体现了各创新主体的全球市场布局意图。这将有助于从宏观方面了解世界范围的技术和市场变化趋势，为国家产业政策制定、行业技术方向规划、企业技术研发和布局提供帮助。

就全球石墨烯专利申请而言，经统计分析和筛选，专利申请技术来源国主要为中国、美国、韩国和日本，不考虑国际申请的情况，目标国（地区／组织）排名前五位的分别是中国、美国、韩国、日本和欧洲。

2.1.2.1 技术来源国（地区／组织）分析

从图 2-1-4 石墨烯专利技术来源国（地区／组织）区域分布中可以看出，专利申请技术来源国（地区／组织）主要为中国、美国、韩国和日本。中国有 49032 项石墨烯相关专利，申请数量位居全球第一，占全球石墨烯相关专利总量的 77.5%，以下分别为美国、韩国和日本，申请数量分别占比 9.1%、7.5% 以及 2.6%。从中明显可以看出中国、美国、韩国、日本为石墨烯技术的主要来源国（地区／组织），该四国的专利产出量占全球的 96.7%。石墨烯技术来源国（地区／组织）前四名中没有出现欧洲专利局的专利申请，技术来源为欧洲专利局的石墨烯专利与以上四国相比少很多。综合来看，在石墨烯技术研发和应用上欧洲起步早，但发展速度较慢，而中国、美国、韩国、日本相比有较强的技术力量集中在该领域。

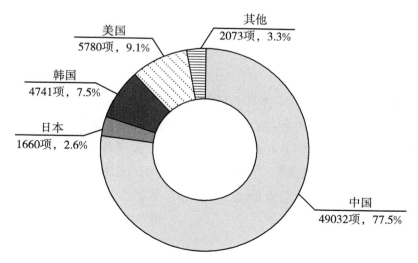

图 2-1-4 石墨烯专利技术来源国（地区／组织）区域分布

全球石墨烯专利主要技术来源国（地区／组织）中国、美国、韩国、日本四国具体的年度申请趋势和占比如图 2-1-5 所示。

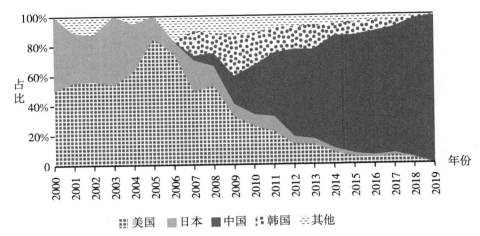

图 2-1-5　石墨烯专利主要技术来源国（地区／组织）申请趋势和占比

分析图 2-1-5 可知：（1）日本、美国的石墨烯专利申请时间较早，技术起步明显早于中国和韩国。（2）中国自介入石墨烯技术领域后，专利申请增长迅速。从 2007 年出现第一件石墨烯专利后，经过 3 年的技术发展，2010 年起石墨烯相关专利申请数量开始远超其他国家，到 2012 年申请数量甚至超过了美国、韩国、日本三国申请量的总和。2015 年后，来自中国的专利数量占据了绝对优势。（3）美国和韩国近年申请态势趋同，均表现出稳健增长的态势。（4）日本专利申请数量以及增长速度明显落后于中国、美国、韩国。

2.1.2.2　技术目标国（地区／组织）分析

从图 2-1-6 石墨烯专利技术目标国（地区／组织）区域分布中可以看出，技术目标国（地区／组织）主要集中在中国、美国、韩国、日本和欧洲。其中，中国为最大的技术目标国（地区／组织），专利占比达 71%；其次为美国、韩国及日本，专利占比分别为 8%、7% 及 3%。从数量上看，中国与其他国家相比，专利数量上的优势明显。

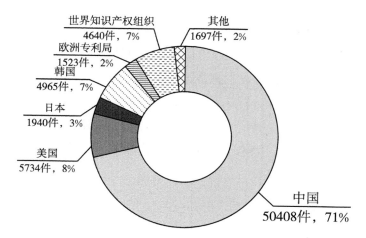

图 2-1-6　石墨烯专利技术目标国（地区／组织）区域分布

　　下面分析下四大技术来源国（地区／组织）的技术流向。图 2-1-7 采用雷达图的形式，直观地展示出四大技术来源国（地区／组织）中国、美国、韩国、日本在其他 5 局中的目标国（地区／组织）布局具体状况，体现了各主要技术来源国（地区／组织）的技术流向。

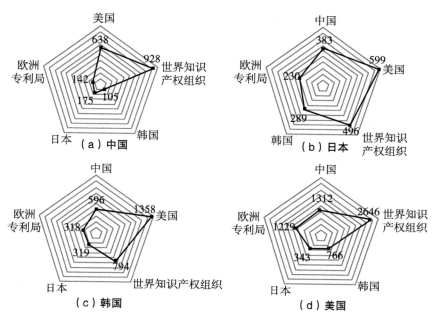

图 2-1-7　石墨烯专利技术主要技术来源国（地区／组织）目标国（地区／组织）布局

　　注：图中数字表示申请量，单位为项。

1. 技术输出的目标国（地区／组织）

中国、韩国、日本均将美国作为最重要的海外技术目标国（地区／组织），特别是韩国申请人对美国市场的兴趣浓厚，在美国的专利数量远远超过其他国家在美国的专利数量。分析其原因，韩国国内市场相对来说无论是地域上还是人口数量都比较小，其研发处于领先地位的石墨烯电子领域技术，必然会寻找国际上的大市场，如电子技术研发实力雄厚、市场成熟且容量大、蕴藏巨大商机的美国市场等。

2. 技术输出的数量

（1）美国最为重视在全球市场的专利布局，为向外国技术输出的第一大国。美国向欧洲专利局输出 1229 项，向世界知识产权组织、韩国、日本、中国分别输出了 2646 项、766 项、843 项、1312 项，总和达到了 6796 项。其数量之多接近于韩国、日本、中国海外布局数量的总和。这与美国一贯重视拓展海外市场、在石墨烯研究重点技术领域具备很强的研发实力、注重海外市场知识产权保护等多方面因素有关。

（2）日本、韩国重视在国外的专利布局。日本共有 1997 项石墨烯专利在海外进行了布局；韩国共有 3385 项石墨烯专利在海外进行了布局。除将美国作为最主要的输出国外，日本和韩国均有大量专利通过世界知识产权组织向全球进行布局。

（3）中国向国外技术输出落后于美国、韩国、日本，海外布局相对薄弱。中国虽然为石墨烯技术领域全球第一技术来源大国，但其向其他 5 局布局的专利相对于其他产出大国是最小的，落后于美国、韩国，也低于申请量远小于中国的日本，其中向欧洲、韩国、日本输出的数量仅 100 余项，向美国输出 638 项，而向世界知识产权组织输出数量最高才仅 928 项。这一方面反映了国内创新主体在海外知识产权保护意识和保护力度亟须加强；另一方面反映了中国石墨烯专利申请的质量与美国、韩国仍存在差距，在核心技术研发、抢占技术制高点的道路上还有很长的路要走。

3. 技术输出的渠道

各国均重视以《专利合作条约》进行石墨烯技术的专利申请，尤以美国最为突出。美国有 2646 项石墨烯技术的《专利合作条约》申请，韩国有 794 项、日本有 496 项，这些申请进入目标国（地区 / 组织）后将进一步加强上述三国在海外市场的技术布局。而中国通过《专利合作条约》途径的申请有 928 项，此途径同样为中国进行海外知识产权保护的最主要途径。

2.2 在华石墨烯专利技术申请总体情况

本节将对在华石墨烯专利技术申请情况进行分析。

在最近几年，我国科研人员积极探索石墨烯在不同领域的应用，取得了一系列创新性的研究成果。目前，我国在石墨烯基础研究方面已经十分突出。2012 年底，我国发表的石墨烯论文数量就已经超过美国，名列世界首位。

我国对石墨烯的技术研究正处于高速发展时期，作为石墨烯专利最大的技术来源国（地区 / 组织）和全球市场布局的热点区域，石墨烯技术创新实力和巨大市场潜力为世界瞩目。

2.2.1 专利申请总体态势分析

截至 2019 年 4 月 30 日，在华石墨烯申请总量为 51344 件。图 2-2-1 给出了石墨烯技术专利申请量在华年度变化趋势。从图 2-2-1 可以看出，石墨烯技术在华专利申请经历了技术萌芽期后，2008 年起进入技术发展期。

图 2-2-1 石墨烯在华申请量年度变化趋势

2004 年出现了向中国国家知识产权局提交的第一件石墨烯相关的专利申请。从 2009 年起，在华石墨烯相关专利申请数量快速增长，呈现快速发展态势，至 2012 年达到 2310 件。经过 2013~2014 年较为平稳的发展后，2015 年起，在华石墨烯相关专利出现爆发式增长，2016~2018 年每年的申请量都在 10000 件以上。随着石墨烯技术研发领域的不断扩展和研发深度的不断加深，石墨烯研究在全球范围内持续升温，可以预测，未来几年内石墨烯专利在华申请数量仍将会继续保持快速增长态势。

从 2007 年起，中国国内研发主体快速转移到石墨烯技术研究中来，短短几年内迅速集中了大量的人力财力，国内申请人开始在中国大量申请专利，使得在华申请数量在全球申请数量中所占比例迅速提升，并成为世界石墨烯专利研发最为活跃的主体之一。

2.2.2 国内外申请人申请量占比

2.2.2.1 国内外申请人在华申请量总体占比分析

图 2-2-2 显示了国内外申请人在华申请量占比。

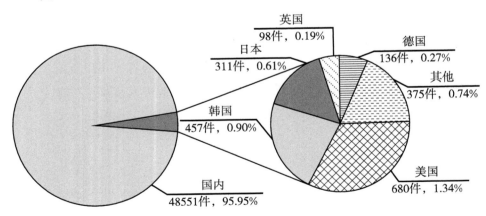

图 2-2-2 国内外申请人在华申请量占比

从该图中可知：（1）从专利申请总量上看，国内申请人占比最大，有 48551 件，占比 95.94%；其后依次为美国、韩国、日本、德国和英国。（2）中国近年来在本国申请趋势增长迅猛，申请数量远超国外申请人。国内外申请人在华申请量在 2008 年时，国内申请人的申请量低于国外申请人的申请量，到 2009 年两者几乎持平，而从 2010 年开始，特别是 2015 年后，国内申请人的申请量呈现爆发式增长，远超过国外申请人的申请量。究其原因，可能与 2010 年的诺贝尔物理学奖有关，激起了研究人员的极大的研究兴趣；随着我国政府、科研机构以及相关企业对石墨烯相关技术的重视，国内正在迎来石墨烯研发的高潮，有可能使得中国在未来世界石墨烯研究和产业发展过程中占据主导地位。

2.2.2.2 国内外申请人在华申请地域分布

图 2-2-3 显示了在华申请的主要外国来源（前五名）和国内申请的主要省份来源（前十名）。从图中可以看出：国内申请人的专利申请与国外申请人的申请相比，数量占绝对优势。国外申请主要来源于美国（680 件）、韩国（457 件）、日本（311 件）；德国和英国也有少量申请。国内申请主要来源于东部沿海经济发达省份，如江苏（8717 件）、广东（5867 件）、浙江（3608 件）、上海（3173 件）、山东（3083 件）等，以及科技发展活跃的北京，此外，中部省份安徽、湖南也进入前十，西部只有四川，进入前十。

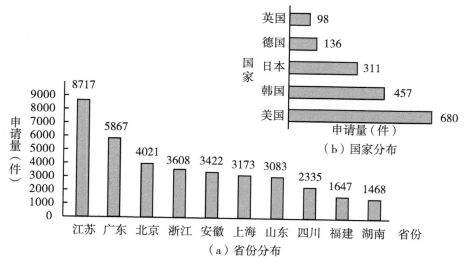

图 2-2-3 在华申请国省分布

2.2.3 在华专利申请总体技术分布

在华石墨烯专利申请制备技术与应用技术总体占比如图 2-2-4 所示。

制备技术为 5259 件，应用技术为 43762 件。其中既含有制备技术又含有应用技术的专利的申请量为 2139 件。应用技术总量为制备技术总量的 8 倍多。

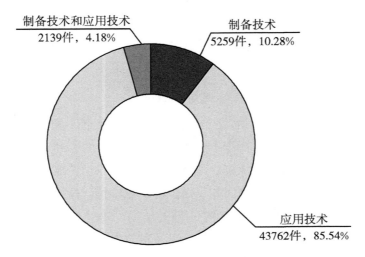

图 2-2-4　在华申请总体技术分布

在华申请的制备方法专利共有 7398 件，从图 2-2-5 中可以看出，制备方法中氧化还原法申请量最大，达到 4517 件，其次为化学气相沉积法（1452 件）、液相剥离法（480 件）以及机械剥离法（415 件）。

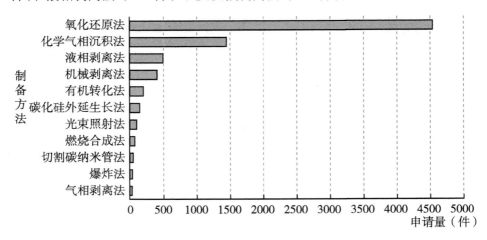

图 2-2-5　在华申请制备方法分布

在华申请的石墨烯应用领域专利共有 45901 件，从图 2-2-6 中可以看出，应用领域中，材料领域申请量最大，为 24936 件，其次为能源领域、化学领域、电子器件领域、生物医用领域以及光电器件领域。上述领域均有超过 3000 件专利申请。可见，材料领域和能源领域是在华石墨烯领域申请最为活跃的应用领域，集中了国内 75% 的专利申请。而电子器件、光电器件、生物医用和化学领域的发展也比较迅猛，有较大的专利申请量。

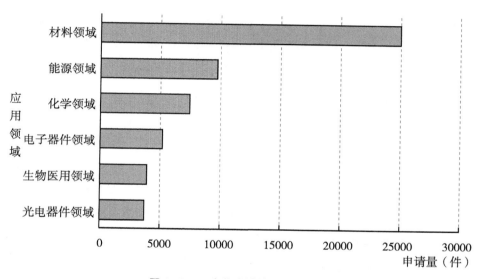

图 2-2-6　在华申请应用领域分布

2.2.4　专利申请技术分布

2.2.4.1　在华石墨烯制备相关技术总体分布

图 2-2-7 显示了在华石墨烯制备相关技术专利申请的总体分布情况。可见，在华石墨烯制备领域申请中，国内申请人的申请集中在氧化还原法，专利申请超过 4000 件，是排在第二位化学气相沉积法的专利申请数量的近 3 倍。机械剥离法和液相剥离法各有 400 多件申请。其余种类的石墨烯制备方法申请则在 200 件以内。

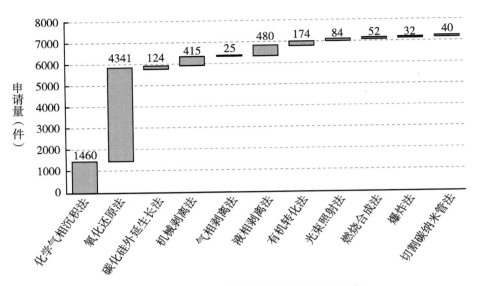

图 2-2-7　在华石墨烯制备相关技术总体分布

2.2.4.2　在华石墨烯应用领域总体态势分析

图 2-2-8 和图 2-2-9 分别给出了在华国内和国外申请人在石墨烯应用技术领域申请的总体分布情况。中国国内申请人石墨烯应用技术集中在材料领域，专利申请量达到 24382 件，而能源领域和化学领域也集中了较多的专利申请。此外，在电子器件、生物医用和光电器件领域，申请量相对其他领域而言不多，分别为 4994 件、3767 件和 3448 件。

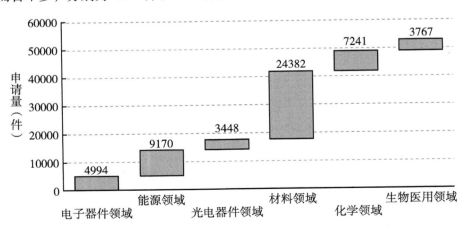

图 2-2-8　在华国内申请人石墨烯应用领域申请总体分布

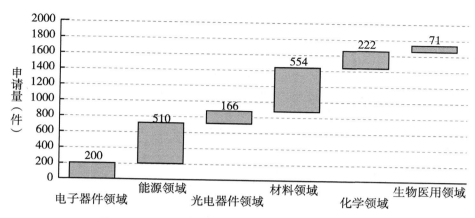

图 2-2-9　在华国外申请人石墨烯应用领域总体分布

国外申请人的在华申请中，能源和材料领域是其布局专利数量最多的领域，均达到 500 件以上。电子器件和化学领域以及光电器件领域为 200 件左右，生物医用领域布局较少，仅有 71 件。总体来看，国外申请人在中国专利布局数量不多，除了在能源和材料领域布局超过 500 件外，其他应用领域申请量较小。

综上，中国国内申请人在石墨烯的各主要应用领域申请数量均占据优势地位。国外申请人在各个应用领域占比相差不大，对于石墨烯的应用研究较为广泛、平均。其在电子器件、光电器件领域相对较多的占比可能是由于韩国、美国在这两个领域具有比较雄厚的研发实力，因而具有一定的技术优势。

2.3 申请人总体情况

石墨烯是一个新兴的产业，由于其在诸多的应用领域都有着广阔的发展前景，因而引发了全世界范围内的专利申请大战，截至 2019 年 4 月 30 日，全世界范围内已经积累 63286 项专利申请（以专利族为统计单位）。短短数年时间内，已经有相当多的申请人申请了大量的专利。分析这些主要申请人的申请总体状况，能够理清石墨烯领域的专利技术布局，探明未来的技术发展动向。

2.3.1 全球主要申请人构成分析

图 2-3-1 显示了全球石墨烯相关专利申请的排名状况。该图宏观地反映了全球前 16 名申请人的申请数量状况。

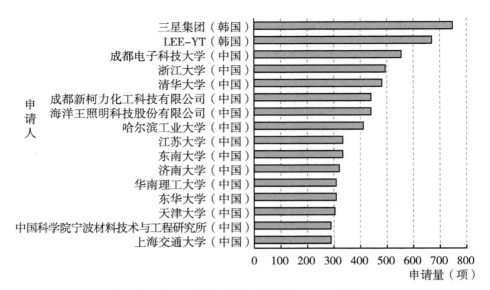

图 2-3-1　石墨烯领域主要申请人全球排名

　　从全球主要申请人的国别构成来看，中国专利申请人排名占据绝对优势。全球石墨烯专利申请量排名前十六位中，中国申请人有 14 家，包括 2 家企业、11 所大学和 1 家中国科学院的研究所。国内企业包括成都新柯力化工科技有限公司和海洋王照明科技股份有限公司。国外申请人三星集团为来自韩国的企业。总体来看，中国申请人占有很大比例，这说明中国的企业和研发机构特别是国内高校意识到了石墨烯领域的潜在市场价值，对石墨烯技术的研究关注较多，并且积极申请专利保护来争取技术领先，从而抢占未来的市场份额。从国外申请人的构成来看，韩国三星集团等在石墨烯技术领域的研发和专利布局是走在了世界前列，它在石墨烯技术领域投入了相当的研发资源并进行了一定的专利布局。以三星集团为代表的韩国企业研发活动相当活跃，可以看出韩国的企业和科研机构对石墨烯技术的市场化前景持有相当乐观的态度。

　　从全球主要申请人的类型来看，大规模开展石墨烯专利申请的企业稀缺。在全球石墨烯专利申请量排名前十五名的申请人中，仅有三家企业，在所有专利申请人中所占比例仅为 20%，分别是韩国的三星集团、中国的成都新柯力化工科技有限公司以及海洋王照明科技股份有限公司。可见，在石墨烯技术领域，申请人类型主要是大学、研究机构等科研单位。而在一个相对成熟的行业或技术领域中，企业专利一般应占专利申请总量的大部分，因此，石墨烯相关技术目前尚属一个新兴的技术领域，离大规模的商业化应用仍有一定的距离。

对图 2-3-1 进行分析，可将全球石墨烯技术申请量前十六名的申请人归为以下几类。

1. 三星集团

在主要申请人中，三星集团以 746 项专利申请位居第一，且是国外唯一一家进入榜单的企业。三星集团是韩国最大的企业集团，业务涉及电子、金融、机械、化学等众多领域。1993 年以来，三星集团实行"新经营"，开始进行全方位品质经营和世界顶级战略，实施了"选择和集中"的业务发展策略，对发展不顺利或者前景不看好的业务及时进行清理，对前景乐观的业务进行集中投资，加强研发力度。至 2003 年，三星集团旗下三家企业进入世界 500 强行列，在半导体、液晶显示器、通信等技术领域确立了行业领跑者地位。因此，三星集团在这些技术领域进行了密集的研发，申请了大量的专利。三星集团在专利申请方面一向保持着非常敏锐的反应速度，在进入石墨烯领域之后，迅速成为领跑者，近年来一直占据着专利申请量首位。随着石墨烯的市场应用逐渐明朗化，其会在技术研发上进一步跟进，因此，预计未来三星集团还会保持相当数量的专利申请。

2. 国内科研机构

前文提到排名前十六的申请人中以科研机构尤其是国内的科研机构居多。即使将排名范围进一步集中到前十名，还是会发现大量的国内科研机构申请人。电子科技大学以 551 项专利申请排在第三位。电子科技大学的石墨烯相关申请集中在 2011 年之后，特别是 2016 年之后，石墨烯相关发明专利申请快速增加。其主要研发领域集中在电子器件、能源领域以及光电器件上，近一半的专利申请是与其他研发主体的合作申请。浙江大学以 494 件专利申请排在第四位。浙江大学是一所综合性大学，其多个学院都涉足了石墨烯的研究，这其中尤以高超教授的研究小组为代表，其对石墨烯纤维的研究居于世界领先地位，相关成果发表在《自然》杂志上，同时该研究小组也申请了相当数量的发明专利。清华大学以 482 项专利申请排在第五位，同时在产业化方面还走在了国内的前列，近一半专利申请为与其他创新主体的合作申请，其联合国内从事石墨烯研发和产业化的多项机构建立了中国石墨烯产业技术创新战略联盟，对国内石墨烯产业形成了极大的助推作用。另外，哈尔滨工业大学、江苏大学、东南大学、济南大学、华南理工大学、东华大学以及天津大学专利申请量均超过了 300 项，分列第 8~14 位。

3. 国外研发主体

从专利申请数量来看，国外研发主体除韩国三星集团一枝独秀外，还有另外一位韩国申请人 LEE YT 以 665 项专利申请居于第二。LEE YT 为个人申请人，其石墨烯相关专利申请均集中在韩国国内。

2.3.2 在华主要申请人构成分析

图 2-3-2 显示了在华申请人总体排名情况。

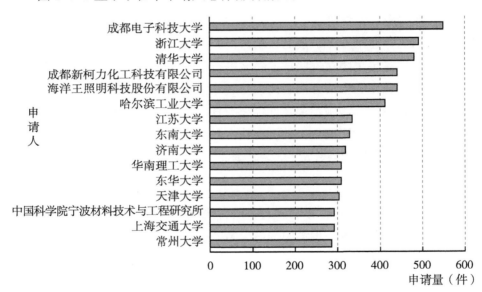

图 2-3-2 石墨烯领域在华申请人总体排名

从图 2-3-2 中反映的数据来看，在华石墨烯申请呈现如下态势。

1. 国内科研院所申请数量占明显优势

目前，国内的石墨烯专利申请较多的为中国的科研院所。在华申请量排名前十五的申请人中，十三个为国内科研院所，体现了国内大学和研究机构对石墨烯领域研究的极大兴趣。上述院所在国家资助下积极投入，短时间内进行了大量的专利申请。

2.国外申请人在华申请数量不多

在华申请量排名前十五的申请人中，没有国外申请人。分析原因可能是：石墨烯是较为新兴的技术，大规模的产业化还没有开始，产业化前景尚不够明朗，技术的大规模应用处于研究摸索阶段，因此国外的企业在中国专利布局同样处于初期阶段。从专利布局策略上来讲，在此阶段中，国外申请人通常在重点领域中进行核心专利的布局，为后续的技术发展圈占领地，而并非注重数量上取得优势。另外，从经验来看，国内的企业往往热衷于提前公开专利申请以期望获得早日的授权，而相比较而言，国外的专利申请进入中国往往要花费更多的时间。预计随着时间的推移，通过《专利合作条约》途径和《巴黎公约》途径进入中国的外国技术会逐渐增多，值得国内相关单位予以高度重视。

图 2-3-3 显示了来自国外的在华石墨烯专利申请前十位专利申请人的专利申请情况。可以看出，排名第一的为三星集团，在华申请数量达到了 166 件，第二至十名依次为株式会社半导体能源研究所、IBM 公司、株式会社 LG 化学、纳米技术仪器公司、LG 集团、诺基亚技术有限公司、索尼公司、曼彻斯特大学、东丽株式会社。可以看出，上述申请人大部分为企业，尤其是电子行业的大型跨国企业，如三星集团、LG 集团、IBM 公司、纳米技术仪器公司等，国外大型企业在我国的专利布局却已经悄然铺开，这一点值得国内申请人警惕。

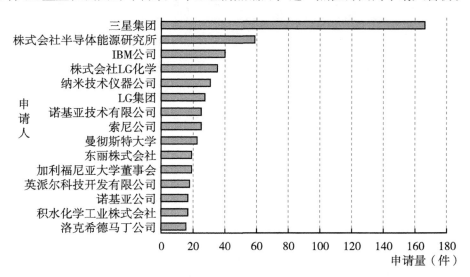

图 2-3-3　石墨烯领域在华国外申请人前十名

　　图 2-3-4 显示了国外主要申请人在华申请量年度变化趋势。可以看出，三星集团在 2007 年就已经进入石墨烯技术领域，在 2012~2014 年短暂的波动后，2015 年又有稳定增长；株式会社半导体能源研究所和 IBM 公司的申请大多集中在 2011 和 2012 年，此后的申请较少；而株式会社 LG 化学，从 2013年开始在华申请后，近年来申请量持续增长，已经成为石墨烯领域在华申请的后起之秀；而纳米技术仪器公司与株式会社 LG 化学类似，也是近两年内增长迅速。

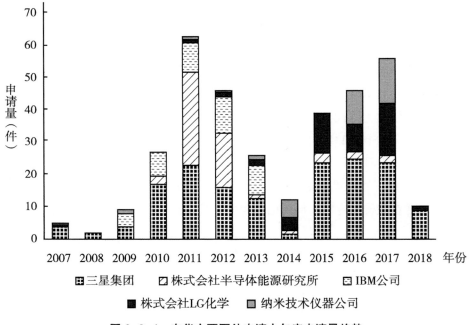

图 2-3-4　在华主要国外申请人年度申请量趋势

3.国内企业申请人较少，企业整体参与度不高

　　从申请人的类型分布来看，国内企业申请人较少，企业整体参与度不高。在华申请的前十五位申请人中，仅出现成都新柯力化工科技有限公司和海洋王照明科技股份有限公司两家企业。成都新柯力化工科技有限公司是石墨烯领域的后起之秀，其致力于新材料领域的创新，以及专利布局、规划、设计、运营和产业化。该公司从 2014 年开始对石墨烯相关专利申请以来，近年来申请量迅速增长，大部分专利申请集中在 2016 年之后，目前已有 442 件

专利申请，申请主要集中在石墨烯材料领域、能源领域的应用，在电子器件以及光电器件领域也有一定数量的申请。此外，该公司在石墨烯制备方法上也投入了相当的研发力量。海洋王照明科技股份有限公司是一家自主研发、生产、销售各种专业照明设备、承揽各类照明工程项目的国家级高新技术企业。其在石墨烯方面的专利布局主要为石墨烯电极及其材料、石墨烯薄膜制备和应用、氟化氧化石墨烯制备等。

因此，国内以科学研究为主的申请格局突显中国企业对石墨烯技术研发整体参与度不高，整体而言，我国仍停留在以科学研究为主的阶段，石墨烯技术产业化任重而道远。

2.3.3 主要申请人申请领域比较

通过分析比较排名靠前的申请人的申请行为，特别是比较其对重点技术领域的关注，能够快速地定位石墨烯各技术分支未来的发展方向和发展重点。图2-3-5体现了重点申请人在石墨烯制备技术和应用技术的技术分布情况。从图中可见，三星集团、电子科技大学、浙江大学、清华大学以及成都新柯力化工科技有限公司均兼顾石墨烯的制备和应用技术研究，并将石墨烯应用技术作为研究的重点。成都新柯力化工科技有限公司的制备方法专利的占比相对高些，这可能与公司的技术发展方向和战略定位有关。

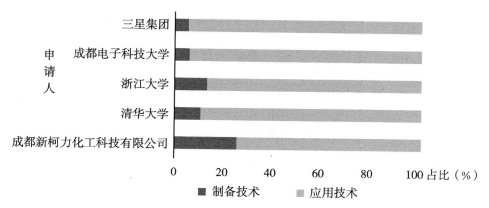

图2-3-5 主要申请人制备技术和应用技术申请量比较

2.4 本章小结

从全球专利申请数量的年度分布情况来看，从 2000 年出现第一项石墨烯专利起，到年申请量突破 1000 件仅用了 10 年时间，石墨烯技术从 2008 年开始蓬勃发展，2015 年之后专利申请数量呈现爆发式增长，目前全球正处于石墨烯技术的发展期。截至 2019 年 4 月 30 日，全球石墨烯相关专利申请量达 63286 项，其中在华专利申请量达 51344 件。石墨烯制备相关技术为 5869 项，应用相关技术为 54260 项。石墨烯的优异特性使其具有非常广泛的应用领域，因此，近年来全球在持续关注石墨烯的制备方法的同时，更多地将研究兴趣投入石墨烯应用技术中来。

石墨烯主要技术来源国（地区 / 组织）为中国、美国、韩国和日本，其中日本、美国开始石墨烯专利申请年代较早，技术起步明显早于中国和韩国；但中国自进入石墨烯技术领域后，专利申请量增长迅速，目前已成为石墨烯专利申请量第一大国；美国和韩国近年申请呈稳健增长态势；而日本和欧洲各国则相对落后于中国、美国、韩国三国。美国、韩国特别注重石墨烯技术的海外布局，其中美国在海外布局的专利数量为中国、日本、韩国三大技术来源国的海外布局数量总和；而韩国特别重视在美国的专利布局。

石墨烯主要技术目标国为中国和美国，其中，中国和美国是各国最为重视的目标国。

在华专利申请多集中在 2012 年之后。在华申请中以国内申请为主，国外申请总量较少，共有 2057 件申请来自中国以外的其他国家或地区，仅占申请总量的 4%，其主要来源于美国、韩国和日本。从在华布局情况来看，中国在材料和能源领域的布局数量明显占优，在制备方法的专利申请总量也处于领先地位。在华布局的国外申请人多为大型跨国企业。

全球石墨烯领域申请量排名前十六的专利申请人中，中国申请人有 14 个。除了成都新柯力化工科技有限公司和海洋王照明科技股份有限公司外，其余均为高校和研究机构。从全球主要申请人的类型来看，主要为科研院所，大规模开展石墨烯专利申请的企业较少，仅有三家企业跻身全球申请量排名前十六，韩国三星集团是石墨烯领域申请量最多的申请人。

第三章 石墨烯制备技术和
应用技术总体分析

3.1 石墨烯制备技术专利申请分析

石墨烯原料价格相对便宜，但产品却集电学、力学、光学、化学、热学等特性于一身。石墨烯制备相关技术，不仅是获得高质量、高性能单层或多层石墨烯的关键所在，更是大规模应用石墨烯的前提。目前，越来越多的国家或地区在石墨烯制备相关技术的基础研究方面投入了大量的人力和物力，全球范围内掀起了石墨烯制备相关技术的研究热潮。本节通过分析技术分类与技术重点、制备方法专利申请趋势、专利区域分布和主要申请人等四个方面对石墨烯制备相关技术的四个分支领域专利申请的总体情况进行分析。

3.1.1 制备技术分类与制备技术专利申请总体态势

3.1.1.1 制备技术分类

在石墨烯领域，与石墨烯制备方法紧密相关的技术分支主要为：制备方法、后处理、石墨烯产品以及设备。制备方法主要指获得石墨烯的各种制备方法；后处理代表将制备得到的石墨烯进一步处理来获得高性能石墨烯或其衍生产品；石墨烯产品表示包含特定微观结构、有掺杂原子等和 / 或特定组成的微观形态的石墨烯；设备是指石墨烯制备过程中使用的装置。

石墨烯制备方法在提高其电、热、力、磁等各项性能，获得大尺寸、结构优良产品等各方面都发挥着至关重要的作用。近年来，越来越多的研究人员参与到石墨烯制备方法的研究中。目前，石墨烯制备方法主要有化学气相沉积法、氧化还原法、SiC 外延生长法、气相 / 液相剥离法、机械剥离法、光束照射法、有机转化法、碳纳米管切割法等。图 3-1-1 表示石墨烯主要制备方法。

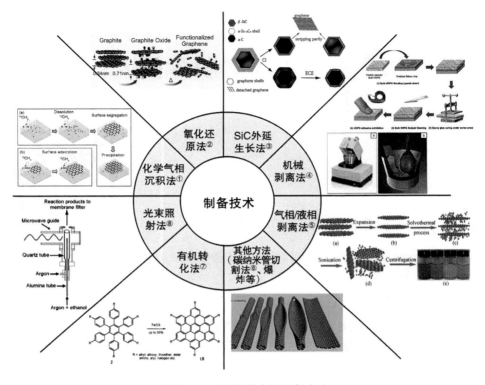

图 3-1-1　石墨烯主要制备方法

资料来源：① LIX，CAIW，COLOMBOL，et al.Evolution of graphene growth on Ni and Cu by carbon isotope labeling［J］.Nano Letters，2009，9（12）：4268–4272.

② MCALLISTERMJ，LI JL，ADAMSON DH，et al.Single sheet functionalized graphene by oxidation and thermal expansion of graphite［J］.Chemistry of Materials，2007，19：4396–4404.

③ TAO P，LV H，HE D，et al.Direct transformation of amorphous silicon carbide into graphene under low temperature and ambient pressure［J］.Scientific Report，2013，3：1148.

④江莞、范文驰、刘霞、等．机械剥离法制备石墨烯及其在石墨烯 / 陶瓷复合材料制备中的应用［J］.中国材料进展，2011（30）：13–20.

⑤ QIAN W，HAO R，HOV Y，et al.Solvothermal–assisted exfoliation process to produce graphene with high yield and high quality［J］.Journal of Nano Research，2009，2：706–712.

⑥ KOSYNKIN DV，HIGGINBOTHAM A L，SINITSKIIA，et al.Longitudinal unzipping of carbon nanotubes to form graphene nanoribbons［J］.Nature，2009，458：872–875.

⑦ SCHNIEPP HC，LI JL，MCALLISTER MJ，et al.Functionalized single sheets derived from splitting graphite oxide［J］.Journal of Physical Chemistry B，2006，110（11）：

8535-8539.

⑧ DATO A，RADMILOVFC V，LEE Z，et al.Substrate-free gas-phase synthesis of graphene sheets［J］.Nano Letters，2008，8（7）：2012-2016.

1. 化学气相沉积法

化学气相沉积法是利用甲烷等含碳气体作为碳源，在 N_2 或 Ar/H_2 等气氛保护下，通过高温退火使碳原子沉积在基底上形成石墨烯。常用的基底为 Ni、Cu、Co、Pt 等。通过改变碳源、基体和生长条件可对石墨烯的结构和质量进行控制。化学气相沉积法工艺简单，得到的石墨烯质量高，可实现大面积生长。但化学气相沉积法由于需要将基底上的石墨烯转移到目标衬底上，如何简化工艺、实现石墨烯的基体无损转移、使基体可重复使用是目前一项新的挑战。

2. 氧化还原法

氧化还原法是将天然鳞片石墨用强氧化性酸处理后，再以强氧化剂如 $KMnO_4$、$KClO_4$、强酸等对其氧化，形成稳定的石墨或石墨烯的氧化物分散液，然后将其还原即可制得石墨烯。常用的还原方法有化学还原法、电还原法、热还原法、水热还原法等。氧化还原法不仅可以制备出大量石墨烯悬浮液，而且有利于制备石墨烯的衍生物，拓展了其应用领域；但该方法制备的石墨烯存在一定的缺陷，使用的强氧化剂会对环境造成污染。如何获得绿色环保的氧化剂、优化制备工艺、提高石墨烯质量，将是氧化还原法亟待解决的技术难点。

3. SiC 外延生长法

SiC 外延生长法利用硅的高蒸汽压，在高温（通常 >1400℃）和超高真空（通常 $<10^{-6}Pa$）条件下使硅原子挥发，剩余的碳原子通过结构重排在 SiC 表面形成石墨烯层。加热单晶 SiC 制备石墨烯的方法可与现有的硅处理技术结合，用于制备石墨烯纳米电子器件具有一定的优势。但该方法制备条件苛刻，需要较高真空度，成本较高且产率较低，获得较好的长程有序结构、制备大面积单一厚度的石墨烯比较困难。

4. 气相 / 液相剥离法

气相 / 液相剥离法是通过把石墨、膨胀石墨或石墨插层化合物在有机溶剂或水中分散，再借助超声波、加热或气流的作用克服石墨或石墨衍生物层间的范德华力实现剥离得到石墨烯的方法。该方法具有来源广泛、成本低、产率高、易于放大等优点；但由于制备得到的石墨烯含有大量含氧官能团和缺陷，导电性差，需要通过其他方法提高石墨烯的质量和产量。

5.机械剥离法

机械剥离法通过对石墨晶体施加机械力（摩擦力、拉力、剪切力等）将石墨烯或石墨烯纳米片层从石墨晶体中分离出来，从而制备得到石墨烯。按剥离方式可以分为微观机械剥离法和宏观机械剥离法。机械剥离法制备石墨烯的最大优点在于工艺简单、制作成本低，并且样品的质量高；但是该方法产量低、不可控，且从大片的厚层中寻找单层石墨烯比较困难，同时样品表面清洁度不高。

6.有机转化法

有机转化法是以小分子或大分子有机物为前驱体，在碱金属催化或环化脱氢等工艺条件下自下而上的石墨烯制备方法。选择结构良好的前驱体对于该方法的石墨烯制备至关重要。目前，以多环芳烃碳氢化合物为前驱体已经合成出石墨烯带、纳米石墨烯片、宏观石墨烯及其衍生的富碳材料。有机转化法优点在于可实现石墨烯在分子尺度的结构操控，可加工性强；但制备得到的石墨烯的横向尺寸较小、产率较低。

7.光束照射法

光束照射法是采用等离子体、微波辐射、激光等方式对碳源（烃类、醇类、碳纳米材料）进行照射使其在特定工艺条件下反应制备石墨烯。光束照射法是近几年才出现的较为新兴的制备方法。该方法可以在被加热物体的不同深度同时产生热，实现分子水平上的加热。这种"体加热作用"速度快且均匀，可使产率显著提高。

8.其他方法

石墨烯的制备方法除了上面介绍的方法以外，还有碳纳米管切割法、电弧法、爆炸法、燃烧合成法等。如何综合运用各种石墨烯制备方法的优势，取长补短，解决石墨烯的难溶解性和不稳定性的问题，完善结构和电性能等是今后研究的热点和难点，也为今后石墨烯的合成开辟了新的道路。

3.1.1.2　制备方法专利申请总体态势

图 3-1-2 是 2000~2019 年石墨烯制备方法的全球专利申请量趋势。石墨烯制备方法的专利申请开始于 2000 年，2000~2008 年专利申请仍然处于萌芽阶段。自从 2004 年英国曼彻斯特大学教授安德烈·海姆等采用机械剥离法制备石墨烯以来，石墨烯领域引起了科学家的广泛关注和极大兴趣，发展态势良好。从 2007 年开始，石墨烯制备方法的申请量总体上呈现逐年递增的趋势，从 2009 年开始，石墨烯制备方法申请量开始呈现高速增长态势。

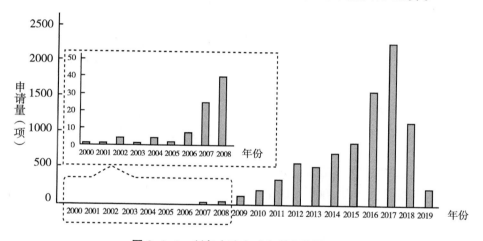

图 3-1-2　制备方法全球专利申请量趋势

如图 3-1-3 所示，全球制备方法专利申请中，氧化还原法、化学气相沉积法、气相/液相剥离法、SiC 外延生长法、机械剥离法、光束照射法以及有机转化法为主要制备方法，占有制备方法总量的 91.4%。氧化还原法全球申请量共 5036 项；化学气相沉积法全球申请量共 2058 项；气相/液相剥离法全球申请量共 585 项；SiC 外延生长法全球申请量共 251 项；机械剥离法全球申请量共 464 项；光束照射法全球申请量共 118 项；有机转化法全球申请量共 299 项。可以得出，主要制备方法中氧化还原法和化学气相沉积法全球申请量名列前两位，是石墨烯制备方法领域的重点和热点。化学气相沉积法能够大规模制备大面积、高质量的单层或多层石墨烯，一直以来是各国研究者积极研究开发的重点制备方法；而氧化还原法由于制备工艺简单，成本较低，也成为基础研究者争先开发和改进的制备方法。同时，值得注意的是，在华石墨烯主要几种制备方法专利申请量分别都占全球申请量较大份额，这表明各国对石墨烯制备方法在华专利申请和专利布局给予了高度的关注。

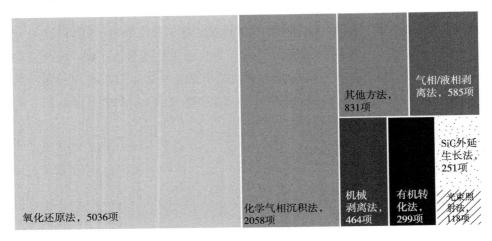

图 3-1-3　主要制备方法全球专利申请比例

对石墨烯四种主要制备方法的全球专利申请量趋势进行分析，参见图3-1-4。可以看出，自2009年以来，几种主要制备方法的专利申请量处于高速增长阶段。在各制备方法中，氧化还原法、化学气相沉积法的增长速度最快，氧化还原法在2017年达到了峰值。

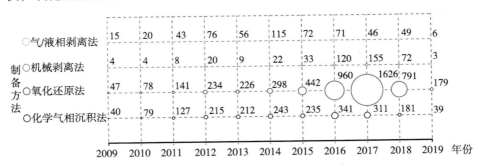

图 3-1-4　四种主要制备方法的全球专利申请量气泡图

注：图中数字表示申请量，单位为项。

由上述分析可知，全球申请的石墨烯制备方法创新研究和专利布局的热点领域集中在氧化还原法和化学气相沉积法，并且从增长趋势来看，上述两种方法在未来相当一段时间中仍然会处于快速发展的阶段，因此，有必要对两者进行深入分析。

3.1.2 制备技术专利申请区域布局

3.1.2.1 制备技术专利申请来源国（地区／组织）与目标国（地区／组织）分析

图3-1-5列出了石墨烯制备方法四个主要来源国（地区／组织）的申请量。中国、美国、韩国和日本为全球四大技术来源国（地区／组织）。虽然日本在石墨烯技术领域的研发和专利申请较早，但并没有继续进行大规模石墨烯的制备相关技术研发，近年来专利申请数量上升缓慢，已先后被美国、中国和韩国超越。

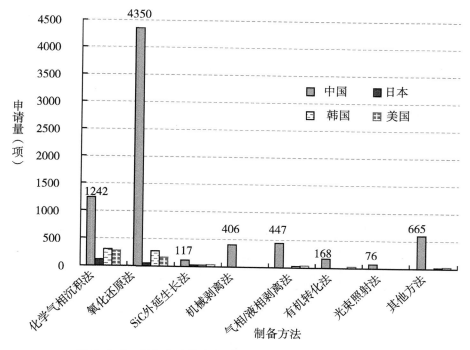

图 3-1-5 制备方法技术来源国（地区／组织）申请量对比

我国的各项技术产出量远高于美国、韩国和日本，这主要是因为我国高校、科研单位及企业在石墨烯制备方法上给予了更多的关注度，希望能突破各制备方法的瓶颈，研发出能制备高性能石墨烯的制备方法。

图 3-1-6 列出了石墨烯制备技术的六大技术目标国（地区／组织）的申请量。全球范围内，目标国（地区／组织）为中国、美国、世界知识产权组织、韩国和日本的专利申请量领先于其他国家（地区／组织），为全球石墨烯制备方法的主要技术目标国（地区／组织）。总体来说，中国作为技术目标国专利申请量最大，集中在氧化还原法、化学气相沉积法、气相／液相剥离法以及机械剥离法等制备技术上，其中氧化还原法制备技术申请量遥遥领先。美国、韩国和世界知识产权组织作为目标国（地区／组织），布局数量接近，均在 200~300 件，而日本和欧洲专利局作为技术目标国（地区／组织）的专利申请量较少。从氧化还原法制备技术和化学气相沉积法制备技术的布局来看，以美国、世界知识产权组织、韩国和日本作为技术目标国（地区／组织）的专利申请量均体现出并驾齐驱的态势。

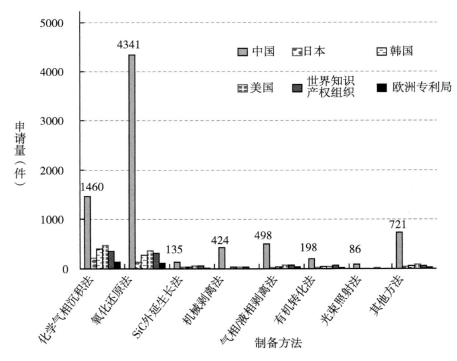

图 3-1-6 六大技术目标国（地区／组织）申请量对比

3.1.2.2 制备技术流向

图3-1-7列出了石墨烯制备技术的四大来源国的技术流向，能清晰了解各技术来源国在目标市场的专利布局。从图3-1-7中可以得知，四大技术来源国美国、日本、中国和韩国均向世界知识产权组织提出了制备方法专利申请，并分别向欧洲专利局和其他三大技术来源国（地区/组织）进行了技术输出。

美国在制备方法领域，有34%的专利技术主要流向本国，66%的技术输出到其他国家（地区/组织），其中最主要的技术目标国（地区/组织）为世界知识产权组织；其次是中国与欧洲；而在日本和韩国也保持一定的输出量。这一方面说明美国倾向于通过PCT申请的模式进一步选择目标国（地区/组织），另一方面表明美国在技术输出方面不仅重视中国这个新兴市场，也注重欧洲、日本和韩国的专利布局。

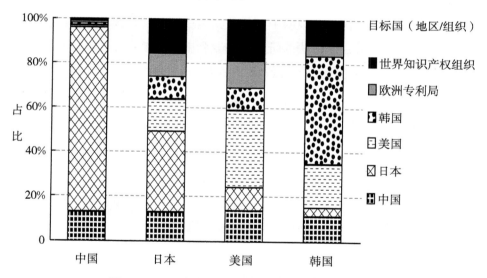

图3-1-7 四大技术来源国的石墨烯制备技术流向

中国在制备方法领域，有96%左右的专利技术主要流向本国，只有4%左右的技术通过输出的方式进入其他国家/地区，其中最主要的输出目标国家/地区为世界知识产权组织和美国，进入日本和韩国以及欧洲市场的制备方法专利较少。这说明我国的石墨烯制备方法专利仍然滞留在国内，相对于国内的巨大申请量，在国外布局的数量和比例仍然非常小。我国制备方法输出者更重视在美国的专利布局；但欧盟、韩国和日本作为重要的贸易伙伴，我国的制备方法布局的数量和比例非常小，我国应当加强在欧洲、日本、韩国的专利布局。

韩国在制备方法领域，有 49% 左右的技术主要流向本国，51% 左右的技术输出到其他国家（地区 / 组织）。韩国最主要的目标国（地区 / 组织）为美国，其次是世界知识产权组织与中国；而日本 64% 的制备技术输出到其他国家（地区 / 组织），最主要的目标国（地区 / 组织）为世界知识产权组织，其次是美国和中国。韩国和日本均倾向于通过专利合作条约申请模式进一步选择目标国（地区 / 组织），同时非常重视最大贸易出口国美国的技术布局，而对日本和欧洲的技术输出则较少。

总体来说，在石墨烯制备方法领域，从四大技术来源国（地区 / 组织）的整体申请量来看，中国占有较大比例；但从向外技术输出量和比例来看，中国却落后于其他三国。这说明中国相较其他三国而言，技术输出的力度不够，需要我国石墨烯制备方法的研发者和专利申请人增强专利布局意识，加强在全球重要国家的专利布局，抢占专利布局有利位置。

3.1.2.3　石墨烯制备方法在华申请情况

图 3-1-8 显示了石墨烯制备方法在华申请整体情况。可以看出，氧化还原法占据半壁江山，达占 55%，其次是化学气相沉积法，占 19%。其余制备方法在华布局均在几十件到 600 件，占比为 26%。

图 3-1-9 显示了石墨烯制备方法专利申请量国省分布情况。列出了申请量前十四的省份和主要的外国申请国家（地区 / 组织）。石墨烯制备方法在华申请中江苏、北京、广东、上海和四川位列前五名。美国、世界知识产权组织、韩国和日本在我国制备方法方面的专利布局整体而言数量不多，仅为几十件，且美国相较其他国家（地区 / 组织）而言申请量略高。虽然上述国家（地区 / 组织）在中国的制备方法输出总量并不多，但与石墨烯专利申请总量的占比来看，可以说三国比较重视在中国市场的制备方法领域的专利布局。

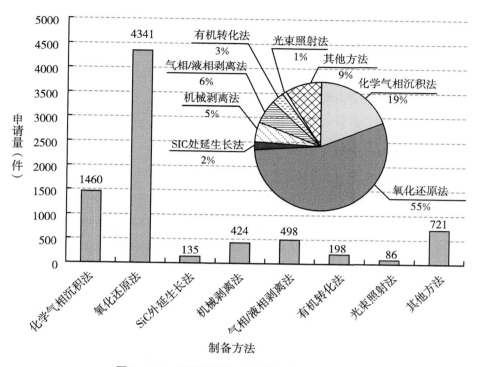

图 3-1-8 石墨烯制备方法在华申请整体情况

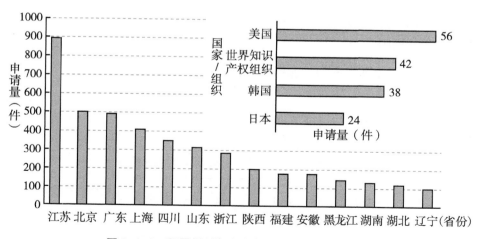

图 3-1-9 石墨烯制备方法在华申请国省分布情况

3.1.3 制备技术重要专利申请

上文对四大技术来源国石墨烯制备方法的各技术分支分布情况进行了分析，读者对该领域技术来源的整体情况有了一定的了解，接下来通过专利引证数信息分析、同族专利数信息分析等方法，来确定石墨烯制备方法领域的重要专利，并研究重要专利的分布情况。

1.专利引证数信息分析

专利的引证信息可以识别孤立的专利申请和活跃的专利申请，因为这些活跃的专利申请被大量的在后申请的专利所引证，表明了它们是影响力较大的专利申请，或是具有更高价值的专利申请。从一定程度上来说，一项专利申请被引用次数越多，表明对其后发明者所产生的影响越大，也反映出其重要程度。

表 3-1-1 是石墨烯制备方法领域被引证次数超过 60 次的专利申请。从表中可以看出，技术来源国为美国的专利有 9 项、韩国为 1 项、日本有 1 项、中国有 6 项。就申请涉及的领域而言，化学气相沉积法 2 项、氧化还原法 5 项、气相 / 液相剥离法 4 项、机械剥离法 4 项、有机转化法 1 项、碳纳米管切割法 1 项。从上述技术来源国（地区 / 组织）分布可以看出，石墨烯制备领域被引次数较高的专利申请都源自技术实力较强的国家，美国和中国是主要的专利产出国。

表 3-1-1　石墨烯制备方法专利引证超过 60 次的专利

序号	公开号	技术来源国（地区 / 组织）	施引专利数	技术分支	进入国家 / 地区
1	US7071258B1	美国	396	机械剥离法	美国
2	US20070131915A1	美国	194	氧化还原法	美国、世界知识产权组织
3	US20100028681A1	美国	133	气相 / 液相剥离法	美国
4	US20080279756A1	美国	128	气相 / 液相剥离法	美国

续表

序号	公开号	技术来源国（地区/组织）	施引专利数	技术分支	进入国家/地区
5	US20080206124A1	美国	111	气相/液相剥离法	美国
6	CN104211050A	中国	99	碳纳米管切割法	中国
7	CN101941693A	中国	93	氧化还原法	中国
8	KR2011016287A	韩国	91	氧化还原法	韩国
9	CN104016341A	中国	76	有机转化法	中国、世界知识产权组织、加拿大、澳大利亚、欧洲专利局、美国、印度、日本、墨西哥、巴西、越南、俄罗斯、韩国
10	CN101913598A	中国	74	化学气相沉积法	中国
11	JP2011032156A	日本	71	气相/液相剥离法	日本
12	US20110091647A1	美国	66	化学气相沉积法	美国
13	CN102343239A	中国	65	氧化还原法	中国
14	US20090169467A1	美国	65	机械剥离法	美国
15	CN104291321A	中国	63	氧化还原法	中国
16	US20100126660A1	美国	63	机械剥离法	美国
17	US20090026086A1	美国	61	机械剥离法	美国

美国被引证次数超过 60 次的专利有 9 项，其中 3 项涉及气相/液相剥离法，4 项涉及机械剥离法。这与我国重点专利主要集中在氧化还原法和化学

气相沉积法的特点相比存在显著差异，值得引起重视。这表明美国石墨烯制备方法研发的活跃领域以及重点领域可能与我国存在差异。

2.同族专利数信息分析

同族专利数可以反映出申请人对这项专利申请的重视程度。如果某项专利申请的同族专利数量大，那么说明该专利申请进入了多个国家/地区。进入的国家/地区越多，需要的相关费用越高，该项专利申请对申请人来说越重要，其希望获得更广泛的专利权保护。因此，同族专利数能从侧面反映出某一项专利申请的重要程度。

表3-1-2是石墨烯制备方法领域同族专利数排名前二十二位的专利。从表中可以看出，技术来源国（地区/组织）为美国的专利依然最多，有10项，日本有6项，英国2项，中国1项，韩国没有出现在前22位中。上述申请均进入了中国，足见我国在全球市场中的重要地位。就专利申请涉及的领域而言，主要涉及化学气相沉积法（4项）、氧化还原法（6项）、有机转化法（6项）、气相/液相剥离法（2项），覆盖了石墨烯制备方法领域各技术分支中申请量较大的三个分支（化学气相沉积法、氧化还原法以及气相/液相剥离法）。有机转化法的相关同族专利主要来源于美国，显示出美国在此研究领域的浓厚兴趣。

表3-1-2　石墨烯制备方法领域进入中国的同族专利数排名

序号	公开号	同族专利数	技术来源国（地区/组织）	技术分支
1	CN105452159A	80	日本	机械剥离法
2	WO2012125854A1	42	美国	有机转化法
3	CN108439366A	37	美国	有机转化法
4	CN104010965A	24	美国	有机转化法
5	WO2013040356A1	23	美国	有机转化法
6	CN105148818A	23	英国	气相/液相剥离法
7	US20120328940A1	22	美国	氧化还原法
8	CN102448880A	22	日本	其他方法

序号	公开号	同族专利数	技术来源国（地区/组织）	技术分支
9	CN104016341A	21	中国	有机转化法
10	WO2013047630A1	21	日本	氧化还原法
11	CN108101050A	21	日本	氧化还原法（能源领域、化学领域）
12	WO2014130069A1	18	美国	其他方法
13	WO2013072292A1	18	美国	其他方法
14	WO2013126671A1	18	美国	化学气相沉积法
15	CN103370275A	18	日本	化学气相沉积法
16	CN106744866A	18	美国	化学气相沉积法
17	WO2015040630A1	17	印度	氧化还原法
18	WO2013061258A1	17	美国	有机转化法
19	CN104822625A	17	印度	氧化还原法
20	CN104934300A	17	世界知识产权组织	化学气相沉积法
21	CN104321275A	16	英国	气相/液相剥离法
22	CN105600776A	16	日本	氧化还原法

整体而言，美国、日本等专利制度发展较早的国家，具有多个同族的专利数均高于中国。

3.1.4 制备技术主要申请人分析

图3-1-10列出了石墨烯制备方法专利申请数量的申请人排名，其中成都新柯力化工科技有限公司、海洋王照明科技股份有限公司、西安电子科技大学、浙江大学以及哈尔滨工业大学的申请量居前五位。五家中国公司上榜，包括成都新柯力化工科技有限公司、海洋王照明科技股份有限公司、成都格莱飞科技股份有限公司以及四川聚创石墨烯科技有限公司；国外申请人

仅有三星集团。

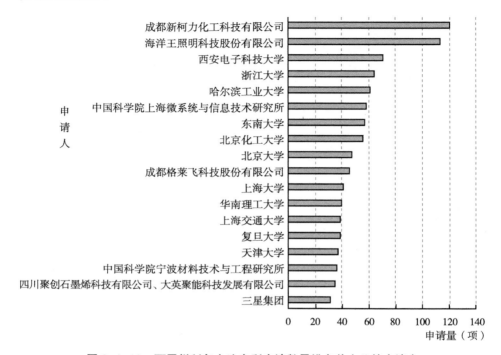

图 3-1-10　石墨烯制备方法专利申请数量排名前十八的申请人

值得注意的是，在石墨烯制备方法专利申请量排名靠前的申请人中，大学及科研机构占绝大部分，而在一个相对成熟的行业或技术领域中，企业专利一般占专利总量的 80% 左右。这表明石墨烯仍是一个新兴的技术领域，制备方法仍然处于基础研发阶段，离大规模的商业化应用仍有一定的距离。同时，在上述来自我国的专利申请人中，大学和研究机构占据主导优势，表明我国石墨烯制备方法的研发仍然是由科研院所主导。

3.2　石墨烯应用技术专利申请分析

石墨烯是碳原子紧密堆积成单层二维蜂窝状晶格结构的一种碳质新材料，具有一些奇特的物理特性，主要包括：（1）电学性能。独特的载流子特性，电子在石墨烯中传输的阻力很小，在亚微米距离移动时没有散射，具有很好的电子传输性质。石墨烯特有的能带结构使空穴和电子相互分离，导致新电子传导现象的产生，如量子干涉效应、不规则量子霍尔效应。（2）光学性能。单层石墨烯吸收 2.3% 的可见光，即透光率为 97.7%，是作为透明导电薄膜的理想材料。（3）力学性能。石墨烯的杨氏模量和破坏强度较高、韧性好。（4）热学性能。石墨烯导热率高。石墨烯的这些性质决定了其可以在多个领域中广泛应用。本节通过分析技术分类与技术发展趋势、国内外重点技术专利布局、应用技术重要专利分布和主要申请人等四个方面对石墨烯应用领域专利申请的总体情况进行探讨。

3.2.1 应用技术分类与应用技术专利申请总体态势

3.2.1.1 应用技术分类

石墨烯的应用由其主要的性质以及人们对石墨烯的认识利用程度来决定。本小节根据石墨烯的应用领域同时参考相关领域专利申请的数量确定石墨烯的应用技术分支，如图 3-2-1 所示。

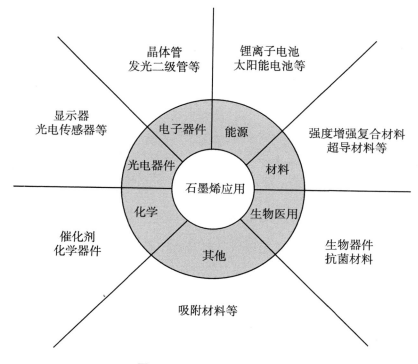

图 3-2-1 石墨烯应用技术

从图 3-2-1 可以看出，石墨烯的应用领域主要涉及电子器件领域、光电器件领域、化学领域、能源领域、材料领域、生物医用领域以及其他领域。由于对石墨烯电学性质的研究比较早也比较深入，因此，涉及其电学性质相关领域的申请相对较多，如光电器件领域、电子器件领域、能源领域。随着石墨烯制备方法的成熟以及对石墨烯认识的不断深入，其在热学、力学等方面的独特性质均被发现，随后应用范围逐渐拓展到化学、生物医用、材料等领域。

上述各技术分支中典型的应用实例如图 3-2-2 所示。

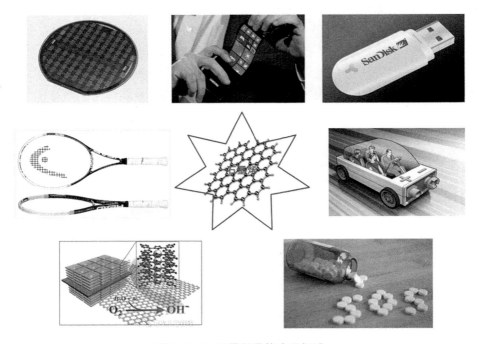

图 3-2-2　石墨烯具体应用领域

可以看出，石墨烯的应用领域已经开始扩展到我们生活的吃、穿、住、用、行等各方面。可以预见，随着人们对石墨烯认识的不断加深，其能够应用的领域会越来越多。

3.2.1.2　应用技术发展趋势

为了研究石墨烯领域涉及应用技术的专利申请发展情况，笔者对全球的专利申请数据进行了统计分析。通过筛选得到相关专利申请 57105 项，其中在华公开的专利申请 47771 项。

从图 3-2-3 可以看出，虽然涉及石墨烯应用的申请在 2000 年已经出现，但是中国以及全球的申请量均是从 2009 年前后起迅速增加。主要原因可能为：（1）稳定单层石墨烯的制备。石墨烯一直被认为是假设性的结构，凝聚态物理界普遍认为由于热力学涨落不允许石墨烯的二维结构在非绝对零度下稳定存在，因此对石墨烯的关注和研究不多，相关专利申请量也增长缓慢。2004 年俄罗斯科学家通过实验得到可以稳定存在的单层石墨烯，此后全球范围内掀起了研究石墨烯的热潮。（2）各国/地区政策的引导。石墨烯的研究和产业化发展持续升温，美国、欧盟、日本等国家/地区都发布或资助了一系列相关研究计划和项目，大力促进石墨烯技术及其应用研究。上述因素是从 2009 年起全球关于石墨烯应用的申请量迅速增加的主要原因。从 2014 年后，石墨烯应用领域专利数量呈现爆发式增长，这主要是因为来自中国的专利申请大幅增加。此阶段，中国投入研发的主体数量迅速增加，众多企业和科研院所投入大量研发力量在石墨烯应用领域。2016~2018 年，全球石墨烯应用领域专利年申请量达到 1 万件以上，成为技术研发的热点领域。在华专利申请也达到 1 万件左右，国内外申请人重视中国国内的市场，应用领域竞争比较激烈。

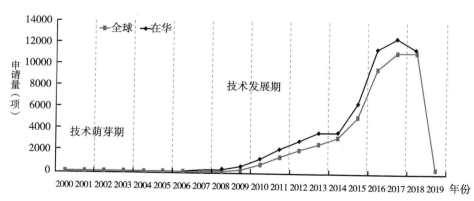

图 3-2-3　石墨烯应用领域全球和在华申请量趋势

从图 3-2-4 可以看出，申请主要集中在电子器件、能源、材料、光电器件、化学、医用生物领域等六个技术分支中，各技术分支的申请量从 2009 年起迅速增加，2012 年申请总量超过了 2000 项。其中，申请量最多的领域为材料、电子器件、化学和能源领域。从 2015 年起至今，材料领域是应用领域中增长最快的分支，而电子器件、化学以及能源领域的增长也颇为抢眼。在材料科学日益发展的今天，石墨烯新材料技术在材料科学中成为新兴的热点领域；电子器件领域也是石墨烯应用的重点技术领域之一，是国际研发主体的重点发展方向，吸引了石墨烯研究领域的顶级研发力量。在全球能源消费量逐年增加且不可再生能源储存量逐年减少的情况下，对新能源的重视程度越来越高，未来一段时期内涉及能源的申请仍将占据较大的比例。随着石墨烯制备技术的发展以及对石墨烯性能认识的不断深入，未来一段时期内涉及石墨烯应用的申请量仍然会快速增长。

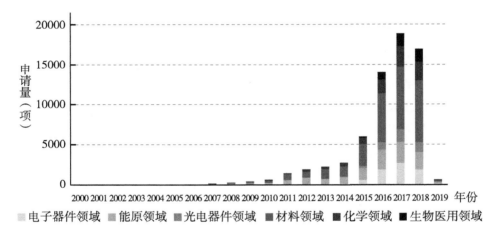

图 3-2-4　石墨烯应用领域各技术分支专利申请趋势

3.2.2　应用技术专利申请区域布局

3.2.2.1　应用专利申请技术来源国（地区 / 组织）/ 目标国（地区 / 组织）分析

全球涉及石墨烯应用的专利申请总量为 57105 项。本小节着重考虑进入中国、美国、韩国、日本和欧洲地区（以下简称五个国家 / 地区）的专利布局情况。

从图 3-2-5 可以看出，四个国家 / 地区中涉及六个主要技术分支（电子器件领域、材料领域、能源领域、化学领域、生物医用领域、光电器件领域），中国在上述六个技术分支的申请占总申请量的绝大多数，并且涉及材料领域的申请达到24335项，而涉及能源、化学和电子器件领域的申请均超过或达到5000项，涉及生物医用以及光电器件领域的申请在3500项左右。

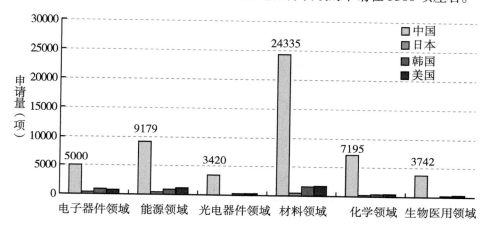

图 3-2-5　石墨烯应用领域各技术分支技术来源国申请量分布

从图 3-2-6 可以看出，在美国公开的专利申请主要分布在材料领域、能源领域和电子器件领域，在韩国和日本公开的专利申请同样主要分布在材料领域、能源领域和电子器件领域。美国、韩国、日本和欧洲在上述六个主要技术分支中均有涉足，但申请占比相对不高。

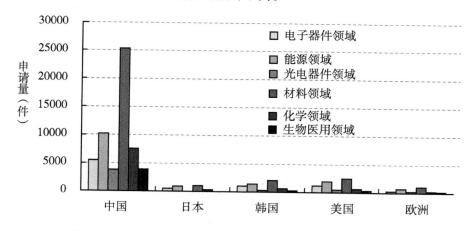

图 3-2-6　石墨烯应用领域各技术分支目标国 / 地区申请量分布

3.2.2.2 应用专利申请技术流向分布

对石墨烯应用技术的四大技术来源国的技术流向进行分析，能清晰了解各技术来源国在五个国家/地区的专利布局。从图 3-2-7 中可以得知，四大技术来源国美国、日本、中国和韩国均向世界知识产权组织提出了石墨烯应用技术专利申请，并分别向欧洲专利局和其他三大技术来源国进行了技术输出。

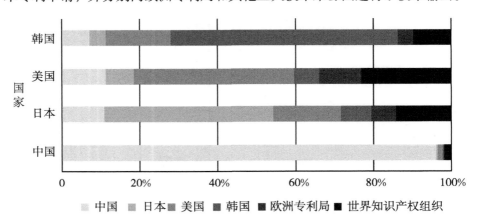

图 3-2-7　石墨烯应用技术四大技术来源国（地区/组织）专利技术流向分布

美国在石墨烯应用技术领域，41% 的专利技术主要流向本国，59% 的技术输出到其他国家，其中最主要的技术目标地区为世界知识产权组织，共输出 2377 件申请；其次是中国与欧洲，分别输出 1153 件和 1089 件专利申请；而在日本和韩国也保持一定的输出量。这一方面说明美国倾向于通过 PCT 申请的模式进一步选择目标国，另一方面表明美国在技术输出方面不仅重视中国这个新兴市场，也注重欧洲、日本和韩国的专利布局。

中国在石墨烯应用技术领域，96% 左右的专利技术主要流向本国，只有 4% 左右的技术通过输出的方式进入到其他国家/地区，其中最主要的输出目标国家/地区为世界知识产权组织和美国，共输出 827 件和 551 件专利申请；进入日本、欧洲和韩国的较少，仅有 100 多件。这说明我国的应用仍然滞留在国内；相对于在国内的巨大申请量，我国应用流向国外的数量和比例仍然非常小。我国石墨烯应用技术输出更重视在美国的专利布局，对作为我国现阶段重要贸易伙伴的欧盟、韩国和日本，我国应用的数量和比例非常小，我国应当加强在这些国家/地区的专利布局。

在韩国的石墨烯应用技术领域，58% 左右的技术主要流向本国，42% 左右的技术输出到其他国家/地区。韩国最主要的目标国为美国，共输出 1168 件专利申请，其次是世界知识产权组织与中国，分别输出 665 件和 500 件专利申请。日本 57% 的石墨烯应用技术向国外输出，最主要的目标国为美国，共输出 525 件专利申请，其次是世界知识产权组织和中国，分别输出 425 件和 330 件专利申请。韩国和日本均重视其贸易伙伴美国以及中国的技术布局，而对欧洲的技术输出则较少。

总体来说，在石墨烯应用技术领域，从四大技术来源国的整体申请量上来看，中国占绝对优势；但从向外技术输出量和比例来看，中国却落后于其他三国。这说明中国相较其他三国而言，技术输出的力度不够，需要我国应用技术的研发者和申请者提高专利布局意识，加强在全球重要国家/地区的专利布局，抢占有利位置。

3.2.3　应用技术重要专利申请

前文对石墨烯应用领域各技术分支专利申请量以及主要国家/地区专利技术布局情况进行了分析，读者对石墨烯应用领域的整体情况有了一定的了解。接下来通过专利引证分析、同族专利规模分析等，综合确定石墨烯应用领域的重要专利。

表 3-2-1 是石墨烯应用领域被引证次数超过 63 次的专利申请。从表中可以看出，在石墨烯应用领域引证次数排名前 33 位的专利申请中，技术来源国为美国的专利有 5 项，其余均为中国的专利申请。就申请涉及的领域而言，材料领域 11 项、电子器项领域 9 项、能源领域 9 项、化学领域 3 项、生物医用领域 1 项。

表 3-2-1　石墨烯应用领域进入中国的专利申请被引证次数排名

序号	公开号	被引证次数	技术来源国（地区/组织）	应用领域
1	CN103943925A	185	中国	电子器件领域
2	CN101864098A	161	中国	材料领域
3	CN101752561A	111	中国	能源领域
4	CN102254584A	109	中国	材料领域

续表

序号	公开号	被引证次数	技术来源国（地区/组织）	应用领域
5	WO2013016486A1	101	美国	生物医用领域
6	CN102208598A	99	中国	能源领域
7	CN103159437A	95	中国	材料领域
8	CN101710619A	92	中国	能源领域
9	CN101859858A	88	中国	电子器件领域
10	CN101562248A	85	中国	能源领域
11	US20120048804A1	82	美国	材料领域
12	CN202818150U	78	中国	电子器件领域
13	CN202818150U	78	中国	电子器件领域
14	CN102646817A	77	中国	能源领域
15	CN103279245A	75	中国	电子器件领域
16	CN102329976A	74	中国	材料领域
17	CN101849302A	72	美国	能源领域
18	CN101474897A	71	中国	电子器件领域
19	CN101474897A	71	中国	材料领域
20	CN101941842A	70	中国	材料领域
21	CN101474899A	68	中国	电子器件领域
22	CN101474899A	68	中国	材料领域
23	CN101474898A	68	中国	材料领域
24	CN103143338A	68	中国	化学领域
25	CN101890344A	67	中国	化学领域
26	CN102872889A	67	中国	化学领域
27	US8587945B1	67	美国	电子器件领域
28	US8587945B1	67	美国	电子器件领域

序号	公开号	被引证次数	技术来源国（地区/组织）	应用领域
29	CN101734650A	66	中国	材料领域
30	CN105348890A	66	中国	材料领域
31	CN102306757A	65	中国	能源领域
32	CN102544502A	64	中国	能源领域
33	CN101924211A	63	中国	能源领域

由表 3-2-1 可见，在石墨烯应用技术中，中国和美国是研究最活跃的国家，而材料领域、电子器件领域、能源领域集中了石墨烯领域中最重要的专利技术。

表 3-2-2 是石墨烯应用领域同族专利申请数排名前 23 位的专利。从表中可以看出，技术来源国为美国的专利最多，有 9 项、中国有 6 项、日本有 5 项、英国有 3 项。所有 23 项申请均进入中国，足见我国在全球市场中的重要地位。就专利申请涉及的领域而言，申请主要涉及材料领域（11 项）、电子器件领域（8 项）、光电器件领域（2 项）、其他领域（2 项）。美国申请涉及材料、电子器件、光电器件等多个技术领域，日本和英国主要涉及材料领域，而韩国、欧洲专利申请并没有出现在同族专利数排名前 23 位中。

表 3-2-2 石墨烯应用领域进入中国的同族专利数排名

序号	公开号	同族专利数	技术来源国（地区/组织）	应用领域
1	WO2011100716A3	168	美国	电子器件领域
2	CN105517953A	111	日本	材料领域
3	CN105518114A	111	日本	材料领域
4	CN105517953A	111	日本	材料领域
5	JP05688669B1	80	日本	其他领域
6	CN105518072A	80	日本	材料领域
7	CN102724613A	43	中国	电子器件领域
8	CN102724613A	43	中国	电子器件领域

续表

序号	公开号	同族专利数	技术来源国（地区/组织）	应用领域
9	TWI450600B	43	中国	电子器件领域
10	TWI455604B	43	中国	电子器件领域
11	TWI465119B	43	中国	电子器件领域
12	TWI465120B	43	中国	电子器件领域
13	TW201510211A	42	美国	材料领域
14	TWI465395B	42	美国	材料领域
15	CN103534205A	42	美国	材料领域
16	WO2011160861A1	41	美国	光电器件领域
17	CN101588919A	41	英国	材料领域
18	CN103144385A	41	英国	材料领域
19	CN103080840A	41	美国	材料领域
20	CN105479830A	41	英国	材料领域
21	CN105700300A	41	美国	其他领域
22	CN107402417A	41	美国	光电器件领域
23	US20130168635A1	39	美国	电子器件领域

3.2.4　应用技术主要申请人分析

以下将对石墨烯应用领域的主要申请人情况进行分析。通过对申请人的统计、分析，以了解石墨烯应用领域重要申请人的情况。

从图 3-2-8 可以看出，前十位的申请人为三星集团（韩国）、浙江大学（中国）、成都新柯力化工科技有限公司（中国）、哈尔滨工业大学（中国）、济南大学（中国）、江苏大学（中国）、东南大学（中国）、西安电子科技大学（中国）、海洋王照明科技股份有限公司（中国）以及天津大学（中国）。其中，三星集团的申请量最高，为 626 项；排名前十位的申请人的总申请量为 3377 项，仅占石墨烯应用领域总申请量的 6% 左右。这说明目前在石墨烯应用领域中呈现多申请人竞争的态势，并没有形成少数申请人垄断的局面。

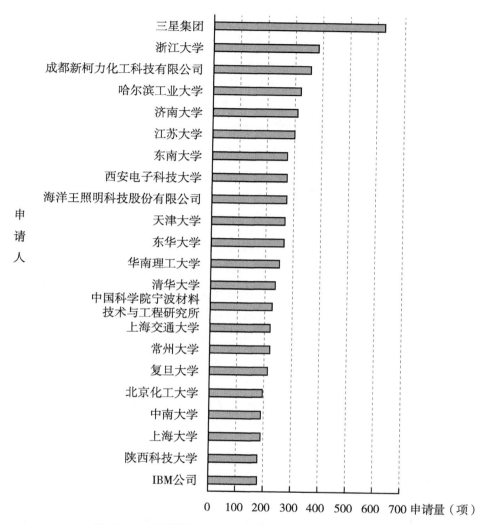

图 3-2-8　石墨烯应用领域申请量排名前 22 位的申请人

　　全球石墨烯应用技术排名前 22 位的申请人中仅有四位申请人是企业，分别是韩国的三星集团，我国的成都新柯力化工科技有限公司、海洋王照明科技股份有限公司和美国的 IBM 公司，其余均为中国的高校或科研机构。整体上看，在石墨烯应用领域中，美国和韩国的申请量靠前的申请人均为公司，而中国主要为科研机构。国内的多家科研机构均对石墨烯技术研发有浓厚的兴趣，但中国企业中仅有两家公司进入榜单，说明我国石墨烯应用技术距离真正的产业化还有一定差距。

3.3 本章小结

全球石墨烯制备方法专利申请总量为 8714 项，其中在华专利申请量 7398 件。分析制备技术申请总量和技术分支申请量变化趋势可以发现，虽然我国的申请人在 2007 年才提出第一件专利申请，但是在短短的五年时间内，我国制备相关技术的申请量已跃居全球第一；石墨烯制备相关技术领域各技术分支申请量整体上呈现逐年增加的趋势。研究的重点和热点为氧化还原法、化学气相沉积法以及气相 / 液相剥离法。通过生命周期的分析可以看出，全球石墨烯制备方法领域目前仍处于快速生长期，专利申请量和申请人数量仍将保持快速增长的势头。

虽然我国石墨烯制备方法专利申请总量最大，但是 96% 的申请仅在本国寻求保护，只有 4% 输出到其他国家 / 地区；而美国的石墨烯制备方法专利中，34% 的申请停留在本国，66% 的申请输出到其他国家 / 地区。我国申请人应加大重点制备方法在全球其他国家 / 地区的专利布局。

石墨烯制备方法在华申请国内申请人所述地区中江苏、北京、广东、上海和四川位列前五名。美国、韩国和日本在我国的制备方法方面的专利布局整体而言数量不多。

根据石墨制备方法技术的申请数量排名，成都新柯力化工科技有限公司、海洋王照明科技股份有限公司、西安电子科技大学、浙江大学以及哈尔滨工业大学的申请量位居前五位。在前十八位专利申请人中，五家中国公司上榜；国内多家科研院所也显示出了在制备方法领域的研发兴趣；国外申请人仅有三星集团。

全球石墨烯应用相关专利申请已达 57105 项，其中在华公开的专利申请 47771 项。我国石墨烯应用技术申请在 2009 年迅速增加，在 2014 年后出现爆发式增长。目前，我国石墨烯应用技术申请量在各技术分支均占绝大部分，显示了石墨烯应用技术研究成为国内研发力量追逐的热点。

全球主要的五个国家 / 地区的石墨烯应用专利申请均集中在材料、电子器件、能源以及化学领域，而我国在材料领域所占的比例较高，其次为能源领域以及化学领域；美国、日本、韩国和欧洲专利局的专利申请除了材料和能源领域外，也侧重电子器件领域的应用研究，而在化学领域投入相对较少。

　　虽然我国在石墨烯应用领域专利申请总量上比较大，但是其中96%留在国内，只有4%输出到其他国家／地区；而美国产出的专利41%进入本国，59%进入其他主要目标四个国家／地区。结合对全球引证专利数量以及专利申请同族数量进行统计分析，发现我国作为技术来源国掌握核心专利数量较多，已在材料、能源、化学、电子器件领域掌握一定数量的关键技术，但我国进行全球专利布局的能力还有待进一步加强。

　　从石墨烯应用领域专利申请量来看，三星集团的申请量最高。从申请人分析可知，我国国内的多家科研机构均对石墨烯应用技术研发有浓厚的兴趣，且具有较强的技术储备和科研能力；但具有一定研发实力的中国企业却较少，说明我国石墨烯应用技术距离真正的产业化还有一定差距。

第四章　石墨烯制备重点技术专利分析

4.1　概述

2004 年安德烈·海姆等首先采用微机械剥离法成功制备了石墨烯，并提出了表征石墨烯的光学方法，对其电学性能进行了系统研究，发现石墨烯具有诸多优异的物理和化学性能，从而掀起了石墨烯研究的热潮。在微机械剥离法的基础上，研究人员又成功开发了多种制备石墨烯的技术，主流的制备技术包括机械剥离法、液相 / 气相剥离法、化学气相沉积法、SiC 外延生长法、氧化还原法、电弧放电法、碳纳米管切割法等。材料的制备是研究其性能和探索其应用的前提和基础。尽管目前已经有多种制备石墨烯的方法，石墨烯的产量和质量都有了很大程度的提升，极大地促进了对石墨烯本征物性和应用的研究，但是如何针对不同的应用实现石墨烯的宏量控制制备，对其质量、结构进行调控仍是目前石墨烯研究领域的重要挑战。本章选取了石墨烯制备技术专利申请中申请量位居前两位的化学气相沉积法、氧化还原法进行了重点分析。

化学气相沉积法是利用甲烷等含碳原料作为碳源，在 N_2 或 Ar/H_2 等气氛保护下，通过高温退火使碳原子沉积在基底上形成石墨烯。常用的基底为 Ni、Cu、Co、Pt 等金属。通过改变碳源、基体和生长条件可对石墨烯的结构和质量进行控制。化学气相沉积法工艺简单，得到的石墨烯质量高，可实现大面积生长。

石墨烯制备工艺中，氧化还原法属于主流技术之一。其具有成本低、工艺简单、产量大、可制得功能性复合材料的特点，现阶段在材料领域和能源领域具有较好的应用前景。而如何提高石墨烯的质量，简化工艺、降低对环境的污染是氧化还原法面临的主要技术问题。采用的技术手段包括改进氧化剂、分散剂、还原剂以及在氧化或还原前的成型工艺，如浸渍、涂覆方法。此外，近年来氧化还原还涉及表面官能团化，从而赋予石墨烯新的性质，有望进一步拓展其应用领域。

4.2　化学气相沉积法

4.2.1　专利申请分析

4.2.1.1　专利申请趋势

图 4-2-1 显示了化学气相沉积法制备石墨烯的全球申请量趋势。从历年专利申请情况来看，2000 年出现了第一件有关化学气相沉积法制备石墨烯的专利申请，但在 2001~2003 年未出现相关申请，申请量相对较低，直到 2007 年，申请量迅速增长，并一直保持增加的态势。

图 4-2-1 同时显示了化学气相沉积法制备石墨烯的在华申请量趋势。从历年专利申请变化情况来看，在华申请量的变化趋势与全球申请量的变化趋势基本相同，化学气相沉积法制备石墨烯第一项在华专利申请于 2000 年进入我国台湾地区，中国作为技术来源国的第一项涉及化学气相沉积法的专利申请出现在 2008 年，随后与全球的申请量变化一样，申请量迅速增长，并一直保持增加的态势。

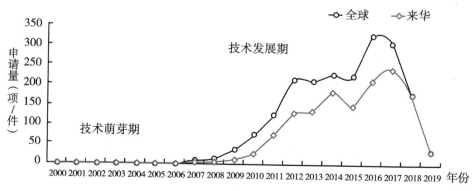

图 4-2-1　石墨烯化学气相沉积法申请趋势

4.2.1.2 全球专利申请技术来源国（地区／组织）

图 4-2-2 显示了化学气相沉积法制备石墨烯的主要技术来源国（地区／组织）分布情况。总体来看，在主要技术来源国（地区／组织）中，中国以1240 项专利遥遥领先，占全部技术产出的 60%，韩国、美国、日本分列 2~4名，分别为 15%、14%、6%，但与中国相比有着较大的差距，其他国家和地区的技术来源则很少。

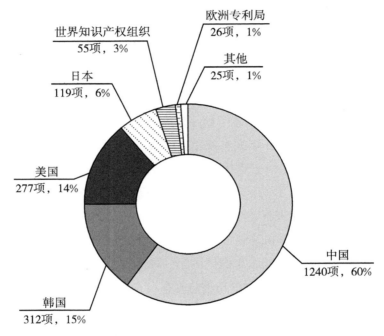

图 4-2-2 石墨烯化学气相沉积法技术来源国（地区／组织）分布情况

4.2.1.3 全球专利申请技术目标国（地区／组织）

图 4-2-3 显示了化学气相沉积法制备石墨烯的主要技术目标国（地区／组织）分布情况。总体来看，中国、美国、韩国、世界知识产权组织、日本分列目标国（地区／组织）的前五位，中国以 1460 件占据首位，随后的美国和韩国的数量与中国相比，差距较大。这主要是因为：首先，中国、韩国、美国不仅是全球排名前三的技术产出国，也是专利技术重要的目标

国（地区／组织）；最近几年，随着经济的快速发展，我国已成为全球最大的消费市场，其容量和消费能力不容忽视。其次，与技术产出构成相比，美国（476件）取代韩国（399件）成为全球第二大目标国，这与美国为世界上经济实力最强的国家是密不可分的。各大申请人纷纷在美国和中国布局专利，一方面，可以保护自己公司的产品、技术；另一方面，可以稳定自己的市场份额。

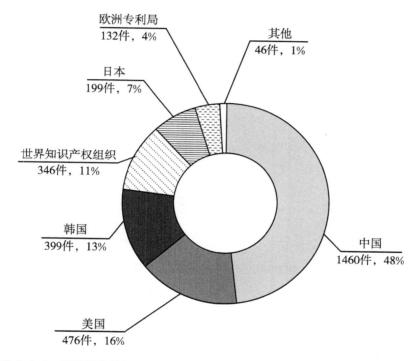

图 4-2-3　石墨烯化学气相沉积法专利申请技术目标国（地区／组织）分布情况

4.2.1.4　在华专利申请地域分布

图 4-2-4 显示了石墨烯化学气相沉积法领域中国专利申请的国家／地区分布情况。从图中可以看出，在中国专利申请中，绝大多数都是本国申请，国外申请人在华的申请量和布局数量相对较少，并不具有明显的数量优势。这些国外在华申请国家（地区／组织）主要为美国、韩国、日本等。

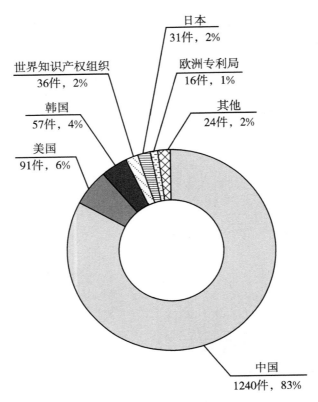

图 4-2-4　石墨烯化学气相沉积法在华专利申请技术来源国（地区／组织）分布情况

4.2.2　主要申请人分析

　　图 4-2-5 显示了石墨烯化学气相沉积法全球主要申请人，从图中可见，全球范围内，化学气相沉积法专利申请排名前十位中的外国申请人仅有韩国的三星集团和成均馆大学，其余均为中国的申请人，表明我国申请人在该领域拥有了相当数量的申请。排在前三位的依次是中国科学院重庆绿色智能技术研究院、三星集团以及重庆墨希科技有限公司，其中中国科学院重庆绿色智能技术研究院位居榜首。

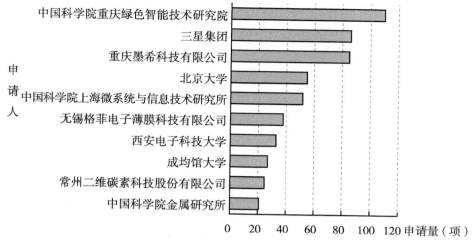

图 4-2-5 石墨烯化学气相沉积法全球前十位申请人

根据申请人的排名情况，下面选取了在石墨烯化学气相沉积法制备领域比较靠前的申请人为代表进行分析，分别是国内科研机构中国科学院重庆绿色智能技术研究院、重庆墨希科技有限公司以及三星集团。

4.2.2.1 中国科学院重庆绿色智能技术研究院和重庆墨希科技有限公司

通过对石墨烯化学气相沉积法的全球申请量进行统计分析，中国科学院重庆绿色智能技术研究院（以下简称绿色智能研究院）以及重庆墨希科技有限公司（以下简称重庆墨希科技）的申请量分别位列第一和第三，同时绿色智能研究院和重庆墨希科技有大量的共同申请，因此本部分对两者的申请进行分析（以下简称重庆墨希和绿色智能研究院）。

重庆墨希科技有限公司成立于 2013 年 3 月，坐落于重庆高新区金凤电子信息产业园区。该公司是北京墨烯控股集团股份有限公司与绿色智能技术研究院合作合资成立的一家高新技术企业，公司专注于石墨烯材料的生产、销售与应用技术开发。

1. 重庆墨希和绿色智能研究院专利申请整体状况

重庆墨希和绿色智能研究院在化学气相沉积法制备石墨烯领域申请专利共计 141 项，其申请量变化趋势和类型分布情况如图 4-2-6 所示。在重庆墨希科技成立之前的 2012 年，绿色智能研究院即开始了石墨烯的专利申请。2013 年重庆墨希科技成立之后，重庆墨希和绿色智能研究院的合作申请较多，共有 55 项，主要集中在 2014 年。除合作申请以外，绿色智能研究院也有 56 项单独申请，而重庆墨希科技则有 30 项单独申请。从专利申请类型来看，发明申请占 70.8%，实用新型的申请仅占 29.2%，由此可以看出，重庆墨希和绿色智能研究院专利申请的整体质量较高，其创新能力也较强。

（单位：项）

申请人	2012年	2013年	2014年	2015年	2016年	2017年	2018年	2019年	合计
绿色智能技术研究院	3	4	7	17	19	1	1	4	56
合作申请		4	44	7					55
重庆墨希科技				1	7	18	3	1	30

（a）申请量变化趋势

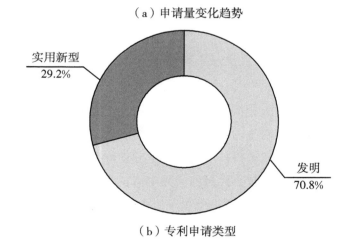

（b）专利申请类型

图 4-2-6　重庆墨希和绿色智能研究院申请量的变化以及专利申请类型分布

重庆墨希和绿色智能研究院的申请中涉及制备方法的有 18 项、后处理的有 13 项、化学气相沉积装置的有 29 项、后处理装置的有 7 项，如图 4-2-7 所示。显然，重庆墨希和绿色智能研究院在石墨烯制备方法、后处理以及装置上均进行了相当数量的布局，特别是其制备方法和装置分别集中于化学气相沉积法和化学气相沉积装置；绿色智能研究院也有自己的研究特色，重视化学气相沉积法以及化学气相沉积法后的转移、刻蚀、图形化等后处理工艺；重庆墨希科技的布局重点则集中在化学气相沉积装置。

（单位：项）

		合作申请	绿色智能研究院	重庆墨希科技
方法	制备方法	18	43	8
	后处理	13	23	5
装置	化学气相沉积装置	29	8	20
	后处理装置	7	2	

图 4-2-7 重庆墨希和绿色智能研究院的技术主题分布

2.研究团队和研发动向

在研发团队和研发动向方面，重庆墨希和绿色智能研究院已经具有一支相当规模的研发团队，其中，史浩飞以 123 项申请遥遥领先其他申请人，李占成和黄德萍分别以 83 项和 62 项申请位列第二位、第三位，如表 4-2-1 所示。

表 4-2-1 重庆墨希和绿色智能研究院的发明人及发明人技术主题分布

（单位：项）

申请人	方法		装置	
	制备方法	后处理	制备装置	后处理装置
史浩飞	55	35	50	10
李占成	28	18	53	3
黄德萍	20	11	43	
姜浩	27	11	27	1
张永娜	20	8	37	
高翾	19	10	28	1
杜春雷	32	20	8	
朱鹏	19	5	24	
魏大鹏	27	18	4	
杨俊	26	17		

　　史浩飞，博士，研究员，是绿色智能研究院微纳制造与系统集成中心主任，重庆墨希科技首席科学家。他同时还是国际光学工程学会（SPIE）会员、美国光学学会（OSA）会员、重庆市杰出青年基金获得者，入选科技部中青年科技创新领军人才，参与国家"973计划""863计划"与自然基金项目。从各个发明人的申请专利的技术分布来看，如表4-2-1所示，史浩飞在方法、装置两大领域以及二级分支的制备方法、后处理、后处理装置的申请量均位列第一，而李占成制备装置的申请量最多。涉及后处理装置的发明人共计四人，也是所有分支中发明人最少的；所有发明人的申请领域均涉及制备方法和后处理。

　　图4-2-8展示了重庆墨希和绿色智能研究院在主要技术领域的技术路线。2012年，重庆墨希和绿色智能研究院在化学气相沉积生长、制备装置、后处理装置方面均有申请，重点则放在对石墨烯质量影响较大的化学气相沉积生长环节。随着研发的深入，2013年开始对石墨烯的后处理工艺如转移（CN103288077A、CN103318879A）、掺杂（CN103213974A）以及后处理装置（CN103407809A）进行研究，同时也在制备装置领域进行了专利布局。2014年则在化学气相沉积生长、后处理、制备装置以及后处理装置进行大量的专利布局。2015年开始，更多的研发重心开始向生产线中的其他环节扩散，如后处理装置（CN204155906U）以及制备装置的具体部件等（CN204434725U、CN204454598U、CN204550066U）。2016年的申请重点则在降低化学气相沉积工艺的反应条件（CN10575547A、CN106315570A）以及连续规模化制备石墨烯的装置（CN105970182A、CN105970183A、CN106011797A、CN106119806A）。上述专利申请表明，重庆墨希和绿色智能研究院已经掌握连续化学气相沉积法生产石墨烯的相关技术，并正在对各个环节进行优化。2015年3月，重庆墨希科技全球首款石墨烯手机的发布也是其研发实力的突出表现。

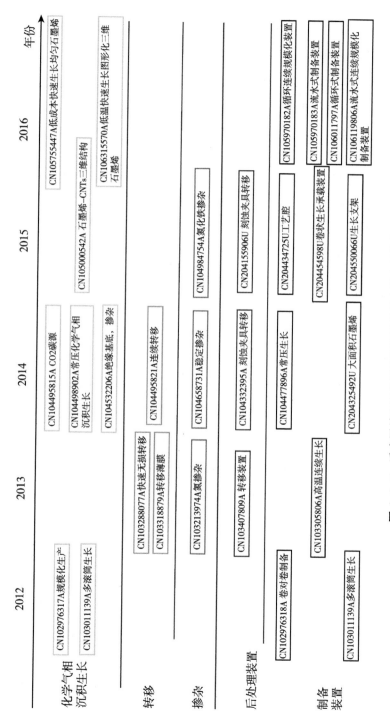

图 4-2-7 重庆墨希和绿色智能研究院的代表性专利技术路线

综上，可以看出，重庆墨希和绿色智能研究院致力于化学气相沉积法制备石墨烯薄膜上，并且已经取得了不俗的成绩。

4.2.2.2　三星集团

三星集团涉及石墨烯化学气相沉积制备专利申请的子公司共计四家，包括三星电子株式会社、三星泰科威株式会社、韩华泰克株式会社和三星显示有限公司。

三星集团在石墨烯化学气相沉积法制备领域共计申请专利 86 项，其申请量数量变化趋势如图 4-2-9 所示。2007 年和 2008 年，三星集团申请量较小，分别为 6 项和 3 项，并且均来自三星电子株式会社。2010~2013 年申请量均保持在 10 项以上，随后则有所下降。

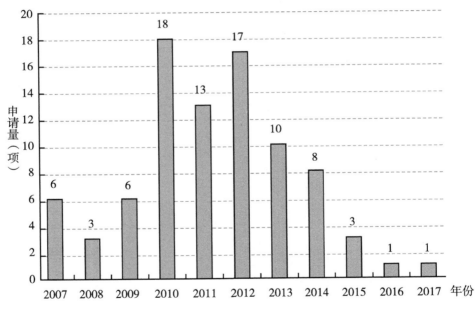

图 4-2-9　三星集团石墨烯化学气相沉积法制备领域全球专利申请量变化趋势

图 4-2-10 为三星集团各子公司的申请量分布状况。三星电子株式会社是三星集团最早申请石墨烯相关专利的子公司，累计申请 31 项。三星泰科威株式会社虽然在 2009 年才开始申请，但其总申请量是三星集团所有子公司中申请量最大的，韩华泰克株式会社和三星显示有限公司的申请量则相对较小。

（单位：项）

申请人	2007年	2008年	2009年	2010年	2011年	2012年	2013年	2014年	2015年	2016年	2017年	合计
三星泰科威株式会社			1	16	10	14	5	2				48
三星电子株式会社	6	3	5	2	3	3	3	2	2	1	1	31
韩华泰克株式会社							2	3	1			6
三星显示有限公司								1				1

图 4-2-10　三星集团石墨烯化学气相沉积法制备技术申请量年分布

图 4-2-11 是三星集团具有代表性的化学气相沉积制备技术相关石墨烯专利申请，与重庆墨烯科技的申请分布基本相似，主要集中在化学气相沉积生长、转移、制备装置以及后处理装置四个方面。其中研发持续性最好的是化学气相沉积生长，在各年中均有申请，申请量也相对较大。在化学气相沉积生长方面，三星集团的早期申请（KR20090043418A、KR20090026568A、KR2009065206A、KR20090103985A）对于催化剂种类的选择并没有明确的限定，通常是采取列举的方式限定 Ni、Co、Fe、Pt、Au、Al、Cr、Cu、Mg、Mn、Mo、Rh、Si、Ta、Ti、W、U、V、Zr 等一种或多种金属的组合。对于碳源的选择，一般也是列举各种含碳原料或者采用在衬底上涂覆碳源的方式。随后申请 KR20110051584A 公开了一种利用 Ni、Cu、Pt、Fe 和 Au 中至少两种金属合金催化剂制备石墨烯的方法，通过使用比碳在 Ni 中溶解性低的催化剂金属，可以调整碳被溶解的量，制备均匀的石墨烯单层。KR2011046863A 公开了三甘醇为原料通过浸渍在基底的催化剂上涂覆碳源的方式。2010 年，三星集团在该领域进行了较多的申请，KR20110122524A 公开了一种制备石墨烯的方法，通过在基板的两个表面均设置催化剂层，然后分别形成石墨烯，分离并除去催化剂金属层的方法。KR2011109680A 则公开了一种利用 Ge 催化剂制备石墨烯的方法。2011 年 KR2012124780A 则公开了一种采用在

无机基底上离子注入碳源的方法，上面沉积金属催化剂层然后反应制备得到石墨烯。KR2012125149A 则公开了一种在无机基底上直接生长石墨烯的方法，无机基底可以为金属氧化物、SiO_2、BN 和 Si 基基底。KR2013060005A 公开了一种用于合成石墨烯的方法，采用 Cu 基催化剂，Cu 晶粒的平均粒径至少20μm，其中包括 Ag 的含量为 0.001 wt%~0.05wt%。KR2013000964A 采用了液态金属催化剂（列举了多种金属），在通入碳源的同时采用了石墨烯晶种的辅助生长石墨烯。可以看出，三星集团的研究初期对于催化剂和碳源种类的选择并不是很关注，而随着技术的发展，出现了合金催化剂以及特定金属种类的催化剂，目前的研究重点则在于液态金属催化剂和无催化剂下在无机基底上直接生长石墨烯的方法。

对于转移、掺杂、刻蚀的后处理工艺方面，三星集团的 2008~2009 年的申请（KR20090129176A、KR20100046633A、KR2011052300A、KR20110031863A）均涉及利用基体刻蚀法转移石墨烯的方法。而在 2010 年，除了 KR2011133452A 涉及等离子刻蚀图案化石墨烯，KR2011138611A 涉及B、N 掺杂石墨烯以外，其余的申请（KR2012001354A、KR2011137564A、KR2012052648A、KR2012054383A、KR20120015185A、KR2011138611A）均是关于采用卷对卷转移石墨烯的方法。2011 年的情况也基本上与2010 年相同，除 KR2013020424A 涉及在图案化的基底上形成沟槽、加入黏性液体、加压、干燥除去液体转移石墨烯的方法以外，其余的申请（KR2012095149A、KR2013034840A、KR2012111659A、KR2013043446A）也都是关于卷对卷转移石墨烯的方法。总体来说，三星集团对于后处理的工艺早期兼顾掺杂、刻蚀和基体刻蚀法的转移工艺，而目前的研究重点在于采用卷对卷的方法更好地转移石墨烯，避免了基体刻蚀法腐蚀性液体的使用，也更利于工业化生产。

在后处理装置方面，KR2012054383A 涉及一种石墨烯转移设备，采用卷对卷的方法将化学气相沉积后的石墨烯薄膜与催化剂金属膜分离。KR2014031008A 涉及一种转石墨烯移带，具有黏合层，可以在一侧施加热量以除去黏合力，可以避免石墨烯与转移带之间产生气泡，预防石墨烯的损坏，可以高效地制备高质量石墨烯。KR2013139705A同样涉及一种卷对卷转移设备，包括将层压板转移到单向的传送元件。载体膜布置在石墨烯的第一侧上。通过高于或等于恒温器中液体温度的温度将载体膜从石墨烯上剥离。KR1612848B1公开了一种石墨烯制造装置，具有连接到夹具并与用于轧制夹具的转移膜接触的驱动单元，夹具布置成与衬垫分开并具有衬垫移动。石墨烯层置于金属基板中，转移膜附着在石墨烯层中。金属基板由引导部分引导，转移膜被供应到引导部分，可以安全保证石墨烯和转移膜之间的黏附程度。

在制备装置方面，2010年，KR2012001591A涉及一种石墨烯制造设备，包括供气单元，用于供应包含碳的气体；气体加热单元，用于加热从供气单元供应的气体；沉积室，具有催化剂层的基底设置在沉积室中；进气管，用于将气体加热单元的气体引入沉积室中。沉积室的温度被设置为低于气体加热单元的温度，从而可以扩大与在催化剂层中将要采用的催化剂金属有关的选择范围，因高温热量对基底造成的损坏可被最小化。2012年，KR2014030977A涉及一种用于在化学气相沉积室中支撑多个催化剂金属膜的装置，包括基座单元，至少一个支撑单元，连接到基座单元并沿一个方向延伸，以便插入和设置催化剂金属膜，连接到催化剂金属膜之间的支撑单元的间隔物防止膜彼此接触，或者连接到催化剂金属膜的至少一侧的框架连接到支撑杆并且彼此平行布置。2014年，KR2015107474A涉及一种用于制造石墨烯的装置，包括用于供应包含金属催化剂的箔的箔供应单元、用于形成石墨烯形成的箔的石墨烯形成单元，以及用于在石墨烯形成的箔上层压保护带的层压装置。该装置通过使用具有重量辊装置的层压装置将保护带层压在石墨烯形成的箔上来实现高质量的石墨烯层。

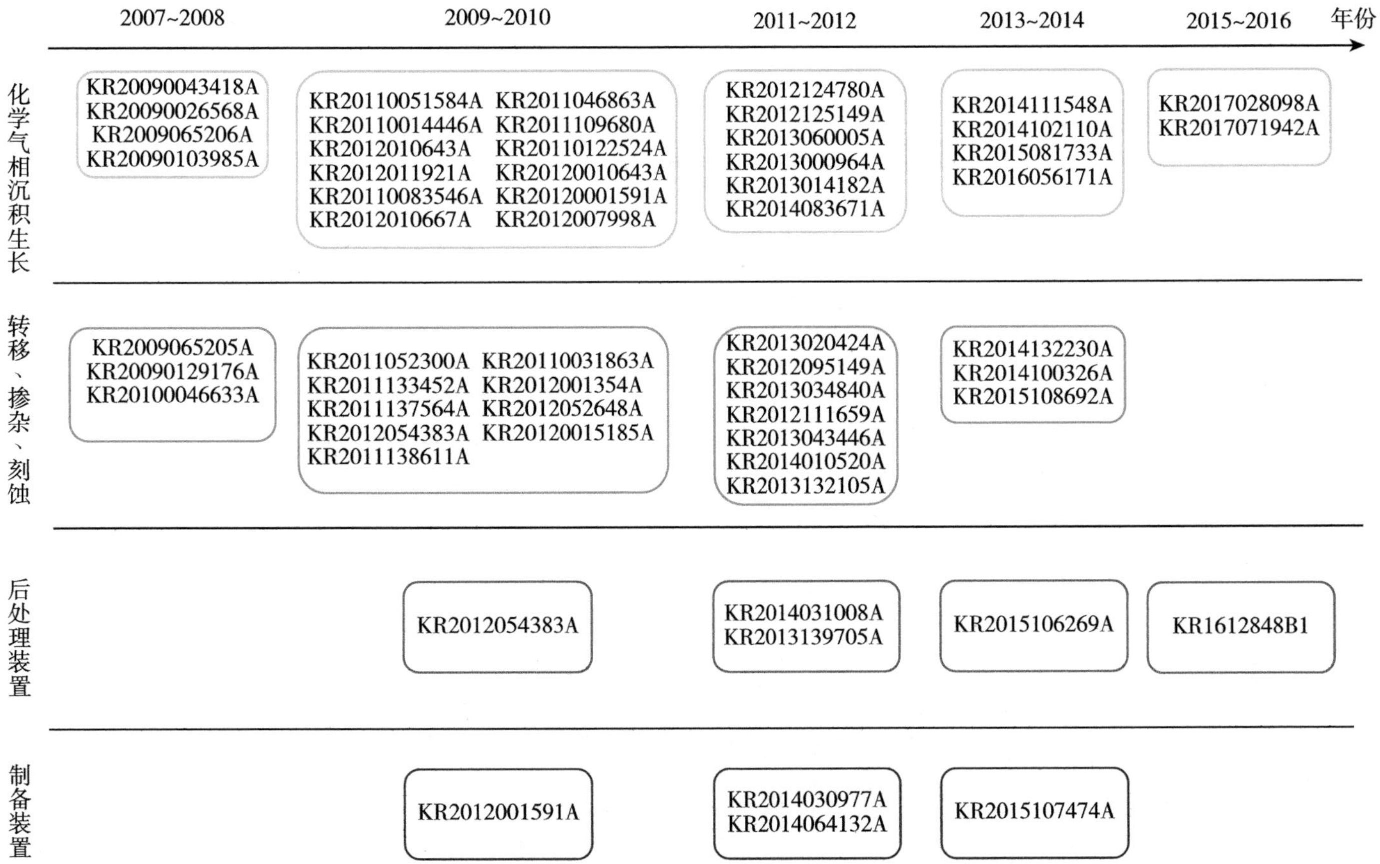

	2007~2008	2009~2010	2011~2012	2013~2014	2015~2016
化学气相沉积生长	KR20090043418A KR20090026568A KR20090065206A KR20090103985A	KR20110051584A KR20110046863A KR20110014446A KR20111109680A KR20120010643A KR20110122524A KR20120119211A KR20120010643A KR20110083546A KR20120001591A KR20120010667A KR20120007998A	KR20121124780A KR20122125149A KR20130060005A KR20130000964A KR20130014182A KR20140083671A	KR20141111548A KR20141102110A KR20150081733A KR20160056171A	KR20170028098A KR20170071942A
转移、掺杂、刻蚀	KR20090065205A KR20090129176A KR20100046633A	KR20110052300A KR20110031863A KR20111333452A KR20120001354A KR20111137564A KR20120052648A KR20120054383A KR20120015185A KR20111138611A	KR20130020424A KR20120095149A KR20130034840A KR20121111659A KR20130043446A KR20140010520A KR20131321105A	KR20141132230A KR20141100326A KR20151108692A	
后处理装置		KR20120054383A	KR20140031008A KR20131339705A	KR20151106269A	KR1612848B1
制备装置		KR20120001591A	KR20140030977A KR20140064132A	KR20151107474A	

图4-2-11　三星集团石墨烯化学气相沉积法的代表性专利技术路线

4.2.3 重点专利技术分析

本小节借助专利引证频次、同族数的排名和重点申请人信息，筛选出石墨烯化学气相沉积领域中的重点专利，并对它们进行深入分析，以此明晰该技术领域核心技术的掌握情况，为建立具有自主知识产权的技术体系提供支持。

表 4-2-2 列出了化学气相沉积领域 80 项重要节点技术专利。如图 4-2-12 所示，这些重点专利主要来自七个国家。美韩掌握重点专利数量均超过 20 件，中日两国的重点专利数量也超过 10 项。

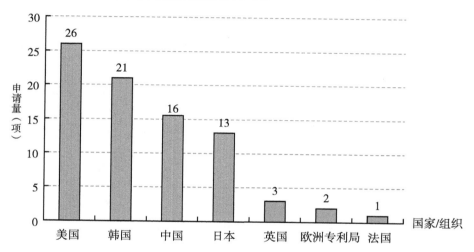

图 4-2-12 化学气相沉积领域重点专利的主要技术来源国（地区 / 组织）分布

表 4-2-2 化学气相沉积领域重点专利列表

序号	专利号	技术来源国（地区/组织）	申请人	优先权年	施引次数	同族数量
1	US20100055464A1	美国	宋健民	2008	81	12
2	CN101289181A	中国	中国科学院化学研究所	2008	86	2
3	JP2001288625A	日本	日本真空技术株式会社	2000	75	12
4	JP2009062247A	日本	福井大学	2007	82	2

序号	专利号	技术来源国（地区/组织）	申请人	优先权年	施引次数	同族数量
5	JP2009091174A	日本	福井大学	2007	82	2
6	JP2009164432A	日本	富士通株式会社	2008	81	2
7	US20110048625A1	美国	美国政府海军部	2009	78	3
8	CN101913598A	中国	浙江大学	2010	74	2
9	CN101285175A	中国	中国科学院化学研究所	2008	73	2
10	KR2009017454A	韩国	韩国科学技术院	2007	67	4
11	CN102134067A	中国	北京大学	2011	69	2
12	US20100021708A1	美国	麻省理工学院	2008	66	4
13	US20110091647A1	美国	得克萨斯仪器公司	2009	66	2
14	KR2009129176A	韩国	三星集团	2008	59	5
15	US20100323113A1	美国	瓦里安半导体设备公司	2009	60	3
16	CN101760724A	中国	电子科技大学	2010	61	2
17	US20120258587A1	美国	美国政府海军部	2011	60	2
18	KR2009065206A	韩国	三星集团	2007	54	5
19	KR2009043418A	韩国	三星集团	2007	49	10
20	CN102115069A	中国	中国石油大学（北京）	2010	54	2

续表

序号	专利号	技术来源国（地区/组织）	申请人	优先权年	施引次数	同族数量
21	CN102220566A	中国	无锡第六元素高科技发展有限公司	2011	53	2
22	US20110200787A1	美国	加利福尼亚大学	2010	49	1
23	JP2011528909X	日本	日本科学技术振兴机构	2008	46	3
24	CN101872120A	中国	北京大学	2010	47	2
25	CN102351175A	中国	东南大学	2011	48	1
26	KR2011006644A	韩国	成均馆大学	2009	46	2
27	CN102502593A	中国	中国石油大学（北京）	2011	45	2
28	CN101442105A	中国	中国科学院化学研究所	2007	42	2
29	US20110206934A1	美国	IBM 公司	2010	42	2
30	US20120241069A1	美国	麻省理工学院	2011	40	3
31	US20110201201A1	美国	威斯康星州校友研究基金会	2010	36	6
32	JP2011051801A	日本	日本物质材料研究机构	2009	39	2
33	US2011030991A1	美国	格尔德殿工业公司	2009	15	25
34	KR2011042023A	韩国	成均馆大学	2009	19	18
35	US20130099195A1	美国	MEMC 电子材料有限公司、堪萨斯州立大学	2011	24	10

序号	专利号	技术来源国（地区/组织）	申请人	优先权年	施引次数	同族数量
36	US20110033688A1	美国	格尔德殿工业公司	2009	14	19
37	US20100178464A1	韩国	三星集团	2009	28	4
38	US2013217222A1	美国	宾夕法尼亚大学	2010	22	9
39	KR2011014446A	韩国	三星集团	2009	20	9
40	US20140014030A1	美国	威廉马什赖斯大学	2012	26	2
41	KR2011031863A	韩国	三星集团、成均馆大学	2009	17	8
42	WO2012067438A2	韩国	三星集团	2010	18	7
43	KR2011102132A	韩国	蔚山科技大学	2010	16	9
44	KR2012007998A	韩国	三星集团	2010	14	11
45	KR2012125149A	韩国	三星集团	2011	22	3
46	KR2013034840A	韩国	三星集团	2011	19	5
47	US20110244210A1	韩国	三星集团	2007	22	1
48	CN102498061A	英国	达勒姆大学	2009	4	18
49	JP05569825B2	日本	独立行政法人产业技术综合研究所	2010	9	13
50	JP5691524B2	日本	索尼公司	2011	11	11

续表

序号	专利号	技术来源国（地区/组织）	申请人	优先权年	施引次数	同族数量
51	US20130071565A1	美国	应用纳米结构解决方案有限责任公司	2011	10	12
52	JP5721609B2	日本	日矿日石金属株式会社	2011	7	15
53	US9150418B2	美国	加州理工学院	2012	4	18
54	KR2014111548A	韩国	三星集团	2013	16	6
55	KR2011090398A	韩国	三星集团	2010	20	1
56	KR2012061224A	韩国	SK 株式会社	2010	20	1
57	KR101926497B	韩国	三星集团	2011	14	7
58	WO2012161660A1	美国	新加坡国立大学	2011	11	10
59	US9388048B1	美国	南加利福尼亚大学	2012	1	19
60	CN104374486A	中国	中国科学院重庆绿色智能技术研究院	2014	18	2
61	US8992807B2	美国	三星集团、成均馆大学	2010	16	3
62	KR20110109680A	韩国	三星集团、成均馆大学	2010	15	4
63	JP2012183581A	日本	日矿日石金属株式会社	2011	1	18
64	JP5152945B2	日本	独立行政法人科学技术振兴机构	2011	4	14

序号	专利号	技术来源国（地区/组织）	申请人	优先权年	施引次数	同族数量
65	CN102976317A	中国	中国科学院重庆绿色智能技术研究院	2012	16	2
66	KR2010046633A	韩国	三星集团、成均馆大学	2008	7	10
67	JP5708493B2	世界知识产权组织、欧洲专利局、中国	富士通株式会社	2009	0	17
68	CN102719877B	中国	中国科学院金属所	2011	4	13
69	WO2015020610A1	美国、世界知识产权组织	新加坡国立大学	2013	7	10
70	US9909215B2	美国	普拉斯玛比利提有限责任公司	2013	1	16
71	CN103702935A	英国	应用石墨烯材料英国有限公司	2011	4	12
72	JP5455963B2	日本	日本写真印刷株式会社	2011	3	13
73	US20150266258A1	美国、世界知识产权组织	UT–巴特勒有限公司	2014	6	10
74	JP2011506002X	日本	日本科学技术振兴机构	2009	4	11
75	WO2010058083A1	芬兰	卡纳图有限公司	2008	2	12
76	GB2542454A	英国、中国台湾	帕拉格拉夫有限公司	2015	0	14
77	FR2937343A1	法国	法国国家研究中心	2008	2	11

续表

序号	专利号	技术来源国（地区/组织）	申请人	优先权年	施引次数	同族数量
78	US2015217219A1	美国、世界知识产权组织	洛克希德马丁公司	2014	0	13
79	US20130174968A1	美国	UT–巴特勒有限公司	2012	0	12
80	US2006063005A1	美国	洛克希德马丁公司	2004	4	3

与全球总体情况类似，韩国的申请人主要来自三星集团，少量来自与三星集团有密切合作关系的成均馆大学。美国的申请人则主要包括加州理工学院、麻省理工学院、格尔德殿工业公司、美国政府海军部以及 UT–巴特勒有限公司。中国申请人多数为研究机构，如中国科学院化学研究所、中国科学院重庆绿色智能技术研究院、浙江大学、电子科技大学、东南大学、中国石油大学（北京）、中国科学院金属所等，仅有的一家企业为无锡第六元素高科技发展有限公司。日本的申请人与中国相似，也主要为研究机构，包括福井大学、独立行政法人产业技术综合研究所、日本物质材料研究机构、日本科学技术振兴机构等，企业则包括日本真空技术株式会社、富士通株式会社、索尼公司、日本写真印刷株式会社、日矿日石金属株式会社等。

图 4-2-13 是化学气相沉积领域重点专利的申请人排名情况（申请量 ≥ 2 项）。三星集团是掌握重点专利最多的申请人，共 17 项，而与三星集团有密切合作关系的成均馆大学位列第二，中国科学院化学所位列第三，共 3 项；北京大学、中国科学院重庆绿色智能技术研究院、中国石油大学（北京）、福井大学、麻省理工学院、新加坡国立大学、格尔德殿工业公司、富士通株式会社、美国政府海军部、日本科学技术振兴机构、UT–巴特勒有限公司、洛克希德马丁公司、日矿日石金属株式会社均为 2 项，其余申请人的重点专利数量均少于 2 项。

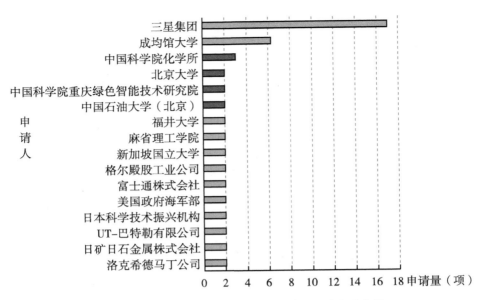

图 4-2-13　化学气相沉积领域重点专利的申请人排名情况

4.2.4　技术发展路线

　　为了解石墨烯化学气相沉积法的技术发展路线，本小节重点研究了石墨烯化学气相沉积技术改进方向变化趋势。图 4-2-14 给出了化学气相沉积重点技术的专利演进路线，其中主要涉及原料、衬底选择 11 项，衬底预处理 6 项，工艺参数 7 项，转移、掺杂、刻蚀 6 项。从重点专利的技术来源国（地区 / 组织）来看，技术来源国（地区 / 组织）是韩国的有 13 项、美国的有 8 项、日本的有 4 项、中国的有 3 项、法国的有 1 项、英国的有 1 项。从重点专利分布的时间来看，大部分重点专利分布在 2007~2011年；从技术的发展趋势来看，从 2008 年至今一直处在快速发展期，而在快速发展期的 2008 年、2009 年和 2011 年是最容易产出重点专利的时间区间，在该区间，竞争者竞相抢占该技术领域的空白点，并加大重点专利体系的布局，不断扩张其核心领域的外围，从而带动技术整体的发展，进入快速发展期。

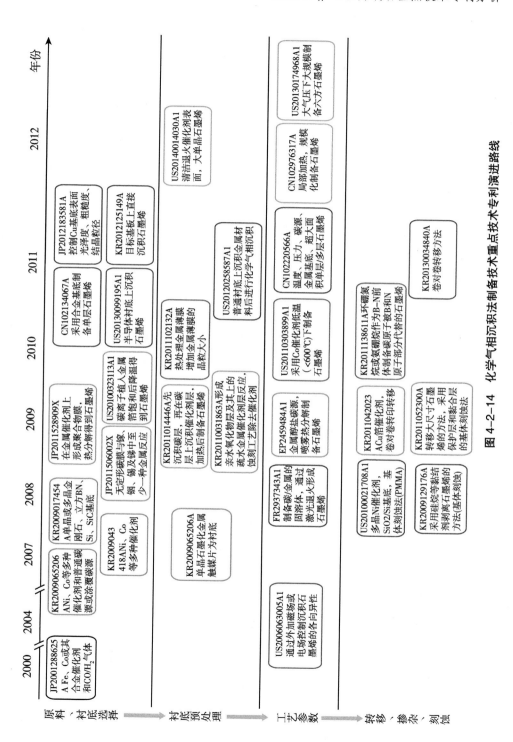

图 4-2-14 化学气相沉积法制备技术重点技术专利演进路线

从技术手段的时间发展来看，可以看出原料、衬底选择的技术手段出现较早，而且持续时间较长，一直保持有重要专利的分布。化学气相沉积技术采取的碳源最早多是以气体的方式提供，随着技术的发展，碳源的选择方式也开始多样化，由气体碳源发展到涂覆碳源、无定形碳膜和碳离子植入的方式。衬底选择开始主要涉及催化剂种类的选择，随着化学气相沉积研究的深入和具体应用的需要，衬底的选择开始出现对基底种类的控制和特殊催化剂种类（如合金催化剂）的选择，而在最近的重点专利技术中，对催化剂种类选择的重视程度在逐渐降低，而更倾向于无催化剂和在任意基底上生长的技术。工艺参数相关专利申请出现的时间稍晚，但也是一直保有重要专利分布的技术，工艺参数的控制虽然是化学气相沉积工艺中的常规工艺，但在化学气相沉积制备石墨烯的研究中，也趋于多样化，出现多次热处理工艺、激光退火、喷雾热解等多种涉及温度、压力等工艺参数的控制。与此相比，衬底预处理和转移、掺杂、刻蚀的化学气相沉积制备石墨烯中的前处理和后处理工艺均出现得较晚。衬底预处理主要是对基底表面和催化剂表面进行控制的技术手段，可以显著提高化学气相沉积制备石墨烯的质量，因此得到了最近重点专利技术的重视；而转移、掺杂、刻蚀主要是对制备得到的石墨烯的后处理工艺：转移初期都是采用基体刻蚀的工艺，但是由于基体刻蚀的工艺从成本和环保角度来说都有着各种缺点，因此出现了卷对卷转印的新方法；B、N等原子的掺杂使得石墨烯具有一定的半导体特性也是研究的热点之一。

下面对部分重点专利进行详细的介绍。

关于原料、衬底的选择，最早一项重点专利的申请人为日本真空技术株式会社，公开号是JP2001288625A，其涉及的技术内容是将Fe、Co或包括其中之一合金的金属基底置于热化学气相沉积装置中，接着抽真空，导入如CO或CO_2之含碳气体和氢气，常压通常不超过1500℃，最好是400℃~1000℃生长石墨烯薄片，形成具有石墨烯薄片的纳米纤维，开启了化学气相沉积法制备石墨烯材料的序幕，也为后来各种化学气相沉积法制备石墨烯的方法提供了技术指引；该专利的引用次数高达75次。另一项是美国的申请US2006063005A1，其涉及的技术内容是采用反应器将石墨烯进行沉积，可通过外加磁场或电场来控制沉积石墨烯的各向异性；虽然该申请的被引用次数较少，但由于其出现的时间较早，也是化学气相沉积法制备石墨烯领域的重点专利。

从 2007 年开始，三星集团和韩国科学技术研究院分别申请了 3 项和 1 项重点专利，同时关注了原料、衬底选择和工艺参数等技术手段的确定。三星集团的申请 KR2009043418A 公开了一种制备具有期望厚度的大尺寸石墨烯片的方法，包括形成膜，该膜包含石墨化催化剂；在存在石墨化催化剂的情况下，热处理气态碳源以形成石墨烯；冷却石墨烯以形成石墨烯片，其中采用 Ni、Co、Fe、Pt、Au、Al、Cr、Cu、Mg、Mn、Mo、Rh、Si、Ta、Ti、W、U、V、Zr 或包含上述元素中的至少一种的组合作为催化剂。如图 4-2-15 所示，具体工艺如下：在其上通过溅射涂覆有 100nm SiO_2 的 1.2cm×1.5cm 的硅基底上沉积 Ni 以形成厚度为 100nm 的 Ni 薄膜，来形成石墨化催化剂膜。将其上形成有 SiO_2 和 Ni 薄膜的硅基底设置在室中，利用卤素灯作为热源，在 400℃下热处理基底 20 分钟，同时将乙炔气体以恒定的 200sccm 的速率加入室内，从而在石墨化催化剂上形成石墨烯。随后，通过移去热源并使室内部自然冷却使石墨烯以均匀排列生长，来形成大小为 1.2cm×1.5cm 的 7 层石墨烯片。随后，将包含石墨烯片的基底在 0.1m 的 HCl 中浸渍 24 小时，以去除 Ni 薄膜。在浸渍过程中石墨烯片与基底分离。

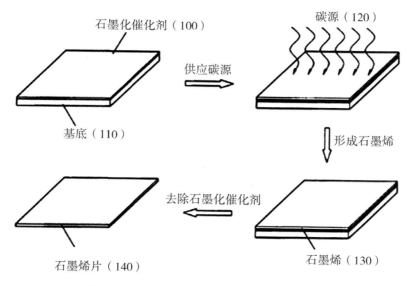

图 4-2-15　化学气相沉积制备石墨烯的过程

三星集团的申请 KR2009065206A 公开了一种制备单晶石墨烯片的方法，包括的步骤如下：形成触媒层，触媒层包括单晶石墨化金属触媒片；将含碳材料设置在触媒层上；在惰性气氛和还原性气氛中的至少一种中热处理触媒层和含碳材料，以形成单晶石墨烯片；触媒层包含 Ni、Co、Fe、Pt、Au、Al、Cr、Cu、Mg、Mn、Mo、Rh、Si、Ta、Ti、W、U、V、Zr 这些金属元素中的至少一种元素以及包含前述金属中的至少一种元素组成的合金。含碳材料则可以选择含碳气体或者将包含碳的聚合物涂覆在触媒层的表面。

韩国科学技术研究院的专利 KR2009017454A 则公开了一种制备石墨烯的方法，采用化学气相沉积方法在基体表面的晶面方向沉积形成石墨烯薄膜，其中基底可以为单晶或多晶金刚石、单晶或多晶立方 BN、单晶或多晶 Si、单晶或多晶 SiC，在基底上形成一种金属或金属氧化物衬底，最后化学气相沉积制备石墨烯，得到的石墨烯片具有良好的结晶特征和三维结构。

2007 年的四项重点专利均来自韩国，也表明韩国申请人对于石墨烯领域的技术敏感性，在他人都还未对该领域有所重视的情况下，抢先在化学气相沉积法制备石墨烯的领域进行专利布局。其中，韩国科学技术研究院的 KR2009017454A、三星集团的 KR2009043418A 和 KR2009065206A 的引证次数分别达到了 67、49、54 次，也从另外的角度验证了上述观点。

2008 年，重点专利的分布有了新的变化，除三星集团的一项以外，还包括美国和法国的两项申请。美国麻省理工学院的申请 US20100021708A1 公开了一种制备单层或几层石墨烯薄膜的方法：采用化学气相沉积方法在基体的表面沉积形成石墨烯薄膜，Si 上面沉积 SiO_2，再沉积多晶 Ni 薄膜，最后采用化学气相沉积方法制备石墨烯，然后采用聚甲基丙烯酸甲酯基体刻蚀的转移方法获得石墨烯。该申请是重点专利中第一项采用聚甲基丙烯酸甲酯基体刻蚀法转移石墨烯的，其被引用的次数也高达 66 次，此后诸多申请都开始关注石墨烯的转移技术，也陆续开发了多种转移方法。

三星集团的申请 KR2009129176A 则开发了另外一种转移的方法，在相对于催化剂层的石墨烯另一表面形成黏合剂层，该黏合剂层起到支撑和修复作用，再用酸和润湿剂将催化剂去除；该方法在转移过程中没有破坏石墨烯膜，降低了生产石墨烯的成本。

2009 年则是所有年份中重点专利分布最多的一年，其中韩国四项（三星集团三项、成均馆大学一项）、日本两项、英国一项、美国一项，技术分布上也涵盖了原料、衬底选择，衬底预处理，工艺参数，转移、掺杂、刻蚀等所有的技术手段。由于专利数量较多，下面仅选取技术上比较有特色的申请进行介绍。

美国的申请 US20100323113A1 提供了一种制备石墨烯层的方法，采用等离子掺杂系统或射束线植入器将碳离子植入如金属箔的基体中，在高温下植入，从而使金属箔吸收大量碳离子，随着温度的降低，过量的碳原子使金属箔过于饱和，使得碳原子扩散到表面，从而形成石墨烯。

将使用甲烷源离子化而产生的碳离子植入至基板中，亦可使用其他碳氢化合物，如乙烷、丙烷及其他烃，即可以使用可离子化产生碳原子的任何气体；基板保持如 40℃~1000℃之高温，或在一些实施例中，保持如 200℃~800℃或 800℃以上的高温。温度的升高提高了碳在基板中的溶解度极限。如图 4-2-16 所示，在高温下，氢倾向于快速扩散至表面且进入环境中，借此仅留下植入基板中的碳原子，在植入碳原子后，降低基板温度，使得碳原子沉淀至表面。温度可采用受控方式以恒定或变化冷却速率而逐渐降低，可以通过基板固持器中的加热及冷却元件而完成。

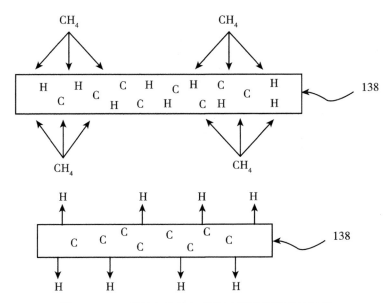

图 4-2-16　甲烷气体植入基体及石墨烯形成的过程

英国达勒姆大学的申请 EP2459484A1 提供了一种生产石墨烯的方法，引入溶剂中金属醇盐的溶液进入一分解设备，其中该分解设备包括具有充分高温以使该金属醇盐热解的第一区域，从而生产石墨烯。如图 4-2-17 所示，设备包括喷雾器 10、在炉子 14 内加热的石英炉管 12 以及收集容器 16。喷雾器 10 容纳金属醇盐溶液 18，优选为乙醇中金属醇盐的溶液。喷雾器 10 连接至气体供应 20，优选为惰性气体例如氩，气体供应穿过喷雾器 10 和喷嘴 22 以形成金属醇盐溶液的喷雾或细薄雾或气溶胶 24。气体流动运载金属醇盐溶液的液滴 24 穿过被加热的石英炉管 12，使得金属醇盐热分解以形成石墨烯。石墨烯可以作为粉末 30 形成，沉积在炉管 12 的冷却部分上，石墨烯粉末也可以收集在收集容器 16 内。石墨烯粉末在其自重影响下下降至收集容器 16 的底部，而气体通过收集容器的出口 34 排光。作为一种选择，石墨烯薄膜 36 可以在位于炉子的热区中炉管 12 的壁上和 / 或基质 38 上产生。只要该金属醇盐溶液是可利用的，该过程就可以延续。这样，该过程可以作为连续或准连续过程操作。

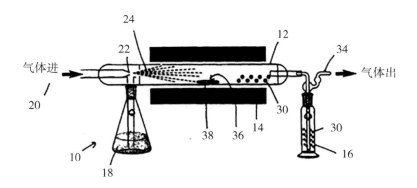

图 4-2-17 喷雾热解醇盐制备石墨烯的装置

成均馆大学申请的 KR2011042023A 中首次公开了石墨烯的卷对卷转印方法，包括通过第一辊单元由形成在衬底上的石墨烯层和与所述石墨烯层相接触的第一柔性衬底形成包括衬底—石墨烯层—第一柔性衬底的层叠结构；以及使用第二辊单元将所述层叠结构浸入刻蚀溶液并且经过所述刻蚀溶液以从所述层叠结构移除所述衬底，并同时将所述石墨烯层转印到所述第一柔性衬底上。具体过程如图 4-2-18 所示，其为将大面积的石墨烯层 20 转印到第一柔性衬底 31 和 / 或第二柔性衬底 32 上的工艺以及与其相关的转印装置的图。工艺包括通过使第一柔性衬底 31 与形成在衬底 10 上的石墨烯层 20 形成接触并且让第一辊单元 110 压过来形成金属衬底—石墨烯层—第一柔性衬底的叠层（层叠）体 50；通过允许第二辊单元 120 压过浸入刻蚀溶液 60 中的层叠结构 50 来从层叠结构 50 上移除衬底 10 并且将石墨烯层 20 转印到第一柔性衬底 31 上，得到包含第一柔性衬底和石墨烯层的叠层结构 51；以及利用第三辊单元 130 将第一柔性衬底 31 上的石墨烯层 20 转印到第二柔性衬底 32 上。第一辊单元 110 可以为黏附辊，而第二辊单元 120 和第三辊单元 130 可以为转印辊。

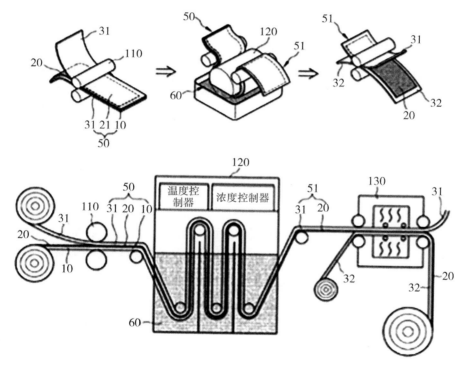

图 4-2-18　卷对卷转印过程

2010 年共有三件重点专利。值得注意的是：美国应用材料公司的申请 US20110303899A1 公开了采用 Co 催化剂在低温（<600℃）下制备石墨烯的方法，该方法通过合理地调整化学气相沉积法的各种工艺参数，成功地在较

低的温度下制备了高质量的石墨烯。这也是目前化学气相沉积法制备石墨烯的发展趋势，即尽量地降低化学气相沉积法制备石墨烯的温度，相应地可以降低成本和工业化生产的难度。

2011年北京大学申请的CN102134067A则公开了一种制备单层石墨烯的方法。该方法包括如下步骤：（1）制备合金基底；（2）在氢气和惰性气氛中，通入利用化学气相沉积方法在所述步骤（1）所得合金基底表面催化生长石墨烯，完成所述单层石墨烯的制备。该方法利用合金基底中两种或以上不同合金金属的特性，实现了对碳源的分解、扩散和析出过程的控制，简单、高效地约束了溶解于金属基底中碳的析出过程，使得石墨烯能够以表面催化的形式生长，获得了层数分布均一的单层石墨烯，特别适合应用于工业化生产，尤其适用于单层或少层石墨烯的可控制备。

日矿日石金属株式会社申请的JP2012183581A公开了一种以低成本生产大面积的石墨烯的石墨烯制造用铜箔及使用该铜箔的石墨烯的制造方法。该石墨烯制造用铜箔的压延平行方向及压延垂直方向的60度光泽度均为500%以上，在含有20体积%以上的氢且剩余部分为氩的气氛中于1000℃加热1小时后的平均结晶粒径为200μm以上，算术平均粗糙度Ra为0.05μm以下。

三星集团申请的KR2012125149A公开了一种制备结晶石墨烯的方法。所述方法包括：执行包括向反应器中的无机基材供应热量的第一热处理；在第一次热处理期间将蒸气碳供应源引入反应器中以形成活性炭；结合无机基材上的活性炭以直接生长结晶石墨烯。美国的堪萨斯州立大学的申请US20130099195A1公开了一种与三星集团申请相似的方法，在半导体衬底上直接形成石墨烯，该半导体衬底包括两个主要的、大致平行的表面，其中一个是半导体衬底的前表面并且另一个是半导体衬底的后表面。该方法包括：在所述半导体基板的表面上形成金属膜，所述金属膜包括前金属膜表面、后金属膜表面以及所述前金属膜表面和后金属膜表面之间的体金属区，其中所述后金属膜表面与前半导体衬底表面接触；在足以使碳原子扩散入金属膜的体金属区域的温度下，在还原性气氛中使前金属膜表面与含碳气体接触；沉积碳原子从而在前半导体衬底表面和后金属膜表面之间形成石墨烯层。

2012年，威廉马什赖斯大学申请的US20140014030A1公开了一种形成单晶石墨烯的方法。其中该方法包括：清洁催化剂的表面，退火催化剂的表面，将碳源施加到催化剂的表面，在催化剂的表面上生长单晶石墨烯。UT-巴特勒有限公司申请的 US20130174968A1 公开了一种制造单层或多层石墨烯的方法。其包括：在大气压下和 0~20 托的氢气存在下，使铜基材经过加热的化学气相沉积室；以 0.001~10 托引入烃作为碳源，使氢气与烃气体在所述室内预先选定的位置混合，形成包括结晶六方晶粒的单层或多层石墨烯。该办法可以在大气条件下大规模生产石墨烯片材。重庆绿色智能技术研究院申请的 CN102976317A 公开了一种规模化石墨烯制备工艺，包括如下步骤：（1）排除真空室内的杂质气体后，向真空室内通入催化气体；（2）将石墨烯生长箔带中与加热装置对应的一段加热至设定的石墨烯生长温度；（3）向真空室内通入碳源气体，并控制真空室内的压强为设定的石墨烯生长压强；（4）驱动加热装置和石墨烯生长箔带之间产生相对移动，加热装置沿着其相对于石墨烯生长箔带的运动方向逐渐加热石墨烯生长箔带，待石墨烯生长箔带的石墨烯生长完成并移出加热装置后，利用快速冷却装置将石墨烯生长箔带冷却至常温。该发明的规模化石墨烯制备工艺能够实现石墨烯的快速、连续和大规模产业化生产。

4.3　氧化还原法

4.3.1　专利申请分析

4.3.1.1　专利申请趋势

石墨烯的氧化还原法是通过石墨氧化，增大石墨层之间的间距，再通过还原试剂、热处理、电化学、水热/溶剂热、辐射等还原方法将其还原。由图 4-3-1 可见，早在 2005 年就出现了石墨烯氧化还原法制备的专利申请，这主要是由于该方法简单易行，原料成本不高、设备成本低。经过 2006~2011 年的技术萌芽期，从 2012 年进入了技术发展期。2012~2015 年的申请量呈现缓慢增长的趋势，到 2016 年、2017 年，申请量大幅增长。2018 年、2019 年的申请尚未完全公开，特别是 2019 年的数据偏差较大。

另外，从图 4-3-1 中可以看出在华申请的趋势与全球申请的趋势基本一致，经历了技术萌芽期和技术发展期。

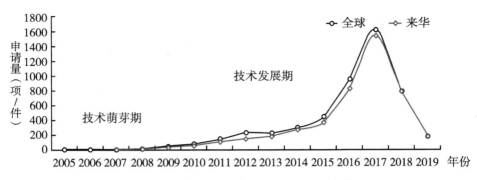

图 4-3-1 石墨烯氧化还原法专利申请趋势

4.3.1.2 全球专利申请技术来源国（地区／组织）

图 4-3-2 为石墨烯氧化还原法全球专利申请技术来源国（地区／组织）分布情况，在石墨烯氧化还原法制备领域中，中国是最大的技术来源国，占全球总申请量的 86%，在数量上占据绝对优势地位，可见中国申请人在石墨烯氧化还原法制备技术中拥有巨大的研发热情。韩国、美国分列第二位、第三位，分别产出了全球氧化还原法制备工艺 6%、3% 的专利申请。日本、世界知识产权组织、印度、英国次之，申请量均占全球 1%。

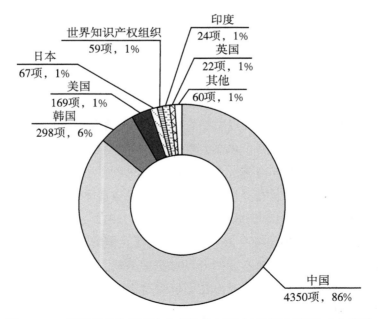

图 4-3-2 石墨烯氧化还原法全球技术来源国（地区／组织）分布情况

4.3.1.3 全球专利申请技术目标国（地区／组织）

图4-3-3为石墨烯氧化还原法制备技术的主要技术目标国（地区／组织）分布。中国的申请量占了全球申请量的76%，占有绝对优势地位，说明中国在石墨烯氧化还原法制备领域无论是作为创新主体还是市场主体，都是全球热点。值得注意的是，中国作为技术来源国的占比为86%，作为技术目标国的占比为76%，而韩国、美国、欧洲、日本作为技术来源国（地区／组织）的总占比却小于作为技术目标国（地区／组织）的总占比。

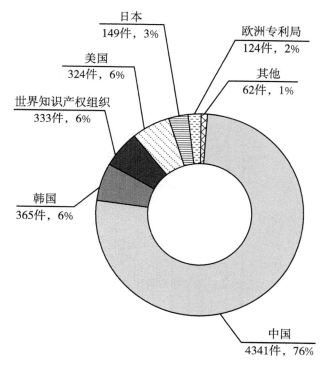

图4-3-3 石墨烯氧化还原法全球技术目标国（地区／组织）分布情况

4.3.1.4 在华专利申请地域分布

图4-3-4显示了石墨烯氧化还原法制备技术领域在华专利申请的国家（地区／组织）分布情况。从图中可以看出，绝大多数都是本国申请，仅有188件国外在华申请，占比略大于全部申请量的4%。国外申请人在华的申请量和

布局数量相对较少，并不具有明显的数量优势。这些国外在华申请国家主要为美国、韩国、日本等国家或地区。美国是在华申请中最大的国外申请国，占国外在华申请量的34%。

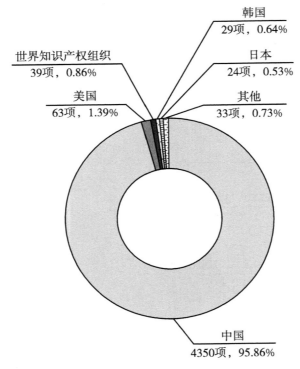

韩国
29项，0.64%

日本
24项，0.53%

世界知识产权组织
39项，0.86%

其他
33项，0.73%

美国
63项，1.39%

中国
4350项，95.86%

图4-3-4　石墨烯氧化还原法在华专利申请技术来源国（地区/组织）分布情况

4.3.2　主要申请人分析

图4-3-5显示了全球氧化还原法制备石墨烯相关专利申请的申请人排名情况。可以看出，位于前十的均是我国的科研院所和企业，说明国内科研机构和企业对石墨烯的氧化还原法制备的重视。科研机构有10个，表明对于石墨烯的氧化还原制备方法的研究，国内以科研院所的研究为主。但作为公司申请人，杭州高烯科技有限公司、海洋王照明科技股份有限公司的申请量分别位居第二、第三，说明国内企业申请量也占有重要位置。

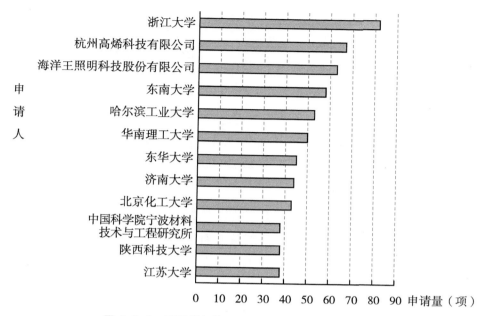

图 4-3-5 石墨烯氧化还原法全球排名前十的申请人

根据申请人的排名情况，下面选取了在石墨烯氧化还原法制备领域的部分申请人为代表进行分析。

4.3.2.1 浙江大学

浙江大学是我国教育部直属高校。2017 年，浙江大学的科研总经费达 40.17 亿元，获国家自然科学基金项目 847 项、国家自然科学基金杰出青年基金项目 9 项、国家自然科学基金优秀青年基金项目 19 项。截至目前，浙江大学拥有国家重点实验室 10 个、国家工程实验室 8 个、国家专业实验室 4 个、国家工程（技术）研究中心 6 个、国家 "2011 协同创新中心" 2 个、国际科技合作重点科研机构（联合研发中心）5 个。[①]

浙江大学是国内石墨烯氧化还原法制备技术研究比较活跃的高校之一。如图 4-3-6 所示，浙江大学在石墨烯氧化还原法制备方面共申请 82 项专利，其中 2016 年达到年申请量 28 项。

---

① 浙江大学校长办公室 . 浙江大学 2017 年统计公报［R/OL］.（2018-04-09）［2020-09-16］.http：//www.zju.edu.cn/_upload/article/files/73/d6/9dc10fb446ddade3e56650269821/617f318e-f8a9-4c7e-b71f-3dc2d704cc65.pdf.

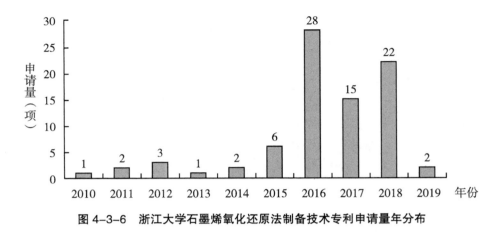

图 4-3-6　浙江大学石墨烯氧化还原法制备技术专利申请量年分布

　　浙江大学在石墨烯氧化还原法制备方面的专利申请法律状态统计如图 4-3-7 所示，在审的案件占总申请量的 49%，已结案件申请总量的 59%。

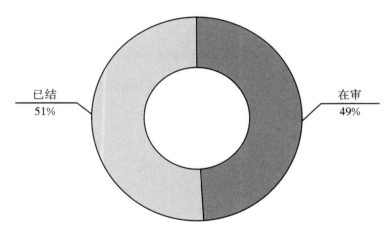

图 4-3-7　浙江大学石墨烯氧化还原法制备技术专利申请法律状态分布

1. 研究团队

　　浙江大学是较早开展石墨烯研究的科研院所之一，研发实力强，其中又以高分子科学与工程学系纳米高分子课题组为首。该课题组由国家杰出青年基金获得者高超教授领衔，高超教授毕业于湖南大学化学化工学院有机化工专业，获学士学位，1998 年毕业于同校精细化工专业获硕士学位，2001 年毕业于上海交通大学高分子科学与工程系，获得工学博士学位，并留校任教。2002 年 8 月被评为副教授。2003 年 11 月至 2006 年 8 月先后在英国萨塞克斯大学化学系哈罗德·W. 克罗托（Harold W.Kroto）爵士实验室（因发现 C60 获得 1996 年诺贝尔化学奖）、日本东洋大学前川彻（Toru Maekawa）教授组、德国拜罗伊特大学阿克塞尔·H. 米勒（Axel H.E.Müller）教授组作访问研究、博士后研究、合作研究和洪堡基金研究员。2008 年 2 月加入浙江大学高分子系。

2.研发动态

该课题组建有石墨烯、新能源材料、高分子化学三个实验室及一个"浙江大学－碳谷上希"联合研究中心，团队长期致力于单层氧化石墨烯的规模化制备及其宏观组装研究，发明了石墨烯纤维、石墨烯连续组装薄膜、石墨烯无纺布及最轻材料石墨烯气凝胶四种纯石墨烯宏观材料，许多成果产业化前景广阔，部分已实现生产和中试。高超教授带领的团队，以浙江大学为申请人、有关石墨烯氧化还原法制备的申请量有 48 项。其大部分申请采用化学还原、热还原的方式，制备的基于石墨烯的材料涉及石墨烯纤维，复合纤维，石墨烯膜以及基于石墨烯纤维、布或膜而制备的离子电池、气凝胶正极材料、太阳能电池、气体分子探测器、声波探测器。

（1）石墨烯纤维方面

在较为基础的石墨烯纤维方面的申请，如专利申请 CN102634869A 公开的连续石墨烯纤维的制备方法中，石墨经过氧化得到氧化石墨烯，将氧化石墨烯分散于低沸点溶剂中，制成纺丝液溶胶；通过纺丝装置将纺丝液从纺丝头毛细管中连续匀速挤出，采用热空气干燥固化，得到氧化石墨烯纤维；经化学还原，得到石墨烯纤维。纺丝工艺简单，不采用凝固液，过程绿色环保，所得石墨烯纤维导电性好，力学性能优异，有较好的韧性，可编织成纯石墨烯纤维布，也可与其他纤维混编成各种功能织物。化学还原的还原剂由水合肼、硼氢化钠、氢溴酸、氢碘酸、醋酸中的一种或多种的混合组成。之后该团队研制了一种自融合石墨烯纤维（CN106948165A），是将干燥的氧化石墨烯纤维浸入溶剂，溶胀后提出搭接在一起，待其干燥后氧化石墨烯纤维实现了相互融合黏结，进一步还原即可得到自融合石墨烯纤维。还原方法为使用氢碘酸、水合肼、维生素 C、硼氢化钠等化学还原剂进行还原或热还原。自融合的整个过程可在一分钟之内快速完成，不须添加额外的黏结剂，操作简单、省时、环保，黏结强度高，能保持石墨烯纤维本身优异的机械强度、电导率等性能，对进一步制备具有优异性能的石墨烯纤维二维织物或三维网络块体材料有极大的研究和应用价值。

随后该团队对石墨烯纤维改性处理进行了研究，如石墨烯纤维改性方面。在专利申请 CN105544017A 公开的高导电石墨烯纤维及其制备方法中，将氧化石墨烯纤维依次经过化学还原、高温热处理并且置于掺杂剂蒸气中处理以进行化学掺杂，所制备的石墨烯纤维具有很高的导电率，比一般的石墨烯纤维的导电率高出一个数量级。整个过程工艺简单可控，实现了石墨烯纤维导电性能的提升。所得到的石墨烯纤维具有十分优异的力学性能和优异的导电导热性能。这种高导电石墨烯纤维可以用于制备柔性太阳能电池、超级电容器、可穿戴器件；可作为轻质导线，用于超轻电线电缆，有望取代金属铜线，用于新一代电力传输。

为提高产品性能，该团队进一步制备了复合石墨烯纤维。如CN104099687A 公开的复合纤维是将所制得的金属纳米线掺杂氧化石墨烯纤维置于还原剂中还原后洗涤或者进行热还原后得到，即金属纳米线掺杂石墨烯纤维。还原剂包括水合肼、硼氢化钠、维生素 C、氢溴酸、氢碘酸、醋酸以及它们的混合液。所述石墨烯呈片层形态，金属纳米线与石墨烯片层同时沿石墨烯纤维的轴向平行排布。该金属纳米线掺杂石墨烯纤维是一类新型高性能多功能纤维材料，通过金属纳米线掺杂大大提高了纤维导电率，同时表现出良好的拉伸强度和优异的韧性，在多个领域具有很强的潜在应用价值，例如可作为轻量化柔性导线。而系列申请 CN106637935A、CN106637936A、CN106637937A、CN106676876A、CN106676877A、CN106676878A、CN106702731A、CN106702732A 中涉及的复合纤维，首先利用湿法纺丝的方法制备直径为 1 微米 ~50 微米的氧化石墨烯纤维，再将氧化石墨烯纤维放在高温炉里加热还原，得到连续纯石墨烯纤维。由于特殊的处理方式使纤维表面具备多级褶皱，将纯石墨烯纤维固定在电镀槽的负极进行电镀后，使得金、铁、钴、镁、锰、锌、银、铜层具有嵌入于褶皱的延伸结构。石墨烯与金、铁、钴、镁、锰、锌、银、铜晶体紧密结合，不存在孔洞缺陷，大大提高了材料的电学性能。纤维结构稳定，弯曲一百次导电率不变。

（2）石墨烯膜方面

在石墨烯膜方面，该团队进行了系列专利申请，如 CN106185901A 公开的高弹性石墨烯膜由氧化石墨烯经过溶液成膜和化学还原步骤得到。具体溶液成膜及化学还原是在氧化石墨烯溶液中加入有机沉淀剂；超声分散后，倒在模具板上，自然晾干成氧化石墨烯膜，然后在高温下除去剩余溶剂，然后在氢碘酸溶液中还原得到。该石墨烯膜由具有微观尺度褶皱的宏观多层褶皱石墨烯通过物理交联组成；在宏观尺度上，薄膜由很多宏观褶皱构成，因此具有极高的水平拉伸弹性。该薄膜具有极好的柔性，反复对折 10 万次以上不留下折痕。此高柔性石墨烯导热膜可耐反复弯折 10 万次以上，弹性断裂伸长率为 20%~50%，可用作高弹柔性导电器件。类似石墨烯弹性薄膜的申请还有 CN106185906A。

与此同时，该团队研究了冰晶辅助制备高柔性石墨烯膜（CN106185903A），该申请将氧化石墨烯溶液倒在模具板上成膜，并将其置于冰箱中结晶，结晶后自然晾干成氧化石墨烯膜；在氢碘酸溶液中还原；将还原后的石墨烯膜置于乙醇中浸泡，以洗去表面氢碘酸，然后自然晾干，得到高柔性石墨烯薄膜，其每层膜都有起伏的球状褶皱构成。该团队还研究了高褶皱石墨烯纸（CN106185904A），该石墨烯纸由氧化石墨烯经过溶液成膜和化学还原步骤得到，具有微观尺度褶皱的宏观多层褶皱石墨烯通过物理交联组成。垂直方向上，薄膜具有双层结构，层间由多层石墨烯膜链接；水平方向上，薄膜由弹性、贯通的球状起伏构成，因此具有极高的垂直压缩弹性以及水平拉伸弹性。该石墨烯纸具有极好的柔性，反复对折 10 万次以上不留下折痕，可用作高弹导电器件。

在此基础上，该团队研制了一系列纳米级厚度独立自支撑褶皱石墨烯膜（CN107857251A、CN107857252A、CN108840329A）、超大尺寸单层氧化石墨烯（CN108557813A）、超薄的石墨烯膜（CN108572200A）、超薄高强石墨烯膜（CN108821263A）、规则多孔石墨烯薄膜（CN108328606A）、压敏石墨烯膜（CN108584924A）。

在石墨烯薄膜改性方面，该团队也进行了相关研究，如 CN108249424A，该申请公开了一种溴掺杂的高导电超薄石墨烯膜的制备方法。该石墨烯膜由氧化石墨烯经过滤抽成膜、化学还原、固液同步转移、高温石墨化、溴掺杂等步骤得到。该石墨烯膜由单层氧化／还原氧化石墨烯通过物理交联组成。石墨烯膜厚度为 10~2000 个原子层。氧化石墨烯膜厚度很小，并且内部存在大量的缺陷，因而具很好的透明度和极好的柔性。化学还原后，大部分官能团消失，石墨烯膜开始导电；高温还原，石墨烯结构修复，电子迁移率提升；溴掺杂后石墨烯载流子浓度提升。此石墨烯膜可用作高柔性透明导电器件。

为进一步提高石墨烯薄膜性能，该团队还进行了系列复合薄膜的制备，如 CN108917914A 请求保护的是一种导电聚合物／石墨烯膜复合膜，复合膜经真空过滤成膜、化学还原、导电聚合物涂覆、固相转移等步骤得到，获得的导电聚合物膜的厚度可以达到 5 纳米。如 CN109107557A 涉及光催化石墨烯／硅复合膜，其中硅纳米颗粒负载在石墨烯膜表面，形成硅纳米膜；所述石墨烯膜层间交联，所述石墨烯膜的厚度为 10 纳米 ~100 纳米。其制备方法包括将氧化石墨烯水溶液抽滤成膜，将贴附于抽滤基底上的氧化石墨烯膜置于密闭容器中，高温从底部往上熏蒸以制备还原氧化石墨烯膜。

（3）石墨烯无纺布

该团队研制了作为重要的石墨烯宏观产品的石墨烯布（CN106450309A），其制备方法是先将氧化石墨烯或氧化石墨烯无机盐混合液在一定直径的纺丝设备中挤出到旋转的无机盐溶液凝固浴中，然后用滤网过滤收集凝固浴中的短纤维并将短纤维搭接成的氧化石墨烯布置于还原环境中，还原得到石墨烯布。该申请还涉及该石墨烯布的应用，具体是将所得的石墨烯布正极材料与隔膜、负极、电解液及电池壳组装，得到以石墨烯布为正极材料的铝离子电池。该方法绿色环保、成本低，适合连续可控的大规模工业生产，在保证铝离子电池较高的能量密度、功率密度以及循环寿命的前提下，实现了电池的柔性弯曲性能，适用于高安全性的可穿戴储能器件领域。制备石墨烯布的过程中所使用的还原环境选自水合肼溶液、抗坏血酸钠水溶液、苯肼水溶液、氢溴酸水溶液、茶多酚水溶液、尿素水溶液、硫代硫酸钠水溶液、氢碘酸水溶液、醋酸水溶液等。

（4）石墨烯气凝胶

该团队研制了具有特定结构的石墨烯，如石墨烯气凝胶。CN106602062A

公开了一种石墨烯气凝胶正极材料的制备方法，步骤如下：①将氧化石墨烯原料溶于溶剂并搅拌，得到氧化石墨烯溶液；②将氧化石墨烯溶液进行冷冻干燥或水热处理，得到氧化石墨烯气凝胶；③使用化学还原或者高温热处理将氧化石墨烯气凝胶还原，得到新型超高导电石墨烯气凝胶；④将石墨烯气凝胶压实制成极片或涂覆与集流体上，并进行烘干，从而得到超高导电石墨烯气凝胶正极材料。上述石墨烯气凝胶材料可应用于铝离子电池中，在保证铝离子电池高功率密度的同时提高其能量密度，可用于需要高安全性及高功率密度的储能材料、器件领域。

（5）具体应用方面

该团队在应用方面的主要研究领域涉及透明太阳能电池（CN108584932A）、气体分子探测器（CN108572200A）、声波探测器（CN108871547A）、超级电容器（CN107680824A）、透射电镜样品载网（CN106990265A）、正极材料（CN106602062A）等。

浙江大学的其他团队如吕建国课题组研究了一系列基于石墨烯的复合材料，如 CN106486291A 涉及一种氧化镍／还原氧化石墨烯复合纳米材料，其中还原氧化石墨烯为单层的石墨烯纳米薄片，氧化镍为纳米颗粒，且氧化镍纳米颗粒均匀地附着在氧化石墨烯的表面，形成包覆结构。通过溶液方法合成氧化镍／还原氧化石墨烯复合纳米材料，工艺简单，且氧化镍和还原氧化石墨烯的添加量易于控制，可实现有效可控备。且制得的氧化镍／还原氧化石墨烯复合纳米材料，可实现氧化镍颗粒在还原氧化石墨烯表面的有效分散，从而达到较大的比表面积，可有效增加反应的活性位点，从而可提升该纳米复合材料的反应特性，拓展应用领域。其中，还原氧化石墨烯是通过水热反应获得。类似通过水热反应获得还原氧化石墨烯的申请还有CN107104005A，其制备的是氧化镍包覆石墨烯纤维超级电容器电极材料。另外两件申请中的一件（CN106971860A）涉及二氧化锰＠石墨烯纤维超级电容器电极材料，另一件（CN106981377A）涉及四氧化三钴＠石墨烯纤维超级电容器电极材料，它们均是采用还原剂还原这结合高温还原这两步还原的方式制备石墨烯纤维。

虽然其他团队如刘清君教授团队在石墨烯制备方面的申请量较少，但其采用电化学还原方法一步还原沉积石墨烯／苯硼酸复合物并用于葡萄糖检测方法的专利申请 CN106645335A 具有以下特点：该方法首先进行丝网印刷电极的制备，以及相应测试外设的制作；其次进行氧化石墨烯 / 苯硼酸复合物的合成，用于后续电极特异性修饰；再次使用循环伏安法实现一步法还原、沉积石墨烯 / 苯硼酸复合物于印刷碳电极表面，完成电极的特异性修饰；最后将修饰好的电极用于葡萄糖的检测。该申请实现了还原、沉积石墨烯的一步完成，并将该技术应用于葡萄糖的检测过程中，具有操作步骤简单、装置便携通用、稳定性好等优点，能够适应即时生化检测的要求。薄拯教授团队申请了一件有关辉光等离子还原的专利申请 CN203728584U，该申请可在 2秒 ~5 秒实现氧化石墨烯纸的快速还原。与其他方法相加，该申请具有以下特点：①相比化学还原法，该申请无须添加还原剂，对人体和环境均无潜在的负面影响，并且在干燥条件下进行，不会在产物中引入杂质；②相比热还原法，该申请无须加热，利用等离子体中的高能电子实现氧化石墨烯纸的还原，具有更高的能量利用效率；③相比微波等离子体、射频电感耦合等离子体和电子束等离子体还原方法，该申请可在常压条件下进行，避免了低压条件所需的复杂装置和控制设备。

4.3.2.2　杭州高烯科技有限公司

杭州高烯科技有限公司创建于 2016 年，拥有研发中心和生产基地，致力于单层石墨烯及其宏观组装材料的研发、生产及技术服务。

该公司在石墨烯氧化还原法制备方面的专利申请有 67 项，其中有 11 项与浙江大学共同申请。由图 4-3-8 可见，该公司的申请都在 2017 年之后。

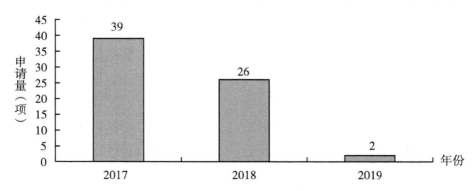

图 4-3-8　杭州高烯科技有限公司石墨烯氧化还原法制备技术专利申请量年份分布

1.研究团队

杭州高烯科技有限公司由浙江大学石墨烯团队创建，首席科学家浙江大学高超教授带领团队持续攻破了全单层反应、高效分离提纯、粉末再溶解、安全环保、自动控制、放大效应等十多项科学技术工程难题，掌握了国际原创的全套量产技术，建成了十吨生产线并试车成功。这是全球首条通过国际石墨烯产品认证中心（IGCC）认证的单层氧化石墨烯生产线，产品达到纺丝级精度，单层率大于99%，标志着粉体石墨烯产品及其应用进入单层时代。

2.研发动态

杭州高烯科技有限公司研发团队基于高品质单层氧化石墨烯，持续开发多功能石墨烯产品，如开发出多功能石墨烯复合纤维，获得专利授权并成功推向市场。石墨烯/PET原位复合纤维、石墨烯/尼龙6原位复合纤维被认定为浙江省省级工业新产品，并通过欧盟纺织品检测认证，适用于婴儿纺织品的健康纱线。

图4-3-9是杭州高烯科技有限公司的石墨烯氧化还原法制备技术的不同还原方式专利申请分布情况。从该图中可见，研发团队除用常规的化学还原法、高温热还原法之外，还使用了复合还原法，此外电化学还原法也有涉及。

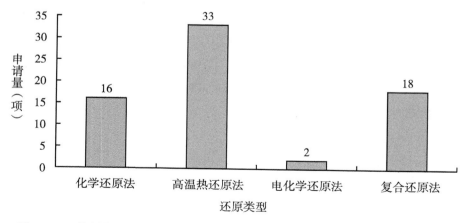

图4-3-9 杭州高烯科技有限公司的石墨烯氧化还原法不同还原方式专利申请分布

（1）化学还原法

化学还原法是杭州高烯科技有限公司制备石墨烯的常用方法。如CN107151835A 公开了一种柔性石墨烯纤维及其连续化制备方法。该方法是将具有宏观和微观褶皱的氧化石墨烯带经加捻得到连续的柔性氧化石墨烯纤维，进一步经还原得到柔性石墨烯纤维。其兼具良好的力学强度和优异的柔性，同时具有很好的导电性能和导热性能。这种柔性石墨烯纤维可以用于制备石墨烯织物，具有良好的服用优势。

CN108821263A 的技术方案是有关超薄高强度石墨烯膜及其制备方法，该石墨烯膜由氧化石墨烯经真空过滤成膜、化学还原、固相转移、金属喷涂、中温碳化、绿气氯化、高温石墨化等步骤得到。该薄膜整体为石墨烯结构，片层间有大量层间交联结构。整体薄膜厚度为 20 纳米 ~50 纳米。此石墨烯膜电导率可控、强度可调，可用作高强导电器件。其具体制备方法是：①配制氧化石墨烯水溶液，抽滤成膜；②将贴附于抽滤基底上的氧化石墨烯膜置于密闭容器中，熏蒸；③将融化的固体转移剂均匀涂敷在还原氧化石墨烯膜表面，并于室温下缓慢冷却，直至薄膜和基底分离；④对步骤 3 处理后的还原氧化石墨烯膜进行加热处理，使固体转移剂升华或者挥发；⑤用磁控溅射的方式在化学还原的石墨烯膜表面喷涂一层金属钛、钼或者钴等；⑥将溅射有金属的石墨烯膜进行氯化处理，金属纳米粒子以氯化物形式逸散；⑦氯化后的石墨烯膜置于高温炉中，高温处理，得到层间交联的石墨烯膜。采用类似化学还原法制备石墨烯的专利申请 还 有 CN107055517A、CN107675488A、CN107687090A、CN107761249A、CN107805886A、CN107815789A、CN108470794A、CN109281224A、CN109295796A、CN108593720A、CN108871547A、CN108917914A、CN109107557A、CN109950117A。

（2）高温热还原法

高温热还原法是杭州高烯科技有限公司制备石墨烯使用较多的方法，如CN107090275A 公开的是一种高导热的石墨烯 / 聚酰亚胺复合碳膜及其制备方法。该方法是在商用聚酰亚胺膜表面均匀涂覆一层氧化石墨烯水溶液，再覆盖另一张同样均匀涂覆了一层氧化石墨烯水溶液的聚酰亚胺膜，反复此操作，待其干燥后，聚酰亚胺膜之间通过氧化石墨烯实现黏接从而形成厚膜。进一步低温热压使得聚酰亚胺基碳膜之间黏结更加紧实，最终经过低温加热预还原、高温高压热处理修复缺陷即可得到高导热的石墨烯／聚酰亚胺复合碳膜。该高导热的聚酰亚胺基厚碳膜在高频率高热流密度器件中有较大的使用前景。类似这种两步热还原法的方式还有 CN107140619A、CN107162594A。

在制备石墨烯基复合材料时，该公司的研发团队较多地使用高温热还原制备石墨烯。如 CN107513151A 公开了一种石墨烯／聚酯纳米复合材料及其制备方法，通过在聚酯前驱体中加入褶球状氧化石墨烯和催化剂，在发生缩聚反应的同时，褶球状氧化石墨烯高度分散，并逐步解离为单层氧化石墨烯片，部分酯化分子可与氧化石墨烯片表面的羟基、羧基反应形成化学键，同时使氧化石墨烯发生热还原，最终得到由聚酯和表面接枝有聚酯分子的石墨烯片组成的复合材料。该申请所得纳米复合材料的均匀性好，石墨烯与聚酯间共价键的形成有效提高了体系的力学性能、电导率、防紫外线等性能。类似工艺还有 CN107513162A、CN108795020A、CN108841152A、CN108841158A、CN109096524A、CN109161119A、CN109161111A、CN109161092A、CN109161085A、CN109161072A、CN109281224A、CN109295796A、CN108593720A、CN108871547A、CN109115327A 等。

（3）电化学还原法

电化学还原法通过调整外部能量源来改变电子状态，从而改变电极材料表面的费米能级，该方法有三个重要优点：快速、绿色、不使用有毒溶剂。此外，较高的负电位可以克服含氧功能团还原过程中的能量势垒，从而有效地还原机械剥离氧化石墨烯。该公司申请的 CN107055517A 即公开了一种柔性石墨烯膜及其制备方法，包括将氧化石墨烯液态膜放在不良溶剂中的凝胶化；氧化石墨烯凝胶膜的干燥；氧化石墨烯膜的还原。其还原方式即可采用电化学还原方式，获得的石墨烯膜具有极好的柔性。该发明所述的石墨烯膜制备方法从微观调控石墨烯单片的形貌来控制石墨烯膜的宏观性质，能够显著提高石墨烯膜的柔性，工艺简单，易于推广，在柔性石墨烯薄膜、柔性电子器件等中具有潜在应用性。类似地，可使用电化学还原方式制备石墨烯的申请还有 CN107151835A。

（4）复合还原法

将化学还原法、高温热还原法、电化学还原法等还原方法结合使用即复合还原法。该方法实现氧化石墨烯较为彻底的还原，是该公司比较关注的方法，多件申请涉及该还原法，如CN106966383A公开了一种纸团状石墨烯及其制备方法。这种纸团状石墨烯微球是将氧化石墨烯微球经过化学还原法进行还原，使氧化石墨烯表面的含氧官能团缓慢脱除，避免了基团快速脱除导致的体积膨胀，因而保持了石墨烯片的紧密结合而不分离；然后通过高温处理，使剩余的少量含氧官能团脱除，并修复氧化石墨烯片中的缺陷结构，在超高温度（2500℃~3000℃）下石墨结构完美化，使得微球内石墨烯片间的结合能力进一步提高，结构密实化。所得的纸团状石墨烯微球具有良好的力学性能和弹性，能有效吸收冲击，稳定性强、密度高，可被用于增强陶瓷、工程塑料、涂料等领域。

类似地，在CN106987188A公开的石墨烯基水性丙烯酸涂料及其制备方法中，雾化干燥和两步法还原可以得到具有良好的力学性能和弹性的纸团状石墨烯微球。添加到涂料后，纸团状石墨烯微球可以有效吸收冲击，提高涂层的耐磨性，并可提高耐化学腐蚀性。该方法中将氧化石墨烯微球置于还原性气体氛围中进行还原，得到还原氧化石墨烯微球；将得到的还原氧化石墨烯微球进行高温处理，温度高于1000℃，得到纸团状石墨烯微球。单层氧化石墨烯分散液中，还可以含有还原剂，所述还原剂为碘化氢、溴化氢、水合肼、维生素C、硼氢化钠等。化学还原结合高温热还原的制备方法还有CN107022121A、CN107033994A、CN107057058A、CN107090324A、CN107090325A、CN107324316A、CN107331889A、CN107502995A、CN107651670A、CN107555419A、CN107651671A、CN107651672A、CN107655226A、CN107758644A、CN108217627A、CN109904420A等。

4.3.2.3 海洋王照明科技股份有限公司

海洋王照明科技股份有限公司是一家成立于1995年的民营股份制高新技术企业，自主开发、生产、销售各种专业照明设备，承揽各类照明工程项目，下设深圳市海洋王照明工程有限公司、深圳市海洋王照明技术有限公司、深圳市海洋王工业技术有限公司、海洋王（东莞）照明科技有限公司等分公司。海洋王照明科技股份有限公司是行业内唯一一家设立发展研究院和管理学院的企业，重视技术研发、储备、质量管理和培训管理。目前，公司着眼于与照明相关的新光源、新材料、新能源等领域的世界前沿技术研究和专利申请，推动了公司技术发展。

石墨烯是当前国内外备受关注的新材料，海洋王照明科技股份有限公司的研究人员也将目光投向了石墨烯材料及相应产品，并在 2010 年开始提交有关石墨烯制备的相关专利申请。由图 4-3-10 可见，在石墨烯氧化还原法制备技术方面的专利申请集中在 2010~2013 年，申请量在 2012 年达峰值。

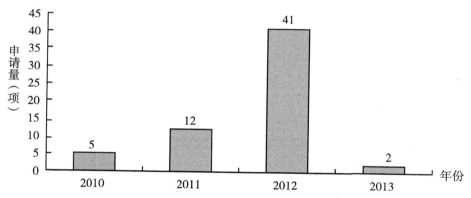

图 4-3-10　海洋王照明科技股份有限公司石墨烯氧化还原法制备技术申请量年份分布

1. 研究团队

在海洋王照明科技股份有限公司的石墨烯领域的研究团队中，技术核心人为王要兵。王要兵本科毕业于湖北大学化学与材料科学学院，在中国科学院化学研究所获得物理化学博士学位，之后在美国加州大学河滨分校化学系从事博士后研究，2009 年回国在深圳从事石墨烯产业化项目工作。2012 年12 月以高层次人才引进中国科学院福建物质结构研究所工作，其研究方向为石墨烯功能材料、锂离子电池及燃料电池。

2. 研发动态

（1）化学还原法

在石墨烯氧化还原法制备方式中，还原剂的化学还原较为常用。该团队进行了一系列的申请，CN103508442A 公开了石墨烯的制备方法，包括如下步骤：①将氧化石墨加入水中超声分散形成氧化石墨烯悬浮液，过滤后得到氧化石墨烯；②将所述氧化石墨烯及还原剂分散在含有电解质的溶液中形成电解液，其中，所述还原剂选自硼氢化钠及水合肼中的至少一种，所述电解质选自氯化钠、硝酸钠及氯化钾中的至少一种；③电解所述电解液，在所述阴极的表面得到石墨烯。通过上述方法制备的石墨烯比表面积较大且氧含量较低。CN202625858U 中使用水合肼蒸气还原剂还原氧化石墨烯以制备石墨烯。除了纯石墨烯制品外，该团队还研究了系列石墨烯基产品，如氟化石墨烯。CN102530910A 公开了一种氟化石墨烯的制备方法，包括如下步骤：①提供石墨；②使用所述石墨制备氧化石墨烯；③液相还原所述氧化石墨烯制得石墨烯；④石墨烯与含氟物质反应制得氟化石墨烯。液相还原所述氧化石墨烯制得石墨烯的步骤包括：首先，将所述氧化石墨烯与去离子水混合并分散成悬浊液；其次，向所述悬浊液中加入还原剂，热还原得到石墨烯悬液；最后，将所述石墨烯悬浊液过滤后收集滤渣，依次用水、甲醇洗涤后干燥，得到所述石墨烯。相关的专利申请 CN102530911A 中也是用到还原剂如水合肼还原氧化石墨烯，并最终制备氟化石墨烯。

关于其他类型的还原，CN102951630A 提供了一种石墨烯薄膜制备方法及应用。该石墨烯薄膜制备方法包括制备氧化石墨烯悬浮液、制备氧化石墨烯薄膜、制备石墨烯薄膜等步骤。具体制备步骤包括：①将氧化石墨加入醇溶剂，超声处理后得到氧化石墨烯悬浮液；②将该氧化石墨烯悬浮液进行微孔滤膜真空过滤，得到氧化石墨烯薄膜；③将六氯化钨加入四氢呋喃，得到第一溶液，向所述第一溶液中加入金属氢化物，搅拌反应，得到混合溶液；④将该氧化石墨烯薄膜加入该混合溶液中浸泡，反应后得到石墨烯薄膜前体；⑤将该石墨烯薄膜前体真空干燥，得到石墨烯薄膜。该制备方法通过制备氧化石墨烯薄膜，再将氧化石墨烯薄膜在含有金属钨的温和液相中还原，实现了所制得的氧化石墨烯薄膜不会膨胀或破损，并且具有优异的电导率。CN103288105A 中制备石墨烯锂盐，具体步骤包括：①将氧化石墨加入盛有甲醇锂和甲醇的反应器中，超声搅拌反应，得到氧化石墨烯衍生物锂盐；②将氧化石墨烯衍生物锂盐和环氧乙烷反应，得到氧化石墨烯环氧乙烷衍生物锂盐，将该盐加入含有金属锂和液氨的容器中，静置，蒸发，加入甲醇；③去除过量金属锂，过滤得到石墨烯锂盐。其应用的机理有：甲醇锂还原了氧化石墨烯羰基中的羰基，形成了甲醇和石墨烯锂盐；氧化石墨烯衍生物锂盐作为引发剂，使得环氧乙烷发生加成反应，环氧乙烷加成到石墨烯羟基锂盐的位置，形成高分子长链，是环氧乙烷其加成反应的作用；金属锂是还原剂，起到还原石墨烯上羰基的作用。其产物具备好的导电性、高的机械性能、好的功率密度、好的界面相容性，储容理论量达到 620mAH/g，比容量高，循环寿命长。

（2）高温热还原法

对于高温热处理的还原方式，CN103449417A 公开的石墨烯制备方法包括如下步骤：①将氧化石墨加入水中超声分散形成氧化石墨烯悬浮液，过滤所述氧化石墨烯悬浮液得到氧化石墨烯；②在保护性气体氛围下，将所述氧化石墨烯升温至 500℃ ~ 1000℃，并保持 0.5h ~ 1h，得到石墨烯；③将温度为 500℃ ~ 1000℃ 的石墨烯转移到温度为 –250℃ ~ –50℃ 的环境下冷却 0.4h ~ 1h；④将冷却后的石墨烯在温度为 200℃ ~ 300℃ 的环境下退火 5h ~ 12h。通过上述方法制备的石墨烯比表面积较大。

同样通过高温煅烧还原处理的还有 CN102757036A、CN102887498A、CN102887501A、CN103109399A、CN103121669A、CN103153848A、CN103359709A、CN103569999A。其中，CN103109399A、CN103153848A 为通过《专利合作条约》提出的申请，如 CN103109399A 具体提供了一种含锂盐石墨烯复合材料制备方法，包括如下工艺步骤：①获取纳米锂盐前驱体、氧化石墨烯溶液以及有机碳源化合物；②将所述纳米锂盐前驱体与有机碳源化合物混合后再加入氧化石墨烯溶液，得到混合液或者将所述纳米锂盐前驱体与有机碳源化合物混合干燥，加热使有机碳源化合物碳化后，再加入氧化石墨烯溶液，得到混合液；③将所述混合液浓缩、干燥，得到固体混合物；④将所述固体混合物置于还原气氛中焙烧，冷却后研磨，得到一种包括纳米碳粒和石墨烯包覆纳米锂盐晶粒表面而构成微粒结构的所述含锂盐石墨烯复合材料。

（3）溶剂热还原法

CN103833024A 提供的是一种石墨烯纳米带的制备方法，包括如下步骤：①制备氧化碳纳米壁浆料；②制备石墨烯纳米带。该申请石墨烯纳米带的制备方法中，将离子液体加热到一定温度，有利于增强还原效果，再配合微波可快速完成剥离，且离子液体能有效防止石墨烯纳米带再次团聚，再经过简单的分离、干燥操作即可完成制备过程。上述石墨烯纳米带及其制备方法，存在以下的优点：采用刻蚀法和光催化化学气相沉积法制备垂直碳纳米壁，其制备工艺简单、条件易控，在缩短刻蚀时间的同时提高了生产效率，而且光催化能有效降低反应温度、减少能耗，降低生产成本，并可有效避免现有方法中的等离子体法制备过程中出现的问题，使得碳纳米壁的厚度更均匀、结构更完整。

（4）微波热辐射还原法

CN102757035A 公开了一种石墨烯的制备方法，包括以下步骤：①石墨加热处理；②制备含石墨的混合溶液；③微波加热处理混合溶液；④去除混合溶液中的溶剂，并过滤、清洗、干燥滤物，得到石墨烯；⑤煅烧氧化石墨烯与碳酸铵混合物，制得石墨烯。该申请将溶剂热法和微波法这两种方法相结合，可以得到高纯度石墨烯；同时，尿素或碳酸铵分解能提供氨气，能够对石墨烯中的缺陷进行修复，提高石墨烯的电导率，所合成的石墨烯作为电极材料可应用于超级电容器中。

类似的申请 CN102951631A 提供了石墨烯的制备方法，包括的步骤有：①获取氧化石墨烯的有机溶液；②在无氧、无水的条件下，将六氯化钨与锂的烷基衍生物加入有机溶剂中进行反应后，再加入所述氧化石墨烯的有机溶液进行还原反应，得到石墨烯粗产物；③将所述石墨烯粗产物用微波进行热处理，得到石墨烯。该申请将低价钨的化学还原法和微波还原法相结合，使得该制备方法安全环保、还原彻底、时间短、效率高，对产物石墨烯的 SP^2 杂化结构进行修复，使制备得到的石墨烯含氧量低、导电率高。

4.3.3 重要专利技术分析

为了解石墨烯氧化还原法重要专利的技术情况，本小节重点研究了专利引证、同族数量以及全球分布。借助专利引证频次与同族数，六局申请情况以及重点申请人信息，筛选出石墨烯氧化还原法中的重点专利，并对重点专利作深入分析，以此确定该技术领域的核心技术，为建立具有自主知识产权的技术体系提供支持。

表 4-3-1 石墨烯氧化还原法重点专利

序号	专利号	技术来源国（地区/组织）	优先权年	施引次数	同族数量	同族国家/地区
1	CN102597336A	美国	2009	15	25	美国、世界知识产权组织、中国、欧洲专利局、韩国、日本、墨西哥、印度、波兰、俄罗斯
2	CN105917419A	美国	2013	0	23	美国、世界知识产权组织、加拿大、中国、韩国、新加坡、巴西、欧洲专利局、印度、日本、墨西哥、俄罗斯、西班牙
3	US20120328940A1	美国	2011	11	22	美国
4	US8883351B2	日本	2011	15	21	世界知识产权组织、日本、美国、中国、韩国
5	WO2013047630A1	日本	2011	3	21	中国、日本、韩国、美国、世界知识产权组织
6	CN108101050A	日本	2011	0	21	日本、中国、美国、世界知识产权组织、韩国
7	US9139440B2	意大利	2009	0	19	意大利、欧洲专利局、中国、印度、俄罗斯、日本、墨西哥、美国、世界知识产权组织
8	US7658901B2	美国	2005	89	18	世界知识产权组织、美国、加拿大、中国、欧洲专利局、印度、日本、韩国

序号	专利号	技术来源国（地区/组织）	优先权年	施引次数	同族数量	同族国家/地区
9	CN105008274A	美国	2013	2	18	日本、中国、欧洲专利局、韩国、墨西哥、世界知识产权组织、巴西、加拿大、新加坡
10	WO2015040630A1	印度	2013	2	17	印度、世界知识产权组织、澳大利亚、中国、韩国、新加坡、欧洲专利局、日本、美国、西班牙
11	CN102530926A	中国、世界知识产权组织	2010	1	17	日本、欧洲专利局、加拿大、中国、美国、韩国、世界知识产权组织
12	CN105600776A	日本	2011	1	16	中国、日本、美国、世界知识产权组织
13	CN102803135A	美国	2009	16	15	世界知识产权组织、加拿大、欧洲专利局、韩国、新加坡、巴西、中国、日本、墨西哥
14	WO2014138596A1	美国、世界知识产权组织	2013	9	15	世界知识产权组织、加拿大、欧洲专利局、日本、韩国
15	US9548494B2	欧洲专利局	2009	3	15	欧洲专利局、美国、澳大利亚、中国、日本、韩国、以色列
16	CN103682358A	中国	2012	4	14	中国、欧洲专利局、日本、韩国、美国、加拿大、世界知识产权组织

续表

序号	专利号	技术来源国（地区/组织）	优先权年	施引次数	同族数量	同族国家/地区
17	WO2013010211A1	澳大利亚	2011	22	13	世界知识产权组织、澳大利亚、加拿大、中国、欧洲专利局、美国、日本
18	CN102026916A	美国、世界知识产权组织	2008	9	13	世界知识产权组织、中国、欧洲专利局、印度、日本
19	CN102292285A	美国、世界知识产权组织	2009	1	13	中国、欧洲专利局、日本、世界知识产权组织
20	WO2012058553A2	美国、世界知识产权组织	2010	22	12	世界知识产权组织、加拿大、欧洲专利局、日本、韩国
21	CN105492382A	韩国、世界知识产权组织	2013	4	12	世界知识产权组织、韩国、中国、欧洲专利局、美国、日本
22	CN104284890A	日本	2012	2	12	欧洲专利局、中国、日本、美国、世界知识产权组织、韩国
23	WO2013119295A1	美国	2011	27	11	世界知识产权组织、欧洲专利局、以色列、韩国、新加坡
24	CN103748036A	英国	2011	6	11	中国、加拿大、日本、美国、世界知识产权组织、欧洲专利局、英国、韩国
25	WO2012086260A1	日本	2010	4	11	世界知识产权组织、欧洲专利局、中国、美国

序号	专利号	技术来源国（地区/组织）	优先权年	施引次数	同族数量	同族国家/地区
26	WO2016118214A2	美国	2014	4	11	世界知识产权组织、澳大利亚、加拿大、韩国、新加坡、中国、欧洲专利局、以色列、印度、日本
27	CN103282305A	日本	2010	2	11	世界知识产权组织、欧洲专利局、中国、美国
28	CN104099687A	中国	2013	14	10	世界知识产权组织、中国、欧洲专利局、日本、美国
29	CN104661959A	澳大利亚	2012	6	10	世界知识产权组织、澳大利亚、中国、欧洲专利局、美国
30	CN102712779A	韩国	2009	25	9	世界知识产权组织、中国、韩国、欧洲专利局、日本、美国
31	CN103132116A	日本	2011	8	9	美国、中国、日本
32	CN103153848A	世界知识产权组织	2010	6	9	世界知识产权组织、中国、欧洲专利局、日本、美国
33	WO2012118350A2	韩国	2011	4	9	世界知识产权组织、韩国、中国、欧洲专利局、美国、日本
34	CN103974900A	日本	2011	3	9	欧洲专利局、日本、中国、美国、世界知识产权组织

续表

序号	专利号	技术来源国（地区/组织）	优先权年	施引次数	同族数量	同族国家/地区
35	US8871821B2	美国	2008	2	9	世界知识产权组织、美国、中国、欧洲专利局、日本
36	CN107076698A	美国、世界知识产权组织	2014	2	9	世界知识产权组织、加拿大、中国、欧洲专利局、印度
37	US20100237296A1	美国	2009	25	8	美国、德国、日本、韩国、中国台湾
38	WO2012061603A2	美国	2010	12	8	世界知识产权组织、欧洲专利局、日本
39	US20130212879A1	日本	2012	8	8	美国、中国、日本、韩国
40	WO2012088678A1	世界知识产权组织	2010	4	8	日本、中国、欧洲专利局、美国、世界知识产权组织
41	EP3016178A1	欧洲专利局	2014	3	8	欧洲专利局、世界知识产权组织、中国、日本、美国
42	CN107108884A	意大利	2014	2	8	美国、欧洲专利局、中国、日本、世界知识产权组织
43	WO2012088681A1	世界知识产权组织	2010	2	8	美国、日本、中国、欧洲专利局、世界知识产权组织
44	CN104386680A	中国、世界知识产权组织	2014	16	6	中国、欧洲专利局、美国、世界知识产权组织

续表

序号	专利号	技术来源国（地区/组织）	优先权年	施引次数	同族数量	同族国家/地区
45	US20110174701A1	美国	2010	10	5	美国、欧洲专利局、世界知识产权组织
46	US20120228556A1	世界知识产权组织、美国	2011	9	5	世界知识产权组织、美国、中国
47	CN104555995A	韩国	2013	8	5	美国、中国、韩国
48	CN103545053A	中国、美国	2013	8	5	中国、世界知识产权组织、美国
49	US20070131915A1	美国	2005	194	4	美国
50	WO2009143405A2	美国、世界知识产权组织	2008	105	4	世界知识产权组织
51	WO2009085015A1	美国	2008	79	4	世界知识产权组织、韩国
52	US20110284805A1	美国、世界知识产权组织	2008	40	4	美国
53	US20120171108A1	韩国	2011	26	4	美国
54	US20120193610A1	韩国	2011	16	4	美国
55	US20130108540A1	韩国	2011	16	4	美国
56	WO2013040636A1	澳大利亚	2011	14	4	世界知识产权组织、韩国、中国
57	US20110059599A1	美国	2009	99	3	美国
58	CN102070140A	中国	2011	37	3	中国、世界知识产权组织

序号	专利号	技术来源国（地区/组织）	优先权年	施引次数	同族数量	同族国家/地区
59	US20130161199A1	中国台湾	2011	20	3	美国、中国台湾
60	CN104310388A	中国	2014	17	3	中国
61	CN101941693A	中国	2010	93	2	中国
62	KR2011016287A	韩国	2009	91	2	韩国
63	CN101289181A	中国	2008	85	2	中国
64	US20090017211A1	美国	2006	74	2	美国
65	CN102167310A	中国	2011	71	2	中国
66	CN101591014A	中国	2009	66	2	中国
67	CN101830458A	中国	2010	65	2	中国
68	CN104291321A	中国	2014	63	2	中国
69	CN101549864A	中国	2009	60	2	中国
70	CN101549864A	中国	2009	60	2	中国
71	CN101831622A	中国	2010	57	2	中国
72	CN101966988A	中国	2010	52	2	中国
73	CN101966988A	中国	2010	52	2	中国
74	CN102275908A	中国	2011	51	2	中国
75	CN102180458A	中国	2011	50	2	中国
76	CN101602504A	中国	2009	49	2	中国
77	CN101602504A	中国	2009	49	2	中国
78	CN102120572A	中国	2011	47	2	中国
79	CN101513998A	中国	2009	47	2	中国
80	CN101613098A	中国	2009	46	2	中国

序号	专利号	技术来源国（地区/组织）	优先权年	施引次数	同族数量	同族国家/地区
81	CN103449423A	中国	2013	46	2	中国
82	EP2687483A1	欧洲专利局	2012	45	2	欧洲专利局、世界知识产权组织
83	CN102191476A	中国	2011	40	2	中国
84	CN102502612A	中国	2011	38	2	中国
85	CN101708837A	中国	2009	35	2	中国
86	CN103466610A	中国	2013	35	2	中国
87	CN102153075A	中国	2011	34	2	中国
88	CN101913600A	中国	2010	34	2	中国
89	CN102910625A	中国	2012	33	2	中国
90	CN102070142A	中国	2010	32	2	中国
91	CN101870467A	中国	2010	31	2	中国
92	CN103274393A	中国	2013	31	2	中国
93	CN101723310A	中国	2009	31	2	中国
94	CN101654243A	中国	2009	31	2	中国
95	CN101844761A	中国	2010	30	2	中国
96	CN103172057A	中国	2013	29	2	中国
97	CN101844761A	中国	2010	29	2	中国
98	CN102500755A	中国	2011	29	2	中国
99	CN102826543A	中国	2012	28	2	中国
100	CN102491318A	中国	2011	28	2	中国
101	CN101844760A	中国	2010	28	2	中国

续表

序号	专利号	技术来源国（地区/组织）	优先权年	施引次数	同族数量	同族国家/地区
102	CN103320125A	中国	2013	28	2	中国
103	CN101863465A	中国	2010	28	2	中国
104	CN102219211A	中国	2011	27	2	中国
105	CN102219211A	中国	2011	27	2	中国
106	CN104472542A	中国	2014	26	2	中国、世界知识产权组织
107	CN102398900A	中国	2010	25	2	中国
108	CN102408109A	中国	2011	24	2	中国
109	CN102408109A	中国	2011	24	2	中国
110	CN102225754A	中国	2011	24	2	中国
111	US20130197256A1	美国	2012	24	2	美国
112	CN103086362A	中国	2012	23	2	中国
113	CN102320599A	中国	2011	22	2	中国
114	CN102745672A	中国	2012	22	2	中国
115	CN103570011A	中国	2013	21	2	中国
116	CN101875491A	中国	2010	21	2	中国
117	CN104464883A	中国	2014	21	2	中国
118	CN102226951A	中国	2011	21	2	中国
119	US20100035186A1	韩国	2008	21	2	美国、韩国
120	CN101875491A	中国	2010	21	2	中国
121	CN103787317A	中国	2014	21	2	中国
122	US20130040283A1	美国	2011	21	2	美国

续表

序号	专利号	技术来源国（地区/组织）	优先权年	施引次数	同族数量	同族国家/地区
123	JP2011168449A	日本	2010	21	2	日本
124	US20100221508A1	美国	2009	21	2	美国
125	CN102974307A	中国	2012	20	2	中国
126	CN102167314A	中国	2011	20	2	中国
127	CN101993064A	中国	2010	20	2	中国
128	CN102602924A	中国	2012	20	2	中国
129	CN102167314A	中国	2011	20	2	中国
130	CN101935030A	中国	2010	20	2	中国
131	CN103787319A	中国	2014	20	2	中国
132	US20140242275A1	美国	2013	20	2	美国
133	CN102557013A	中国	2010	19	2	中国
134	CN102126720A	中国	2011	19	2	中国
135	CN101654245A	中国	2009	19	2	中国
136	CN103771406A	中国	2014	19	2	中国
137	CN102689896A	中国	2012	18	2	中国
138	CN102898680A	中国	2011	18	2	中国
139	CN104261383A	中国	2014	18	2	中国
140	US20140275597A1	美国	2013	18	2	美国
141	CN102145887A	中国	2011	18	2	中国
142	CN102198938A	中国	2010	18	2	中国

续表

序号	专利号	技术来源国（地区/组织）	优先权年	施引次数	同族数量	同族国家/地区
143	KR2012095042A	韩国	2011	18	2	韩国
144	KR2010136576A	韩国	2009	18	2	韩国
145	CN102051651A	中国	2011	49	1	中国
146	CN101941694A	中国	2010	48	1	中国
147	CN101941694A	中国	2010	48	1	中国
148	CN102874796A	中国	2012	46	1	中国
149	US20140079932A1	美国	2012	45	1	美国
150	CN101696002A	中国	2009	38	1	中国
151	KR2012039799A	韩国	2010	38	1	韩国
152	JP2005320220A	日本	2004	37	1	日本
153	CN102173414A	中国	2011	37	1	中国
154	CN102153077A	中国	2011	35	1	中国
155	CN102153077A	中国	2011	34	1	中国
156	CN102061504A	中国	2009	33	1	中国

在筛选得到的 156 项重点专利中，技术来源国（地区/组织）是中国的有 88 项、美国的有 41 项、韩国的有 12 项、日本的有 12 项。上述分布基本反映了主要国家在该技术领域的技术实力。中国已经成为该项技术的领先者，但进一步分析可以看到，中国专利的被引证频次整体偏低，且大部分被本国专利引证，在被引证数量上落后于美国。对于 US20070131915A1 这件专利，引用次数近 200 次，远超其他排名靠前的专利，这说明该专利所代表的技术内容是氧化还原法技术领域中的核心技术。石墨烯氧化还原法重点专利整体上被引证次数较高，特别是近年来有了大幅增长，这主要与石墨烯的氧化还原技术的快速发展有关。

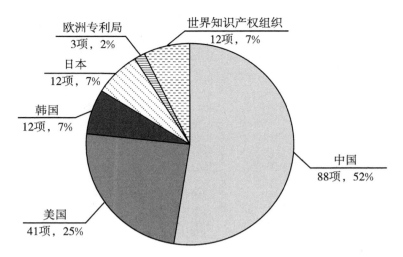

图4-3-11　石墨烯氧化还原法重点专利技术来源国（地区/组织）分布情况

一般情况下，同族的数量越多，说明申请人更重视该专利的价值及其在主要国家/地区的布局情况，也就从侧面说明了该专利的重要性。从上述专利的国别分布来看，美国非常重视对市场的控制，尤其倾向于采用《专利合作条约》的形式进入多国，实现其全球化布局。虽然整体的申请量不大，但日本和欧洲国家同样较为重视全球布局。而中国和韩国这两个申请大国，尤其是中国，同族数相比较低，也说明中国和韩国在氧化还原技术领域的市场布局不如美国。

4.3.4　技术发展路线

为了解石墨烯氧化还原法的技术发展路线，本小节重点研究了石墨烯氧化还原法技术改进方向变化趋势。氧化还原法制备石墨烯是指从氧化石墨烯出发，将其还原得到石墨烯的方法。从制备过程来看，氧化、还原是氧化还原法关键的两个步骤，同时，由于氧化石墨烯含有大量的基团易于功能化，从而有利于改善石墨烯的性能，拓展其应用范围，故功能化也是氧化还原法制备石墨烯比较重要的步骤。本小节从氧化、还原、功能化三方面展开研究，梳理了氧化还原法的技术发展脉络。

4.3.4.1　氧化

氧化石墨烯是一种高度氧化的石墨形态，保留了石墨的层状结构，同时由于存在多种含氧官能团，具备较大的层间距，其结构与氧化制备方法紧密相关。石墨的氧化方法主要采用 Brodie 法、Staudenmaier 法和 Hummers 法。Brodie 法诞生于 1859 年，采用发烟硝酸体系，以高氯酸钠为氧化剂。氧化程度较低，需进行多次氧化处理提高氧化程度，同时由于采用高氯酸盐作为氧化剂，危险性较大，并且会产生较多的有毒气体。1898 年出现的 Staudenmaier 法采用浓硫酸体系，高氯酸盐和发烟硝酸作为氧化剂，缺点同样是反应时间较长，产生有毒气体氯气。1958 年 Hummers 法采用浓硫酸和硝酸盐体系，以高锰酸钾为氧化剂，提高了实验的安全性，减少了有毒气体的产生。

以上三种方法出现时间早，经过一个多世纪的改进现如今也进入了成熟的阶段，目前比较常用的是改进的 Hummers 法。由于技术相对成熟，在石墨烯氧化还原法中涉及氧化过程改进的专利并不多。氧化石墨的制备技术关注点可以分为氧化剂、氧化条件以及氧化分散。通常情况下，在研究氧化石墨制备的过程中便是对上述三个技术点进行深度的研究和改进。

对于氧化剂的改进主要在于降低反应难度、减少有毒试剂的使用。CN102491318B 以特定浓无机酸（浓硫酸、浓磷酸）为插层剂，高锰酸钾为氧化剂，石墨粉经溶剂热法低温制备氧化石墨烯，避免了使用硝酸盐，防止了一氧化氮、二氧化氮等有毒气体的产生。WO2011055198A1 中对氧化剂进行了深度研究，采用了一种能够释放分子氧或原子氧的物质与石墨接触，例如臭氧，从而可以避免采用强酸、强氧化剂等重污染化学试剂制备氧化石墨。CN105347335A 以高铁酸钾为氧化剂制备氧化石墨烯，该方法具有氧化时间短、反应温和、安全可靠等优点，制备得到的氧化石墨烯氧化程度高，基本上无杂质。

在氧化过程中增加微波、超声等辅助手段有利于氧化石墨的剥离，方便石墨烯的制备。CN102502611A 中通过控制氧化剂的浓度，氧化时间以及微波辐射功率、真空度等，实现对石墨烯产品层数和厚度的控制。CN102153075A 中则是对氧化条件进行了深度研究，采用超声辅助氧化反应，既能有效提高氧化石墨层间距，也有利于石墨烯的制备。

氧化分散的目的在于提高氧化石墨烯的分散性，为下一步制备石墨烯做好准备。EP2256087A1 中对氧化分散进行了研究，采用极性分散介质得到胶态氧化石墨烯分散体，避免使用分散剂，再直接热还原即可获得分散性好的石墨烯材料。

4.3.4.2 还原

氧化石墨烯目前常用的还原方法有化学还原法、高温热还原法、电化学还原法、水热/溶剂热还原法、辐射还原法等。

1. 化学还原法

化学还原氧化石墨烯的方法是在相对温和的条件下，使还原剂与氧化石墨烯发生还原反应而得到还原氧化石墨烯。

2005年西北大学的US2007131915A1就公开了采用水合肼还原氧化石墨烯来制备石墨烯。早期使用的还原剂有水合肼、硼氢化钠、氢化铝锂等。

由于水合肼等还原剂存在毒性，寻求新型的还原剂一度成为研发重点，并且还原剂的选取还带来其他的一些技术效果，如提高导电性、分散性、生物相容性等。KR101084975B采用氨水或氢气对氧化石墨烯膜进行还原。CN101602504B采用抗坏血酸为还原剂，在不添加任何稳定剂的条件下缩短了反应时间，得到厚度为0.8纳米～1.2纳米单层石墨烯。CN101875491B采用茶多酚溶液或者绿茶汁作为还原剂；所采用还原剂绿色环保并且具有良好的生物相容性，所制备的石墨烯在生化方面有潜在的应用空间。CN102001651B将氧化石墨固体制成单层氧化石墨烯水溶液后，与氨水和盐酸羟胺反应，得到石墨烯溶液。CN102153078B采用丙酮肟、乙醛肟或甲乙基酮肟为还原剂，在pH为6～14的氧化石墨烯水溶液中还原氧化石墨烯制备得到石墨烯。CN102219211B以植物多酚及其衍生物作为还原剂还原氧化石墨烯和修饰石墨烯；植物多酚及其衍生物的取代基的个数、位置、种类以及缩合程度都不尽相同，具有丰富的结构多样性，因此，可以改变植物多酚的种类调节还原效果以及获得不同结构的修饰石墨烯。制备的修饰石墨烯具有丰富的官能团，可以通过不同的化学反应进行进一步修饰或者将其引入聚合物基体，获得具有新型结构和性能特征的聚合物/石墨烯复合材料。

CN102502597B将格式试剂与氧化石墨的悬浮液混匀后回流反应，反应完毕后得到石墨烯；得到的石墨烯具有较高的导电性，并且可以作为烯烃聚合催化剂的载体来实现原位聚合制备聚烯烃/石墨烯复合材料。CN103318877B以水溶性壳聚糖衍生物为还原剂和稳定剂，在90℃～100℃条件下，与氧化石墨烯水溶液进行还原反应，得到稳定分散的石墨烯，所得稳定分散的石墨烯可在4℃下存放三个月保持稳定。CN104276567B采用高碘酸钠改性后的羟丙基甲基纤维素作为还原剂，通过水热反应的方法制备得到石墨烯，绿色环保、成本低廉、工艺简单，并且制备得到的石墨烯具有良好的分散性和稳定性。CN105236391B以造纸黑液中提取的木质素作为还原剂和稳定剂，将木质素溶解在碱性溶液中，在加热条件下与氧化石墨烯水溶液发生氧化还原反应，制备出的石墨烯层间含有木质素，其干燥后能够重新均匀分散于水中，有效地解决了石墨烯易团聚、难分散的难题。得到的木质素石墨烯复合物具有成膜性能，所制备的薄膜具有导电性。CN108083266A采用锌粉还原氧化石墨烯制得具有吸波性能的石墨烯。

在还原的方式上也有一定的研究和改进。KR101435999B首先采用氧化石墨烯旋涂成膜，然后采用还原剂还原得到石墨烯膜，其中还原剂可采用硼氢化钠、水合肼等。CN102583340B利用多温区加热设备，通过将具有氧化石墨烯的低温区和具有还原剂的高温区加热，低温气相还原制备石墨烯材料。CN101549864B将氧化石墨制成水溶液超声处理，得到单层氧化石墨片，然后将其分散在二甲亚砜溶液中，在反应釜中进行水热处理得到石墨烯。CN108483428A将一定浓度的预还原氧化石墨烯溶胶与液氮同时在基底上进行冷冻喷涂，得到的样品再经过冷冻干燥及热还原处理后即为石墨烯气凝胶薄膜。该薄膜孔径分布均匀、孔隙率高、比表面积大，容易剥离，回弹性好并且易于大规模生产。

2.高温热还原法

高温热还原法反应机理为：在惰性气氛或还原气氛下，氧化石墨烯片层上的含氧官能团在高温作用下，会分解产生出一氧化碳或二氧化碳气体，此时片层之间压力迅速增大，片层膨胀，克服片层之间的范德华力而脱离，从而得到石墨烯。高温不但剥离氧化石墨片层，还去掉了片层上的部分含氧官能团，起到了一定的还原作用。

普林斯顿大学早在2005年申请的US2007092432A1就提出了将完全被插层和氧化的石墨在300℃~2000℃下加热得到热剥离型氧化石墨。US2010144904A1将氧化石墨烯气凝胶在至少200℃热处理三个小时以将氧化石墨烯转化为石墨烯。CN101993061A采用尺寸和结晶度不同的石墨为原料，利用Hummer方法氧化石墨，然后采用快速加热方法膨胀、解离得到剥离石墨，高温还原后，采用超声方法将其分散在表面活性剂溶液中，最后高速离心去除尚未完全剥离的石墨及大尺寸的厚石墨片，进而得到层数可控的高质量石墨烯。CN102602925B 在惰性气氛中，对氧化石墨烯高温、高压（高温的温度 ≥ 900℃，高压的压力 ≥ 1 兆帕）还原处理，完全除去氧化石墨烯中的含氧官能团，同时修复石墨烯中的结构缺陷，从而制得高质量的石墨烯。CN103011147B 将 Hummers 法制得的氧化石墨烯胶体经过含碱金属离子或碱土金属离子的溶液处理后，真空干燥，通过热引燃发生还原反应。

在热还原的过程中添加其他物质可以实现掺杂或制备复合材料以提高产物的性能。CN102120572B 以氧化石墨烯和三聚氰胺为原料，其中三聚氰胺为氮源，氧化石墨烯为碳源，在惰性气体氛围下，在进行高温退火的同时，实现氧化石墨烯的还原和石墨烯的氮掺杂。CN102976316B 将苯胺的有机溶液与含有引发剂的氧化石墨烯水溶液混合后，在搅拌下反应，得到中间产物；将中间产物干燥后高温退火还原反应，得到石墨烯卷。CN103787328B 通过把纳米金属氧化物颗粒分散在氧化石墨烯分散液中，然后进行高温还原，制成掺杂金属纳米颗粒的石墨烯薄膜；所得改性石墨烯的导电率提高了三倍以上。CN105384146B 将六水合氯化铁与锌粉混合均匀，无沉淀后，加入碱性溶液和氧化石墨烯溶液，搅拌均匀后得到悬浮液，然后将悬浮液置于反应釜中恒温热处理，离心分离，将得到膏状固体经冷冻干燥处理之后，置于管式炉中在氢气 / 氩气混合气氛下进行热还原，最终制得石墨烯负载纳米四氧化三铁 / 氧化锌复合材料。

3. 电化学还原法

电化学还原法是采用电化学方法移去氧化石墨烯的含氧官能团，从而制得石墨烯的一种方法。这种方法不需要特殊的化学试剂，且副产物较少，但是对于反应条件要求相对苛刻，需要高电压，对于空气湿度也比较敏感。

CN101844760B 首先构建氧化石墨烯薄膜 – 间隙电极对，然后采用电子注入法对氧化石墨烯薄膜修复，修复其表面缺陷使其还原。CN102167312B 中将氧化石墨溶胶加入电化学容器中，采用交流电源对氧化石墨进行电场剥离，然后利用直流电源进行分离，最后用直流电源进行电化学还原，得到石墨烯溶液。CN102745676B 以多金属氧簇作为电催化剂，将制得的氧化石墨烯与多金属氧簇超声搅拌获得混合液；通过测试多金属氧簇的循环伏安曲线，获得其可逆阴极峰的峰尾电位作为还原电位，进行恒电位还原氧化石墨烯；将生成的石墨烯与多金属氧簇复合材料分离。JP6291543B2 在第一导电层上形成含有氧化石墨烯的层；在其中浸渍了作为工作电极的第一导电层及作为对电极的第二导电层的电解液中，对第一导电层提供使氧化石墨烯在此发生还原反应的电位。CN104319012B 将化学还原和电还原相结合：化学还原的步骤中，还原剂为醋酸和氢碘酸，能极好地去除氧化石墨烯的官能团，提高还原氧化石墨烯的导电性能；电化学还原的步骤中，采用线性扫描伏安法加压，进一步减少含氧官能团的存在。CN106395805B 以铂片为对电极，铜箔为工作电极，氧化石墨烯溶液为电解液，进行电沉积；取出沉积了部分还原的氧化石墨烯的铜箔，室温风干；以稀硫酸为电解液，所述沉积了部分还原的氧化石墨烯的铜箔接负极，铂片接正极，进行电化学还原，得到自支撑的石墨烯薄膜。

4. 水热／溶剂热还原法

水热／溶剂热还原法是采用水／有机溶剂作为反应体系，在密闭体系中加热产生高温高压，当高温高于溶剂沸点时，石墨片层间的含氧官能团脱离，制得还原氧化石墨烯。该方法简单、易操作，但是还原效率不高，能耗相对较高。

首先有一部分专利关注水热／溶剂热法本身在氧化石墨烯还原过程中的应用。例如，EP2256087A1 将氧化石墨烯分散于极性分散介质中形成胶态，再在高压釜进行热还原。CN101966988B 制备氧化石墨，再剥离氧化石墨，提纯获得氧化石墨烯溶液，经惰性气体保护下的超临界反应即可。CN102145888A 在水热还原氧化石墨烯的过程中，采用了碱性溶液；得到石墨烯三维实体，表面光滑、密度大且导电性较好。CN102167314B 天然石墨经预氧化、深度氧化后，采用醇热还原法制得石墨烯。

另外，有的专利在水热过程中添加一些其他物质，在石墨烯还原的过程中形成复合材料或是对石墨烯进行掺杂，以提高其性能。例如，CN102757041A 得到的氧化石墨烯粉体和金属化合物溶于溶剂中并置于超临界反应釜内，通入气体，升温、升压，达到超临界状态后反应，将得到的沉淀烘干即得石墨烯／金属氧化物纳米复合材料。CN102942165B 将含硒无机盐和含铁无机盐装入不锈钢反应釜中；将水合肼和氧化石墨烯溶液混合，搅拌均匀形成墨黑色溶液后加入反应釜中，封闭反应釜进行反应，得到石墨烯与二硒化铁复合材料；石墨烯片包覆着二硒化铁纳米颗粒，二硒化铁与石墨烯片紧密结合，具有高的比表面积和优良的磁性能。CN107170995A 将氧化石墨烯分散液与一定量的交联剂、含铝前驱体水热交联，干燥后煅烧，酸碱处理后得到铝氮共掺杂石墨烯复合材料。

还有一部分的专利关注特殊形貌石墨烯的制备。例如，CN102826543B 利用 Hummers 法剥离石墨得到的氧化石墨烯溶液用蒸馏水进行稀释，并与吡咯混合，置于反应釜中反应，被还原为泡沫状三维石墨烯，冷冻干燥后，置于管式炉中，在真空下退火。CN105271211B 调节氧化石墨烯分散液的 pH 小于等于 7，将含有阳离子的结构保持剂加入氧化石墨烯分散液中得到混合溶液，然后进行水热反应以制备石墨烯基凝胶，干燥即得三维宏观体石墨烯。CN105502354A 将氧化石墨烯溶液浓缩后得到氧化石墨烯溶胶，经纺丝装置纺丝得到氧化石墨烯纤维，最后将氧化石墨烯纤维放入含有还原物质的高温高压反应釜中得到纤维状石墨烯。

5. 辐射还原法

除上述传统的还原氧化石墨烯制备石墨烯外，采用电子束、紫外线、激光等来进行辐射还原也是近年来备受关注的方法。辐射还原的方法工艺简单、污染小，易于大量制备石墨烯。

US8968525B2 将来自闪光灯的单一脉冲的光能以距氧化石墨膜不超过 1 厘米的距离传送到石墨氧化物膜上，以将石墨氧化物膜还原成石墨烯膜。US9768355B2 采用紫外线、可见光、红外线来进行脱氧还原制备石墨烯。CN101559941B 制备氧化石墨后采用超声剥离，然后采用电子束将氧化石墨烯还原。CN101844761B 采用激光辐射法还原氧化石墨烯。CN101941694A 首先制备氧化石墨，然后超声剥离得到氧化石墨烯，再加入水溶性的高聚物作为分散剂，在紫外光辐照下还原得到表面高聚物修饰的高分散性石墨烯。CN101948107A 中在真空下，利用微波对氧化石墨进行辐射，氧化石墨受热解离获得石墨烯。CN102408109B 将还原剂与氧化石墨烯的水溶液混合，用钴 −60 γ 射线进行辐照还原。EP3016178A1 将沉积氧化石墨烯层的区域选择性地暴露于电磁辐射以形成与相邻的未暴露的氧化石墨烯区域邻近的还原氧化石墨烯区域。

图 4-3-12 展示了石墨烯氧化还原法还原技术演进路线。

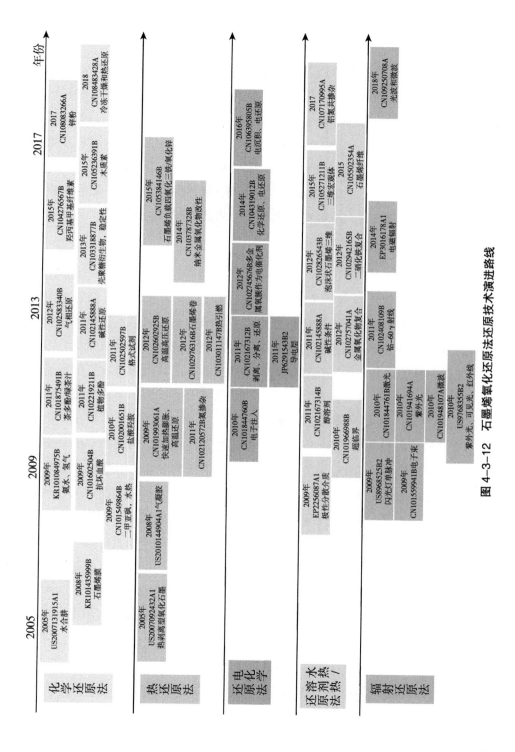

图 4-3-12 石墨烯氧化还原法还原技术演进路线

4.3.4.3 功能化

石墨烯具有优异的力学性能、热学性能、电学性能、电化学性能、大比表面积和高透明度等特殊的理化特性，使其在新型复合材料、光电材料、生物传感器、催化剂、药物传输等众多领域中有着巨大的潜在价值。单一组分的石墨烯材料本身存在一定的局限性，例如，电化学活性较弱，容易发生团聚，不易加工成型等，极大地限制了石墨烯的应用。由于氧化石墨烯含有大量的官能团，易于进行功能化改性，有利于石墨烯和氧化石墨烯的应用拓展。常见的改性方法有共价键功能化改性、非共价键功能化改性、元素掺杂功能化改性。

1. 共价键功能化改性

共价键功能化改性主要是通过引入基团与石墨烯或氧化石墨烯表面的活性双键或其他含氧基团发生化学反应生成共价键来实现。石墨烯的骨架是稳定的多环芳烃结构，而边缘或缺陷部位具有较高的反应活性。氧化石墨烯表面含有大量的羟基、羧基、环氧基，利用这些基团可以通过常见的化学反应，如异氰酸酯化反应、羧基酰化反应、环氧基开环反应、重氮化反应以及环加成反应等进一步改性氧化石墨烯。

CN103153854A 提供了制备氧化石墨烯的方法，包括用碱的溶液处理氧化石墨烯与杂质的混合物。CN107880237A 使用新癸酸缩水甘油酯作为表面修饰剂，其结构中的活性环氧官能团在催化剂作用下与氧化石墨烯表面的羧基、羟基开环键合。在氧化石墨烯表面引入具有十个碳原子的烷基链，形成物理缓冲层，阻碍氧化石墨烯片层之间的团聚。新癸酸缩水甘油酯开环后在氧化石墨烯表面形成活性羟基，可与异佛尔酮二异氰酸酯反应，使氧化石墨烯均匀接枝于预聚体分子链中，进一步提高氧化石墨烯的分散稳定性。氧化石墨烯表面接枝长烷基链形成的疏水效应，可进一步提高氧化石墨烯片层的屏蔽能力。

针对碳骨架的功能化改性主要是利用石墨烯或氧化石墨烯的芳香环中的碳碳双键进行反应，已报道的主要是重氮化反应和狄尔斯–阿尔德反应。FR3038145A1 采用了重氮盐作为改性剂进行碳骨架功能化，改善了石墨烯的分散性。

CN108017939A 采用 1,3,4- 噻二唑 2,5 位取代衍生物对氧化石墨烯进行功能化改性，将噻二唑衍生物上的氨基或巯基与氧化石墨烯的环氧基和 / 或羧基进行接枝，使得石墨烯与噻二唑衍生物桥接在一起。这不仅可以提高石墨烯的分散性、稳定性，而且噻二唑衍生物上的硫和氮提供了多个表面配位基，与摩擦金属表面会形成一种桥连作用。噻二唑衍生物分子与金属（尤其是铜）表面作用形成自组装单层，不仅可以显著提高涂层结合力和延长抗腐蚀时间，而且可以形成化学保护膜，使抗磨损、耐极压和抗腐蚀性能均得到了更大提升，并且能够显著提高润滑脂和涂层的性能。

2. 非共价键功能化改性

利用非共价键对石墨烯或氧化石墨烯进行功能化改性，最大的优点是能保持石墨烯或氧化石墨烯本体结构和优良性能，同时还可以改善石墨烯的分散性，缺点是不稳定、作用力弱。目前已经有很多种表面非共价键功能化改性的方法，主要分为四类：π-π 键相互作用、离子键作用、氢键作用以及静电作用。

石墨烯具有高度共轭体系，易于与同样具有 π-π 共轭结构或者含有芳香结构的小分子、聚合物发生较强的 π-π 相互作用。CN102320599B 通过改良的 Hummers 方法以天然石墨粉为原料制备氧化石墨烯，利用聚乙二醇单甲醚与芘酸进行酯化反应生成芘基为端基的聚乙二醇，最后通过芘基与氧化石墨烯表面之间的 π-π 相互作用把芘基为端基的聚乙二醇接枝到氧化石墨烯表面，即得到表面聚合物功能化的氧化石墨烯。KR1020150074684A 就是采用具有芳香结构的化合物来对石墨烯进行非共价键改性，从而能够均匀地分散在高分子基质内，而不会改变碳结构体固有的物理性质。此外，包含所述碳结构体的石墨烯 / 高分子复合体不仅制备工序简单，而且取向性优异，从而在形成固化涂膜时，能够很好地层叠，因此能够有效地用于散热、表面极性或电气物理性质等优异的钢板的制备。

离子键相互作用也是一种石墨烯的非共价键功能化方法，利用石墨烯与改性分子之间正负电荷的静电吸引使体系稳定分散。一般对石墨烯表面进行离子键功能化有两种途径：一是加入与石墨烯表面电荷相反电荷的物质，通过静电吸引的方式引入新的基团；二是直接使石墨烯表面带电荷，再进一步拓展其功能化改性。CN102974307B 将氧化石墨烯分散在水中，向分散后的悬浮液中添加十六烷基三甲基溴化铵，搅拌使其反应；再向加热后的反应体系中加入还原剂，将还原得到的黑色絮状沉淀进行抽滤、洗涤和干燥即可，十六烷基三甲基溴化铵通过非共价键作用插入和 / 或镶嵌在层状石墨烯的边缘或表层。

氢键是一种极性较强的非共价键。由于氧化石墨烯表面带有羧基、羟基等含氧基团，这些基团易于与其他物质产生氢键作用，从而可以利用氢键来对石墨烯产品进行功能化改性。CN106905565A 通过自蒸发溶液自组装法制备了不同氧化石墨烯添加量、具有界限分明的层状结构的卡拉胶 – 魔芋葡甘聚糖 – 氧化石墨烯复合薄膜材料。CN107266951A 采取还原凝聚法，在氧化石墨烯中加入还原剂及硅酸盐矿物改性剂，通过氧化石墨烯的还原即表面亲水可电离基团的减少，触发硅酸盐矿物改性剂及还原氧化石墨烯粒子之间的凝聚，通过氢键作用形成复合，产物能在聚合物乳液稳定分散半年以上，可用于制备防腐涂料。

同种电荷间的静电排斥作用也是改善石墨烯分散性的一种方法。CN107722830A 通过将聚乙烯亚胺溶液处理后的聚四氟乙烯乳液以静电吸附的方式与氧化石墨烯结合，然后还原氧化石墨烯并氨基功能化后接枝水性环氧树脂，从而将三者以化学键的方式结合为一个整体，有效提高了氨基化石墨烯包覆聚四氟乙烯复合材料在水性环氧树脂基体中的分散性和相容性，并增加了树脂基体的交联度，有效改善水性基体涂料的阻隔性，大大改善了涂层的耐候性和防腐性，可用于制备耐候性防腐涂料。

3. 元素掺杂功能化改性

在石墨烯中掺入不同的元素而形成取代缺陷、空位缺陷，在保持石墨烯本征二维结构不变的同时其表面特性发生改变而赋予新的性能。通常都是通过元素掺杂来增强某种方面的性能。

早期常见的是非金属元素的掺杂，如氮、硼、硫等。CN102974333B 将氧化石墨烯在硼酸中超声分散，再进行真空还原得到硼掺杂石墨烯，采用超声混合法将 P_{25} 与硼掺杂石墨烯纳米片直接复合在一起。硼掺杂石墨烯纳米片具有更小的纳米尺寸与更好的分散性，其大量暴露的边缘可以促进 P_{25} 纳米颗粒在石墨烯纳米片边缘的负载。硼掺杂石墨烯纳米片具有更强的光生电子能力及电子传输能力。CN103359709B 是在惰性气体与氨气气氛下高温处理氧化石墨烯，在还原的同时得到了氮掺杂石墨烯，提高了其电学性能。

随后出现了两种非金属元素的共同掺杂。CN103570011B 采用含磷聚离子液体微凝胶作为软模板和磷元素掺杂的前驱体，采用氨水作为氮源和制孔剂，通过"一步法"分散聚合制备出含磷离子液体微凝胶，通过超分子相互作用和氧化石墨烯复合后，在氩气气氛下煅烧制得。所制备的多孔石墨烯材料，孔壁较薄，比表面积和孔径大，性质均一、稳定，在超级电容器、安全检测及催化等领域具有潜在的应用前景。CN104192830A 以氧化石墨烯和硫脲作为原料，经低温一步水热反应制备氮、硫共掺杂的石墨烯，此种石墨烯可以用作燃料电池和金属空气电池阴极催化剂来取代商业铂/碳催化剂。

由于金属元素的活性更强，能够进一步改善掺杂石墨烯的性能。CN106590263B 将氧化石墨烯和氯化钯置于加热炉中，在惰性气氛中热处理，得到钯掺杂的氧化石墨烯，经还原处理后得到钯掺杂石墨烯。钯掺杂石墨烯不仅能够改善所述复合涂料的机械强度，提高涂料与地材附着力和耐摩擦性能，而且能够有效吸附室内的甲醛等有害气体，起到净化室内空气的作用。CN107170995A 将氧化石墨烯分散液与一定量的交联剂、含铝前驱体水热交联，干燥后煅烧，酸碱处理后得到铝氮共掺杂石墨烯复合材料，该法制得的铝氮共掺杂石墨烯，结构稳定。

图 4-3-13 展示了氧化还原法制备石墨烯功能化技术演进路线。

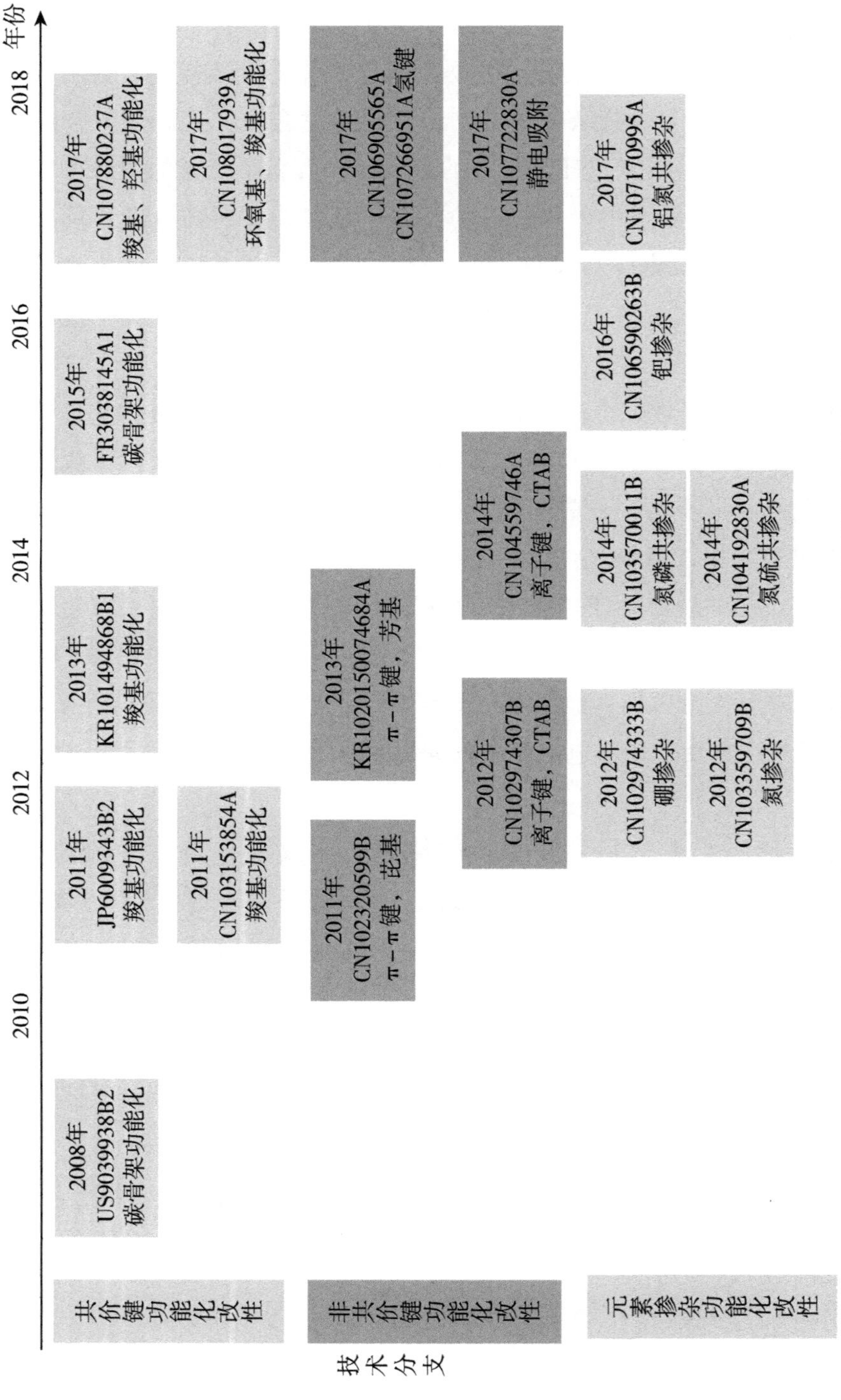

2010　　　　　　2012　　　　　　2014　　　　　　2016　　　　　　2018　年份

共价键功能化改性

| 2008年
US9039938B2
碳骨架功能化 | 2011年
JP6009343B2
羧基功能化 | 2013年
KR101494868B1
羧基功能化 | 2015年
FR3038145A1
碳骨架功能化 | 2017年
CN107880237A
羧基、羟基功能化 |

| 2011年
CN103153854A
羧基功能化 | | | 2017年
CN108017939A
环氧基、羧基功能化 |

技术分支

非共价键功能化改性

| 2011年
CN102320599B
π−π键，芘基 | 2013年
KR1020150074684A
π−π键，芳基 | 2017年
CN106905565A
CN107266951A氢键 |

| 2012年
CN102974307B
离子键，CTAB | 2014年
CN104559746A
离子键，CTAB | 2017年
CN107722830A
静电吸附 |

元素掺杂功能化改性

| 2012年
CN102974333B
硼掺杂 | 2014年
CN103570011B
氮磷共掺杂 | 2016年
CN106590263B
钯掺杂 | 2017年
CN107170995A
铝氮共掺杂 |

| 2012年
CN103359709B
氮掺杂 | 2014年
CN104192830A
氮硫共掺杂 |

图 4-3-13　氧化还原法制备石墨烯功能化技术演进路线

4.4 本章小结

石墨烯化学气相沉积法专利申请量自 2007 年来保持着增加的态势。从技术来源看，中国以 1240 项专利占据首位，占了全部技术产出的 60%，韩国、美国、日本以 15%、14%、6% 分列第 2~4 位。中国、美国、韩国则是全球前三大技术目标国。

全球范围内，化学气相沉积法申请排名前十位中的外国申请人仅有韩国的三星集团和成均馆大学，其余均为中国的申请人。排在前三位的依次是绿色智能技术研究院、三星集团以及重庆墨希科技。重庆墨希科技和绿色智能研究院合作密切，共同申请共计 55 项专利，另外绿色智能研究院单独申请 56 项专利，重庆墨希科技单独申请 30 项专利。重庆墨希和绿色智能研究院在石墨烯制备方法、后处理以及装置上均进行了相当数量的布局，特别是其制备方法和装置分别集中于化学气相沉积法和化学气相沉积装置；绿色智能研究院也有自己的研究特色，重视化学气相沉积法以及化学气相沉积法后的转移、刻蚀、图形化等后处理工艺；重庆墨希科技的布局重点则集中在化学气相沉积装置。三星集团在石墨烯化学气相沉积法制备领域共计申请专利 86 项。与重庆墨希科技的申请分布基本相似，主要集中在化学气相沉积生长、转移、掺杂、刻蚀，制备装置以及后处理装置四个方面。其中研发持续性最好的是化学气相沉积生长，在各年中均有申请，其申请量也相对较大。

从重点专利涉及的技术类型来看，其中主要涉及原料、衬底选择 11 项，衬底预处理 6 项，工艺参数 7 项，转移、掺杂、刻蚀 6 项，基本反映了上述各技术在整体流程中的重要程度；从核心专利的技术来源国（地区/组织）来看，技术来源国（地区/组织）是韩国的有 13 项、美国的有 8 项、日本的有 4 项、中国的有 3 项、法国的有 1 项、英国的有 1 项。这说明韩国基本掌握了化学气相沉积法制备石墨烯的大部分核心技术，美国和日本占有了仅次于韩国的核心技术，但数量较少。

石墨烯氧化还原法专利申请经过 2006~2011 年的技术萌芽期，从 2012 年开始进入了技术发展期。2012~2015 年的申请量呈现缓慢增长的趋势，到 2016 年、2017 年，申请量大幅增长。与化学气相沉积法不同的是，中国在氧化还原法上占据了绝对优势，技术产出占到了全球总申请量的 86%，作为技术目标国也占据了全球申请量的 76%。值得注意的是，中国作为技术来源国的占比为 86%，作为技术目标国的占比为 76%，而韩国、美国、欧洲、日本作为技术来源国（地区／组织）的总占比却小于作为技术目标国（地区／组织）的总占比。

氧化还原法全球前十大申请人均是中国的科研院所和企业，杭州高烯科技有限公司、海洋王照明科技股份有限公司这两个企业的申请量分别位居第二、第三，说明国内企业也占有重要的位置。浙江大学位居全球申请人第一名，申请共计 81 项。高超教授是浙江大学在氧化还原法制备石墨烯领域主要的研发团队，大部分申请采用化学还原、热还原的方式，制备的基于石墨烯的材料涉及石墨烯纤维、复合纤维、石墨烯膜以及基于石墨烯纤维、布或膜而制备的离子电池、气凝胶正极材料、太阳能电池、气体分子探测器、声波探测器。杭州高烯科技有限公司的专利申请有 67 项，其中有 11 项与浙江大学共同申请。该公司研发团队基于高品质单层氧化石墨烯，持续开发多功能石墨烯产品，如开发出多功能石墨烯复合纤维，获得专利授权并成功推向市场。

氧化、还原、功能化是氧化还原法制备石墨烯的三大研究方向。氧化剂、氧化条件以及氧化分散是氧化技术的重点，目前对于氧化剂的选择、氧化条件的改进是研发的重点。化学还原、高温热还原、电化学还原、水热／溶剂热还原、辐射还原是常见的还原手段。功能化可以改善石墨烯的分散性、功能性等，有利于石墨烯和氧化石墨烯的应用拓展。常见的改性方法有共价键功能化改性、非共价键功能化改性、元素掺杂功能化改性。

在筛选得到的 156 项重点专利中，技术来源国（地区／组织）是中国的有 88 项、美国的有 41 项、韩国的有 12 项、日本的有 12 项。上述分布基本反映了主要国家／地区在该技术领域的技术实力。

第五章　石墨烯涂料专利技术分析

5.1　石墨烯涂料

5.1.1　全球专利申请状况分析

截至 2019 年 4 月 30 日，在 DWPI 中检索得到全球范围内石墨烯涂料领域的专利申请总量近 3600 项，由于 2018 年之后的专利申请存在未完全公开的情况，故本节所列图表中 2018 年之后的相关数据不代表这两个年份的全部申请。本节基于以上专利数据从专利申请的发展态势、区域分布、技术主题、主要国家和地区的专利申请特点等方面分别进行分析。

5.1.1.1　概述

由图 5-1-1 可知，从 2006 年出现第一件石墨烯涂料相关专利申请以来，石墨烯涂料专利申请经历了 12 年的发展历程，其历程大致可分为以下两个发展阶段。

1. 技术萌芽期

2006~2010 年，石墨烯涂料相关专利的申请数量较少，2006 年出现了第一件石墨烯专利申请。随后逐渐增多，但申请量维持在较低的水平，且专利年申请量最大值仅为 22 项。

2. 技术发展期

2010 年以后，石墨烯申请数量出现迅猛增长，这标志着石墨烯技术进入快速发展期。2013 年申请量比上年增长了 74 项，总量达到 314 项。此后增长幅度进一步加大，2016 年的专利申请量增长幅度达到 380 项，可见全球石墨烯专利申请数量开始急剧增长，呈快速上升趋势。以上数据表明，石墨烯涂料相关专利技术进入快速发展的活跃期，预期后续将会出现更多的专利申请。

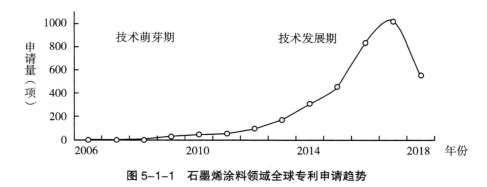

图 5-1-1　石墨烯涂料领域全球专利申请趋势

5.1.1.2　地域分布

本小节中对全球石墨烯涂料专利区域分布的研究包括对技术来源国（地区 / 组织）的专利分析以及对技术目标国（地区 / 组织）的专利分布态势分析。技术来源国（地区 / 组织）分析有助于了解各国家或区域的技术创新能力；而目标国（地区 / 组织）分析则体现了各创新主体的全球市场布局意图。这将有助于从宏观层面了解世界范围的技术和市场变化趋势，为国家产业政策制定、行业技术方向规划、企业技术研发和布局提供帮助。

就全球石墨烯涂料专利申请而言，经统计分析和筛选，专利申请技术来源国主要为中国、美国、韩国和日本，目标国（地区 / 组织）排名前六位的分别是中国、美国、世界知识产权组织、韩国、欧洲和日本。

图 5-1-2 是石墨烯涂料领域专利申请优先权所在国（地区 / 组织）的地域分布。从图中可以看出，中国是最大的技术来源地，占全球石墨烯涂料领域专利的 74%，来自美国、韩国、日本、欧洲的申请量相当，分别为 8%、7%、4%、4%。

可见，石墨烯涂料领域的专利技术发源地比较集中，97% 以上集中在中国、美国、韩国、日本、欧洲等国家或地区。

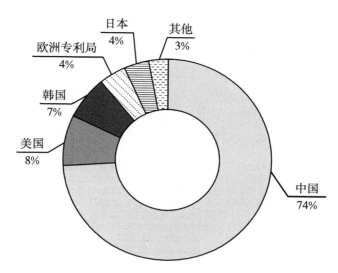

图 5-1-2　石墨烯涂料领域全球专利申请来源国（地区／组织）分布

5.1.1.3　技术主题

图 5-1-3 显示了石墨烯涂料应用领域全球专利各分支趋势及占比情况。由该图可以看出，在石墨烯涂料应用领域内，主要技术分支占比分别为：防腐涂料占 26%，电性能涂料占 24%，热性能涂料占 17%，高强度涂料占 10%。

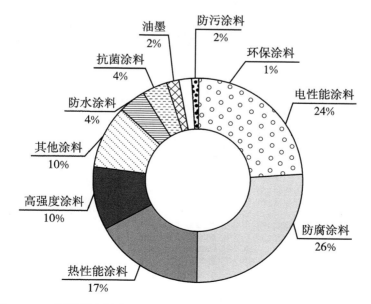

图 5-1-3　石墨烯涂料应用领域各技术分支的总量、申请趋势及占比情况

5.1.1.4 申请人

图 5-1-4 显示了石墨烯涂料领域全球主要申请人的申请量情况。在石墨烯涂料领域中国申请人的申请量优势非常明显，全球十大申请人除了韩国的浦项制铁集团公司（POSCO 公司）以外，其余均来自中国。除浦项制铁集团公司以外，主要的外国申请人还有沃尔贝克材料有限公司、波音公司、PPG工业俄亥俄公司、现代自动车株式会社、LG 公司和贝克休斯公司。

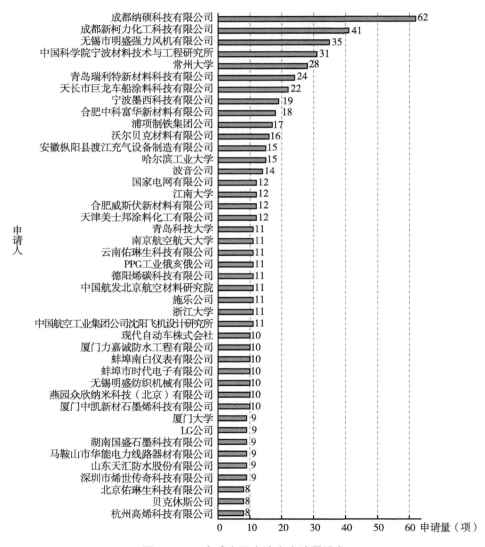

图 5-1-4　全球主要申请人申请量排名

5.1.2 在华专利申请状况分析

5.1.2.1 概述

对于石墨烯涂料在华专利申请的总体情况，截至 2019 年 4 月 30 日检索到涉及石墨烯涂料的专利申请共有 3400 余件。基于以上数据，本小节重点研究了石墨烯涂料的在华专利申请的整体趋势、专利申请类型、技术主题分布、区域分布以及国内外申请人分析等内容。

5.1.2.2 地域分布

图 5-1-5 显示了石墨烯涂料领域在华专利申请的国家 / 地区分布情况。从图中可以看出，石墨烯涂料领域的在华专利申请中，绝大多数都是本国申请，仅有 165 件国外在华申请，仅占到全部申请量的 5%。国外申请人在华的申请量和布局数量相对较少，并未具有明显的数量优势。这些国外在华申请国家为美国、韩国、德国、日本等国家或地区。美国是在华申请中最大的国外申请国，占到国外在华申请量的 41%，相关申请人主要有 PPG 工业俄亥俄公司，以及石墨烯商业化生产厂商沃尔贝克材料有限公司，波音公司近年来也致力于将石墨烯用于航天航空器上的涂层。另外，韩国、德国和日本也有一些在华申请，分别占国外在华申请量的 20%、9% 和 9%。

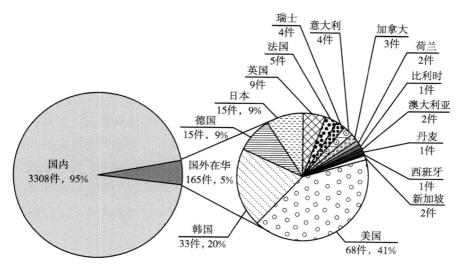

图 5-1-5 石墨烯涂料领域中国专利申请国家 / 地区分布

国内申请人分布情况如图 5-1-6 所示，石墨烯涂料专利申请数量前十的省市依次为江苏省、安徽省、广东省、山东省、浙江省、四川省、北京市、上海市、福建省、湖南省，上述十省的申请量占到了全部国内申请的 84%，且大都分布于经济发达的华东、华北和华南地区。江苏省、安徽省和广东省的申请量较高。

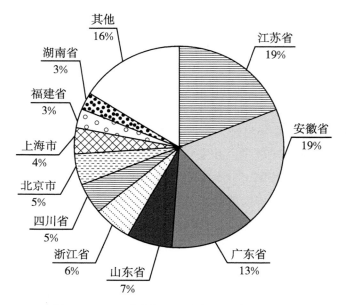

图 5-1-6　石墨烯领域国内专利申请省市分布

5.1.2.3　技术主题

按照石墨烯在涂料中的应用领域将其分为 10 个技术主题。防腐涂料的专利申请量占到了全部石墨烯涂料应用的 31%。防腐涂料是现代工业、能源以及海洋等领域中大量运用的涂料，由于石墨烯具备良好的热稳定性和耐化学性，能够起到物理防腐和化学防腐的作用，添加到涂料中，可大大提高其防腐性能，目前已成为石墨烯涂料的热门方向。石墨烯的共轭结构使其具备很高的电子迁移率和优异的电学性能，石墨烯电性能涂料的专利申请量位居第二，占比为 18%。热性能涂料和高强度涂料紧随其后，占比分别为 16%、10%。另外，还有很大一部分的其他涂料，利用石墨烯的各种优异性能来改进涂料的性能，占比为 8%。防水涂料、抗菌涂料、油墨、防污涂料和环保涂料分别占比 9%、4%、2%、1% 和 1%。如图 5-1-7 所示。

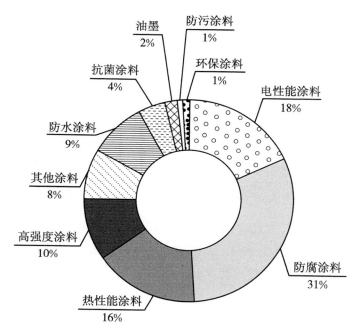

图 5-1-7　石墨烯涂料应用中国专利技术主题分析

5.1.2.4　申请人

1. 申请人类型

如图 5-1-8 所示，从整体上看，石墨烯涂料领域的中国专利申请人中企业占据主导地位，其在总申请量中的占比为 77%；大专院校、科研院所和个人的申请量占比很小，分别只有 15%、6%、2%。在技术合作方面，合作申请的占比只有 3%，而 97% 的专利申请都是独立申请。

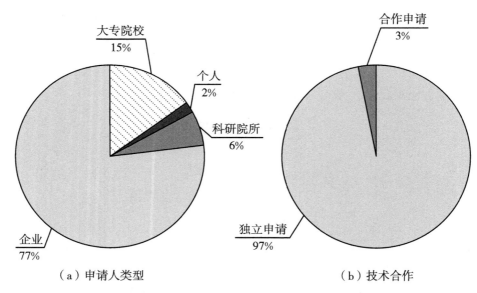

（a）申请人类型　　　　　　　　　　（b）技术合作

图5-1-8　石墨烯涂料领域中国专利申请人类型分析

如图5-1-9所示，与国内申请人类型相似，国外在华专利申请人也是企业占据主导地位，比例为82%，高于国内申请人。从合作关系来看，国外申请人更加注重研发合作和技术共享。

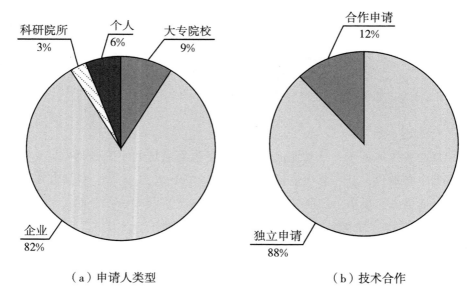

（a）申请人类型　　　　　　　　　　（b）技术合作

图5-1-9　石墨烯涂料领域国外在华专利申请人类型分析

2.申请人排名

如图 5-1-10 所示，在石墨烯涂料领域的中国专利申请中，排名前十的均是国内申请人，其中八家都是企业申请人，大专院校和科研院所仅有两家，分别是排名第四位、第五位的中国科学院宁波材料技术与工程研究所和常州大学。位居第六至第十位的申请人既有传统涂料企业，又有新兴的石墨烯公司。

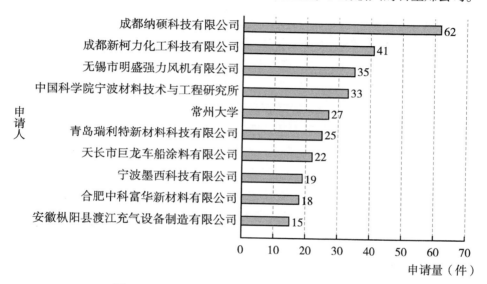

图 5-1-10　石墨烯涂料领域中国十大申请人排名

图 5-1-11 统计了石墨烯涂料领域国外申请人在华申请的主要申请人排名，除韩国 CERAMIC 技术院、普林斯顿大学理事会外，其余均为企业申请人，并且韩国 CERAMIC 技术院的四件申请均是与现代自动车株式会社的合作申请。

从国别来看，国外在华前十位的申请人主要来自美国和韩国。美国和韩国都是石墨烯研发的主要国家，在石墨烯涂料领域中的专利申请量也位居前列，它们均在该领域中投入了相当的研发资源并进行了一定的专利布局，说明这些国家对石墨烯涂料技术的市场价值抱有较高预期，并且积极开展了相应的研发工作。尤其是美国的相关企业，在该领域布局了大量专利。PPG 工业俄亥俄公司目前是全球第二大涂料生产商，是世界上最大汽车涂料和航空涂料生产商，并在建筑涂料、保护性涂料、工业涂料、包装涂料、建筑涂料等领域居于世界领先地位；在其发展的一百余年的历程中，不断领导全球涂料发展的方向，对石墨烯在涂料中的应用也进行了研究。波音公司是全球航空航天业的领袖公司，近年来开始关注石墨烯在航空航天器中的应用。沃尔贝克材料有限公司是全球石墨烯商业化的生产厂商，格尔德殿工业公司、泰科电子公司和贝克休斯公司则是在汽车、电子和石化领域的知名企业。韩国的申请人都是韩国颇具实力的企业，如排在第四位的浦项制铁集团公司、第五位的现代自动车株式会社。

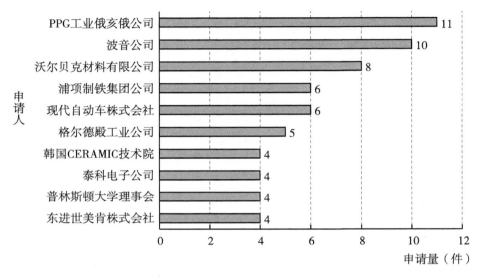

图 5-1-11　石墨烯涂料领域国外在华主要申请人排名

5.2　防腐涂料

5.2.1　概述

石墨烯由于屏蔽性好，比表面积大，很容易在涂层中形成致密薄膜，同时起到物理防腐和化学防腐的作用。石墨烯片层结构的堆叠能够起到阻隔水、气体、腐蚀物质等作用，并且石墨烯片是疏水材料，少层的石墨烯（主要以 3 ~ 5 层为主）的疏水性更为明显，这样起到了物理防腐作用。另外，金属聚合物复合涂层易破损，刮划加速了损伤处金属材料的腐蚀速度。石墨烯与金属表面活性官能团之间进行化学反应，形成良好的阻隔层，起到防腐作用。金属材料在电化学的作用下失去电子，而石墨烯层与层之间的给电子效应可将电子传递到金属涂层上，阴极电子不会直接发生在金属上，而是直接与涂层发生反应，减慢氢氧化铁的生成，起到了防止电化学腐蚀的作用。[①]

从广义的角度，可以将石墨烯防腐涂料分为石墨烯薄膜防腐涂料和石墨烯复合防腐涂料。其中，石墨烯薄膜防腐涂料是指通过化学气相沉积、电沉积、喷涂、浸渍等工艺得到的具有防腐作用的纯石墨烯薄膜防腐涂层，而石墨烯复合防腐涂料指的则是通过将石墨烯作为功能性填料加入多相分散体系涂料形成的防腐涂料。石墨烯复合防腐涂料，按照防腐性能的不同，一般分为常规防腐涂料和重防腐涂料。常规防腐涂料是在一般条件下，对基体表面起到防腐蚀的作用，延长基体表面使用的寿命；重防腐涂料是指相对常规防腐涂料而言，能在相对苛刻腐蚀环境里应用，并具有能达到比常规防腐涂料更长保护期的一类防腐涂料。

5.2.2 专利申请分析

5.2.2.1 全球专利申请分析

1.全球专利申请趋势

由图 5-2-1 可知，2009 年出现第一件石墨烯防腐涂料相关专利申请。2009~2013 年，相关专利的申请数量较少，申请量一直维持在较低的水平，2013 年以后，申请量出现迅猛增长，石墨烯防腐涂料的技术进入快速发展期。在华专利申请的趋势与全球专利申请趋势基本相同。

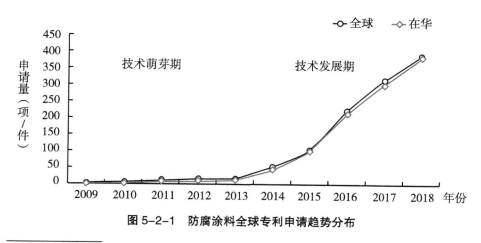

图 5-2-1 防腐涂料全球专利申请趋势分布

① 罗健，王继虎，温绍国，等.石墨烯在防腐涂料中的研究进展［J］.涂料工业，2017（11）：69-76.

2. 全球专利申请技术目标国（地区／组织）

图 5-2-2 显示了石墨烯防腐涂料领域全球专利申请的公开国家（地区／组织）情况。该图体现了不同国家（地区／组织）在其他国家（地区／组织）的专利布局情况。中国、美国、欧洲、韩国、日本分别占据了专利申请布局的主要地位。

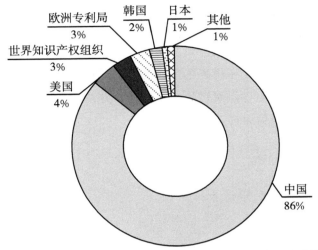

图 5-2-2　防腐涂料全球申请的国家（地区／组织）布局分布情况

3. 全球专利申请的技术主题分布

在石墨烯防腐涂料的技术主题分布中，如图 5-2-3 所示，石墨烯薄膜防腐涂料的占比较小，仅占 5%，而石墨烯复合防腐涂料的占比则高达 95%，其中，常规防腐涂料的占比为 80%，重防腐涂料占比为 15%。

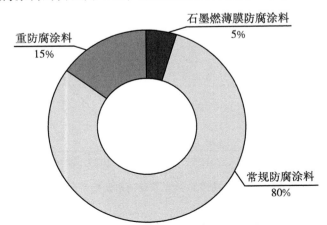

图 5-2-3　防腐涂料全球申请的技术主题分布情况

4. 全球专利申请申请人情况

图 5-2-4 显示了石墨烯防腐涂料领域全球主要申请人的申请量情况。在主要申请人中，企业为 16 家，高校和科研院所为 6 家，表明在防腐涂料领域，企业为创新主体。

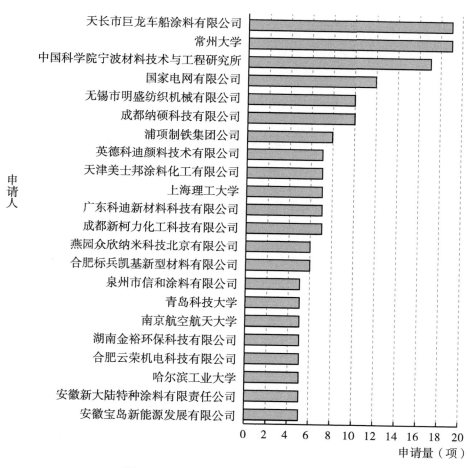

图 5-2-4 防腐涂料全球专利主要申请人

5.2.2.2 在华专利分析

1. 在华专利申请趋势

如图 5-2-5 所示，由于中国申请的申请量占全球总申请量的比例很高，因而在华专利申请的态势与全球专利申请态势基本相同。而在在华专利申请中，国内申请人的占比也非常高，基本上保持了与整体态势相同的申请趋势。

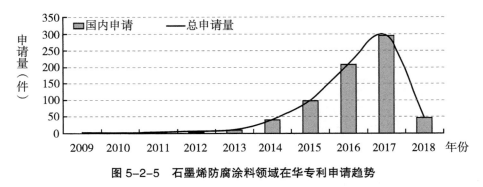

图 5-2-5 石墨烯防腐涂料领域在华专利申请趋势

2.在华专利申请类型

由图 5-2-6 可知，在石墨烯防腐涂料领域，在华专利申请的类型有 98%属于发明申请，主要涉及石墨烯防腐涂料产品、石墨烯防腐涂料的制备方法，而侧重对产品构造改进的实用新型申请仅占 2%。这从一个方面说明了石墨烯防腐涂料领域的研发重点集中在涂料及其制备方法本身。

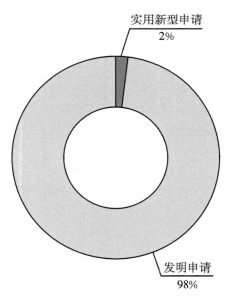

图 5-2-6 石墨烯防腐涂料领域在华专利申请的类型分布

3. 在华专利的技术主题分布

如图 5-2-7 所示，在在华申请的技术主题分布中，石墨烯薄膜防腐涂料的占比较小，仅占技术主题的 6%，而石墨烯复合防腐涂料的占比则高达 94%，其中，常规防腐涂料的占比为 81%，重防腐涂料则占全部技术主题的 13%。

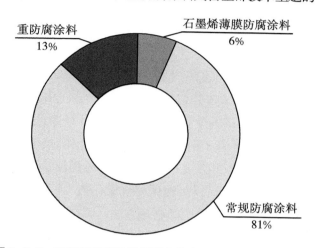

图 5-2-7　石墨烯防腐涂料领域在华专利申请的技术主题分布

4. 在华专利申请主要申请人

由于在石墨烯防腐涂料全球总申请量中超过 90% 均为在华申请，故国内主要申请人排名情况与全球的排名情况基本相同，具体如图 5-2-8 所示。

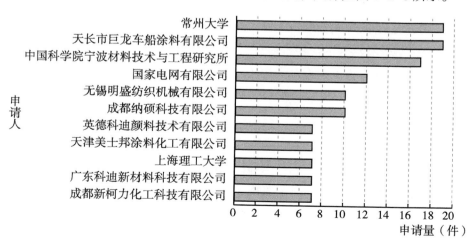

图 5-2-8　石墨烯防腐涂料领域在华专利申请主要申请人分布

5.2.3 技术分析

5.2.3.1 石墨烯薄膜防腐涂料

图 5-2-9 中列出了石墨烯薄膜防腐涂料领域的技术发展路线图。由于石墨烯薄膜防腐涂料的成分较为单一，石墨烯薄膜防腐涂料的重点在于采用不同的薄膜制备工艺，主要的工艺包括化学气相沉积法、电沉积法、涂覆或者浸渍法。

使用化学气相沉积法的重点专利：US10011723B2 保护包含硅掺杂石墨烯层的涂层及其制备方法，其包括"一步"化学气相沉积或"两步"工艺，即化学气相沉积石墨烯的生长，随后用硅对石墨烯进行后生长官能化。CN104112916A 公开了一种基于纳米导电抗腐蚀涂层的接地体，包括涂覆石墨烯涂料的钢质棒接地体，可直接在钢质接地体表面涂覆多层石墨稀制备耐腐蚀导电接地体，或者提高钢棒接地体的抗氧化能力。CN106784915A 公开了一种不锈钢表面石墨烯防腐涂层的制备方法，其在不锈钢表面预置氧化石墨烯层并垂直生长原位石墨烯，解决了现有不锈钢材料在燃料电池的酸性环境中不耐腐蚀、在高温燃料电池中无法拥有较长寿命的问题。CN106835066A 公开了一种金属表面石墨烯钝化处理防腐涂层的方法，采用化学气相沉积法在金属表面原位生长石墨烯保护层，然后利用原子层沉积法沉积三氧化二铝钝化颗粒。三氧化二铝对悬键特别敏感，会优先沉积在石墨烯的缺陷位置形成分散的团簇，钝化石墨烯的缺陷，从而实现石墨烯对金属的完全保护。该制备方法具有简单、制造成本低廉、获得的薄膜保护性能优良的优点，在金属的防腐领域具有潜在的应用价值。

使用电沉积法的重点专利：CN104711655B 提供了一种通过液相电沉积在镁合金表面制备石墨烯基防腐耐磨涂层的方法，该方法向石墨烯分散液中加入金属盐溶液作为电沉积液，石墨烯吸附金属阳离子带正电，在带正电的石墨烯电作用下沉积在镁合金镀件负极表面形成石墨烯涂层。CN105177679B 涉及一种在碳钢基体上电沉积石墨烯涂层的方法。其技术方案是：采用浓盐酸处理石墨烯纳米碎片得到掺杂氢离子（H^+）的石墨烯纳米碎片，置于有机溶剂中制得石墨烯胶体溶液作为电解液，采用电沉积法在碳钢基体上沉积石墨烯涂层。用该方法沉积的石墨烯涂层能提高碳钢基体的耐蚀性、表面的耐磨性和基体的导电导热性。

使用涂覆或浸渍法的重点专利：CN107502133A 公开了涉及具备自修复能力的防腐涂层及其制备方法和应用，该防腐涂层包括防腐内层和自修复面层，其中，防腐内层的材料主要由硼酸和 / 或硼砂修饰的氧化石墨烯组成。该防腐涂层能够防止管道被液体腐蚀，防止因涂层破裂无法修复进而产生的大规模脱落，且涂层破裂后仅释放出极少量可食用物质。

CN104039695B 则同时涉及电沉积或者涂覆的工艺。该申请提供了一种生产还原或部分还原氧化石墨烯膜的方法，包括选择性地将还原剂溶液印刷到基体表面的氧化石墨烯层上，在选定区域形成还原或部分还原的氧化石墨烯层。该石墨烯膜具有改良的电导率。该方法能够产生高导电、柔性、可印刷、可加工的还原氧化石墨烯材料，而不需要苛刻的化学处理或高温退火，可以作为防腐涂层。

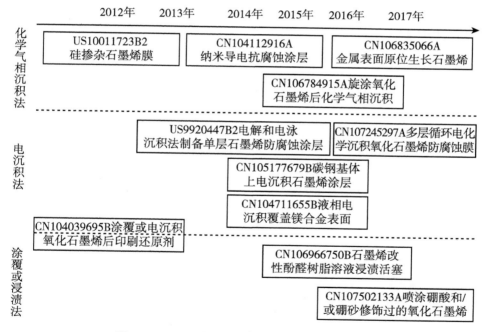

图 5-2-9 石墨烯薄膜防腐涂料的技术发展路线

从上述的技术发展可以看出，石墨烯薄膜防腐涂料的发展与石墨烯薄膜制备工艺技术的发展紧密相关，化学气相沉积工艺可以制备大面积高质量的石墨烯薄膜，可以应用于较高性能需求的石墨烯薄膜防腐涂层。但由于化学气相沉积工艺的设备投资较大，制备薄膜的尺寸与化学气相沉积设备的大小相关联，限制了其在石墨烯薄膜防腐涂料领域的应用。为了克服上述问题，研究人员开发了以氧化石墨烯为原料的电泳沉积、喷涂（包括热喷涂、旋涂等）、浸渍等工艺，利用了氧化石墨烯原料或者氧化石墨烯分散液具有较好溶解性和分散性的优点，形成薄膜后再进行还原，可以方便制备低成本的石墨烯薄膜防腐涂料，极大地拓宽了石墨烯薄膜防腐涂料的应用范围。

5.2.3.2 石墨烯复合防腐涂料

1.常规防腐涂料

常规防腐涂料按照成膜剂物质种类的不同，可以分为环氧树脂防腐涂料、丙烯酸树脂防腐涂料、聚氨酯防腐涂料、醇酸树脂防腐涂料、酚醛树脂防腐涂料、氟碳复合防腐涂料、乙烯树脂类防腐涂料、通用常规防腐涂料、有机硅树脂防腐涂料、其他常规防腐涂料等。各类常规防腐涂料的专利申请占比如图5-2-10所示。

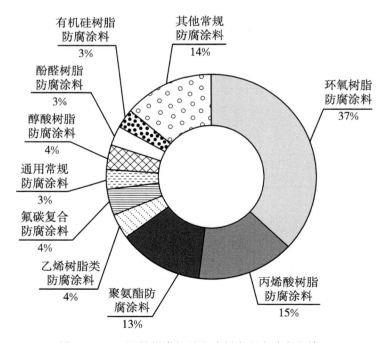

图 5-2-10 石墨烯常规防腐涂料专利申请占比情况

由图 5-2-10 可知，在常规防腐涂料中，石墨烯环氧树脂防腐涂料是常规防腐涂料中申请量最多的类型，其申请量也一直保持着稳定增长的态势。环氧树脂具有优异的机械性能，对基材的黏附性、耐腐蚀性、热稳定性好，且成本低，可以与不同的固化剂形成不同的涂料配方，这些优点使得环氧涂料成为防腐涂料中最常用的品种。另外，丙烯酸树脂防腐涂料和聚氨酯防腐涂料也是两个申请量较高且保持稳定增长态势的分支。丙烯酸树脂防腐涂料价格低廉，具有安全环保、耐老化、耐碱性、合成加工简单等特点，聚氨酯防腐涂料表现出优异的耐腐蚀、耐溶剂、耐磨损、耐冲击、耐划痕等性能，广泛应用于建筑、航空航天、汽车热屏障、海洋应用管道保护和装饰等领域。其他成膜剂防腐涂料的申请量则相对较少。表 5-2-1 中列出了石墨烯常规防腐涂料领域的重点专利。

表 5-2-1 石墨烯常规防腐涂料重点专利

专利公开号	最早优先权年	专利权人	技术来源国（地区/组织）	专利布局国家/地区	同族数	施引专利数
US20130102719A1	2011	贝克休斯公司	美国	世界知识产权组织、欧洲专利局、美国	3	0
US20140190836A1	2011	杜邦公司	美国	世界知识产权组织、欧洲专利局、美国	3	0
KR101403179B	2012	浦项制铁集团公司	韩国	世界知识产权组织、美国、欧洲专利局、日本、韩国、中国	6	0
US20130337258A1	2012	PPG 工业俄亥俄公司	美国	欧洲专利局、世界知识产权组织、中国	3	0
EP2931818B1	2013	比克化学有限公司	德国	中国、世界知识产权组织、欧洲专利局、美国	4	0
CN103740192B	2013	宁波墨西科技有限公司	中国	中国	1	4

专利公开号	最早优先权年	专利权人	技术来源国（地区/组织）	专利布局国家/地区	同族数	施引专利数
CN104231703B	2014	中国海洋大学	中国	中国	1	4
US20170260402A1	2014	特斯拉纳米涂料有限公司	美国	美国、阿根廷、巴西、加拿大、中国、欧洲专利局、日本、韩国、墨西哥、新加坡、世界知识产权组织	12	0
US20170260401A1	2014	特斯拉纳米涂料有限公司	美国	美国、阿根廷、巴西、加拿大、中国、欧洲专利局、日本、韩国、墨西哥、新加坡、世界知识产权组织	12	0
CN104861760B	2014	安炬科技股份有限公司	中国	中国、美国	3	0
US20170107624A1	2015	威士伯采购公司	美国	欧洲专利局、中国、世界知识产权组织	3	0
CN104817930A	2015	济宁利特纳米技术有限责任公司	中国	中国	1	1
US20170349763A1	2016	北京烯创科技有限公司	中国	中国、美国	3	0

下面，介绍部分重点专利：

US20130102719A1（申请人：贝克休斯公司）公开了一种含碳质纳米粒子的分散体及涂布物品的方法，碳质纳米粒子含石墨烯，将分散体与物品通过浸渍、喷涂、浇铸进行接触，待涂布的物品可以是金属、塑料或弹性体。可以用纳米涂层涂覆的各种元件包括例如封隔器元件、防喷器元件、潜水泵电动机保护袋、传感器保护器、密封件、电气部件的绝缘体等。

US20140190836A1（申请人：杜邦公司）公开了用于铁基材的防腐蚀涂层和其制备方法。通过电涂在铁基底表面上沉积两层组合物为基底提供耐腐蚀表面，改善耐腐蚀性。其中，第一涂层包含石墨烯导电颜料。

CN103740192B（申请人：宁波墨西科技有限公司）公开了一种石墨烯改性的氟树脂涂料，其中加入了石墨烯提高涂料的强度、耐磨性、与基材的附着力、耐冲击性、导热率。

CN104861760B（申请人：安炬科技股份有限公司）公开了一种石墨烯复合涂层，包含可固化混合树脂及多个表面改质的纳米石墨烯片，该石墨烯片可均匀分布于树脂中，其表面上具有特定官能基，使石墨烯片与可固化混合树脂有效键结，增进石墨烯片表面与树脂间的兼容性、提高界面强度，强化目标基材的抗氧化、耐酸碱及机械强度等特性。

2. 重防腐涂料

重防腐涂料，包括四大类：①苛刻环境下使用的涂料；②肩负重大使命的涂料；③经得起时间检验的涂料；④重型设备使用的涂料。也有人称之为高性能涂料或高技术涂料。重防腐蚀涂层必须是复合涂层体系。要应用于跨海大桥、港湾工程、海上平台、各类储罐及大型钢结构工程，往往需要喷涂几道涂层组成重防腐蚀涂料复合涂层体系，也就是说高性能底漆、中间漆、面漆需分别承担不同的功能，以发挥复合涂层的整体功效。底漆是直接与钢铁表面接触的涂层，是整个涂层体系的重要基础。底漆应具有对钢铁表面良好的润湿性和附着力，对中间层漆附着牢固；成膜物质应具有对水、氧、离子透过的屏蔽功能；颜填料应具有缓蚀功能和阴极保护功能。只有具备这些基本功能才能使钢铁免受自然因素的锈蚀，阻止钢铁表面腐蚀电池形成或阻止腐蚀继续发展。中间漆必须具有对底漆和面漆良好的附着力，在重防腐蚀涂层体系中，中间层的作用是较大地增加涂层的厚度以提高整个涂层的屏蔽性能，使涂层表面平整，保持表面漆涂层的美观。同时，中间层还应具有一定的弹性，保持涂层在受到冷热变化和受力变形时具有一定的柔韧性。重防腐蚀面漆中含有较高比例的耐腐蚀树脂，是重防腐蚀涂层配套体系中最外一层漆。它的主要作用是防止化学介质和化学烟雾及水、气等对钢铁产生腐蚀，防止紫外线对漆膜中树脂的降解破坏，延长涂层的防护使用期和使用寿命。[①] 另外，还同时起到底漆和面漆作用的底面合一漆，通常制备时包括两类原料，将两类原料混合后一起使用。

由图 5-2-11 可知，从技术分布来看，涉及底漆的申请量最大（占比达到 63%）。面漆、底面合一漆的占比分别为 16% 和 13%，涉及中间漆的申请量最小（占比仅 4%）。富锌底漆是目前钢结构腐蚀与防护领域最常使用的防腐底漆之一，该漆具有优异的长效防腐性能和良好的机械性能，能与多种上层涂料配套，应用广泛。目前，国内外市场上的富锌底漆均采用球状锌粉作为填料，锌粉用量高达 60% 以上。石墨烯富锌重防腐涂料是利用石墨烯良好的导电性和片状搭接特性，将改性石墨烯添加到防腐涂料体系，与锌粉形成导电网络，从而突破性地实现了在低锌的条件下仍然具有优异的阴极保护作用和防腐性能。石墨烯与涂料的结合使得锌粉用量只有传统防腐涂料的 1/3，施工时的锌蒸气污染大大减轻，同时石墨烯重防腐涂料是防腐涂料领域已知最薄的一种涂料，满足了涂装材料轻量化的要求，引起了该领域申请人的重点关注。信和新材料股份有限公司早在 2016 年就推出了石墨烯锌粉底漆产品；江苏道森新材料有限公司、常州第六元素材料科技股份有限公司和江苏海力风电设备科技有限公司共同成立了江苏道蓬科技有限公司，并于 2017 年 5 月投入了重防腐涂料一期生产项目。表 5-2-2 中列出了石墨烯重防腐涂料的重点专利。

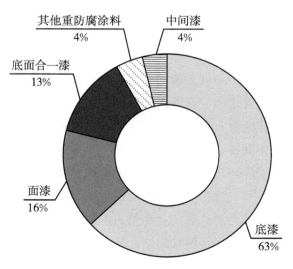

图 5-2-11　石墨烯重防腐涂料专利申请的技术分布

① 刘栋，张玉龙.防腐涂料配方设计与制造技术［M］.北京：中国石化出版社，2008：309-315.

表 5-2-2　石墨烯重防腐涂料重点专利

专利公开号	最早优先权年	专利权人	技术来源国（地区/组织）	专利布局国家/地区	同族数	施引专利数
CN105086758B	2011	常州第六元素材料科技股份有限公司	中国	世界知识产权组织、欧洲专利局、美国	3	5
CN106479334A	2012	中兴通讯股份有限公司	中国	世界知识产权组织、美国、欧洲专利局、日本、韩国、中国	3	0
US9725603B2	2014	特斯拉纳米涂料有限公司	美国	美国、阿根廷、巴西、加拿大、中国、欧洲专利局、日本、韩国、墨西哥、新加坡、世界知识产权组织	12	0
CN103897556B	2014	江苏道森新材料有限公司	中国	中国	1	8
EP3114176A1	2015	赫普有限公司	丹麦	欧洲专利局、新加坡、加拿大、韩国、俄罗斯、世界知识产权组织、巴西、中国、印度、美国	10	0

　　CN105086758B（申请人：常州第六元素材料科技股份有限公司）公开了一种石墨烯防腐涂料的制备方法，通过将石墨烯加入防腐涂料中，大大降低了涂料漆膜的厚度，在提高防腐效果的同时，降低了锌粉的含量，减少了在焊接时产生的氧化锌雾气。

　　CN106479334A（申请人：中兴通讯股份有限公司）提供了一种石墨烯重防腐环保硬质修补涂料，不含有机挥发溶剂，底面合一，防腐耐候性能优异，铅笔硬度达 3H 以上，附着力、耐冲击性能优异，可在 −10℃ 以上正常施工，干燥迅速，施工简便；适用于镀锌钢板基材、冷轧钢板、铝合金、镁合金等。

US9725603B2（申请人：特斯拉纳米涂料有限公司）公开了一种涂料组合物，包括底层、中间层以及顶部涂层。顶部涂层可以包括至少一种碳纳米管和石墨烯的石墨材料，使涂层具有自我修复和防腐能力。

CN103897556B（申请人：江苏道森新材料有限公司）涉及一种锌烯重防腐涂料及其制备方法，采用石墨烯降低锌含量，减少焊接时产生的氧化锌烟雾，具有超强耐水性和防腐性。

EP3114176A1（申请人：赫普有限公司）涉及防腐蚀的涂料组合物、组合物的应用方法以及涂覆有所述组合物的金属结构，涉及包含颗粒锌、导电颜料和微球的涂料组合物。其中导电颜料可选石墨烯。

5.3 电性能涂料

5.3.1 概述

具有电性能的涂料是 20 世纪 50 年代末产生的新的涂料种类。按照用途不同，可以将液体电性能涂料分为防静电涂料、作为导体用的导电涂料、电磁屏蔽涂料、导电油墨等。石墨烯的共轭结构使之具有很高的电子迁移率和优异的电学性能，因此，从 2007 年、2008 年开始，石墨烯被应用于各种电性能涂料或涂层，逐渐成为电性能涂料中的研究热点。

5.3.2 专利申请分析

5.3.2.1 全球专利申请趋势

含有石墨烯的电性能涂料的专利申请最早出现于 2007 年，为美国专利申请 US7763187B1，并没有中国同族。我国申请人最早关于石墨烯电性能涂料的专利申请出现在 2009 年，申请人为中国科学院金属研究所。从图 5-3-1 可以看出，2007~2018 年，石墨烯电性能涂料的全球专利申请量和中国专利申请量均呈逐年递增的态势。从全球和中国申请量看，2017 年的申请量均比 2008 年增长了近 10 倍。

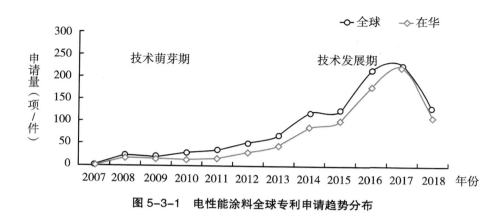

图 5-3-1　电性能涂料全球专利申请趋势分布

5.3.2.2　全球专利申请来源

从 2007~2018 年石墨烯电性能涂料的分布区域来看，中国申请占全球申请量的一半。可见，中国申请人对石墨烯电性能涂料的研究热情较高，外国申请人也很重视石墨烯电性能涂料专利，已进行一定的专利布局。如图 5-3-2 所示。

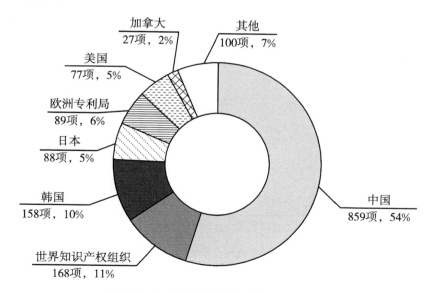

图 5-3-2　电性能涂料全球专利申请来源

5.3.3 导电涂料

5.3.3.1 概述

导电涂料是伴随现代科学技术而迅速发展起来的一种功能性涂料。导电涂料主要通过外加导电填料来实现导电功能，碳系导电涂料具有成本低、质轻、无毒无害等优点，是目前导电涂料领域中用量较大的一种功能涂料。最早使用的碳系导电填料为炭黑、石墨，随着多种新型碳材料的出现，碳纤维、碳纳米管、石墨烯以优异的性能在导电填料领域得到了广泛应用。石墨烯本身的共轭体系使其电子传输能力很强，具有优异的导电性能，这使得它在导电涂料领域具有非常大的应用潜力。[①]

5.3.3.2 导电涂料全球专利分析

1. 全球专利申请趋势

石墨烯导电涂料的专利申请始于 2008 年，均为国外申请，且所有申请均选择进入中国。此后，其专利申请量呈现波动增长的态势。从全球和在华申请量看，2017 年的申请量均比 2008 年增长了近 9 倍。如图 5-3-3 所示。

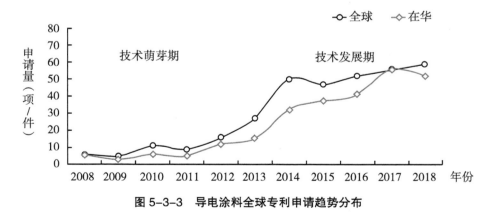

图 5-3-3　导电涂料全球专利申请趋势分布

---

① 樊宝珠，刘暄.碳系导电填料在导电涂料中的应用专利综述［J］.河南科技，2018（9）：57-58.

2.全球专利申请来源

从石墨烯导电涂料的分布区域来看，中国申请的占比为50%。可见，中国申请人对导电涂料的研究热情较高，外国申请人也十分重视导电涂料专利，已进行一定的专利布局。如图5-3-4所示。

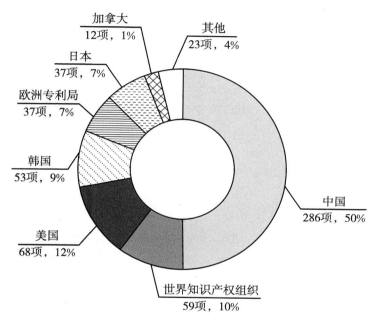

图5-3-4　导电涂料全球专利申请来源

3.全球专利申请申请人情况

图5-3-5列出了石墨烯导电涂料全球主要申请人，其中除常州大学、中国科学院宁波材料技术与工程研究所和SHUKLA DEEPAK外，均为企业申请人。国外企业对于导电涂料的研究起步较早，而且导电涂料在航空、汽车、电器等领域的应用较为广泛，因此，波音公司、沃尔贝克材料有限公司、现代自动车株式会社、PPG工业俄亥俄公司、三星公司这些涉及相关业务的外国公司，专利申请较多。中国对于石墨烯导电涂料的研究除企业外，也有高校和科研院所。

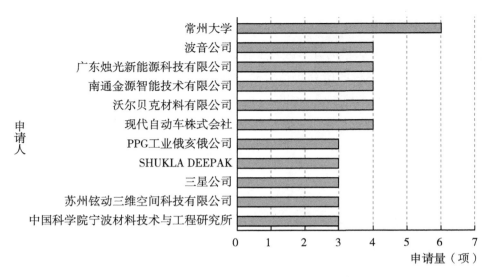

图 5-3-5 导电涂料全球专利主要申请人

5.3.3.3 导电涂料技术分析

按照起导电作用的填料种类，含有石墨烯的导电涂料可以分为仅以石墨烯为导电填料的纯石墨烯导电涂料和将石墨烯与其他导电物质结合的复合导电涂料。具体的分布情况如图 5-3-6 所示，可以看出复合导电涂料的申请量占据优势，这主要是由于复合导电涂料可以获得更加优越的导电性能，因此对于复合导电涂料的研究更多。下面将对这两种技术进行具体分析。

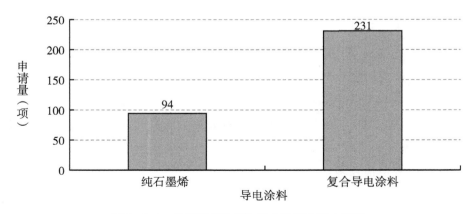

图 5-3-6 纯石墨烯和复合导电涂料全球申请量

1. 纯石墨烯导电涂料

石墨烯本身的共轭体系使其电子传输能力很强，具有优异的导电性能，因此，石墨烯可以单独作为涂料中的导电填料。根据施引专利数量、同族数量等指标，石墨烯导电涂料的全球重点专利如表5-3-1所示。

表5-3-1 纯石墨烯导电涂料重点专利

专利公开号	最早优先权年	专利权人	技术来源国（地区/组织）	专利布局国家/组织	同族数	施引专利数
CN104194455A	2014	鸿纳东莞新材料科技有限公司	中国	中国	1	26
US20150111449A1	2013	PENN. STATE RES. FOUND 等	美国	美国、世界知识产权组织	2	10
CN104497833A	2014	杭州立威化工涂料股份有限公司	中国	中国	1	7
US20160293286A1	2015	三星公司	韩国	美国、韩国	2	6
CN104733696A	2015	广东烛光新能源科技有限公司	中国	中国	1	5

CN104194455A为中国企业鸿纳东莞新材料科技有限公司于2014年申请的专利，虽然申请较晚，但是其被引用的次数最多，已达到26次。该专利涉及一种石墨烯涂料及其制备方法和施涂方法，采用少层石墨烯作为导电填料，在塑料和金属基体上均可实现较低的体积电阻率。PENN. STATE RES. FOUND等申请的US20150111449A1涉及一种石墨烯氧化物膜的制备方法，该方法将石墨烯浆液浓缩沉积在基底表面，由此得到的石墨烯膜具有良好的机械性能和导电性。该专利为《专利合作条约》申请，但仅选择进入美国，并没有进入其他国家。

2. 复合导电涂料

不同的导电填料具有不同的特性，例如，银系涂料的稳定性和导电性良好，但银价格高；铜系涂料导电性能好，但抗氧化性较差，性能不稳定；石墨和炭黑等碳系导电涂料，导电性相对较差，但是耐环境性好、密度小、价格低；聚苯胺等导电聚合物导电性能好，空气中稳定、热稳定性高。[①] 将不同的导电填料复合在一起形成复合导电涂料，可以发挥其各自的优点，并弥补不足。由图 5-3-7 可见，含有石墨烯的复合导电涂料中，以导电聚合物复合和碳系复合较多，其次为金属复合，金属氧化物复合相对较少。

用于复合的导电聚合物包括聚苯胺、聚吡咯、聚噻吩、聚苯硫醚等，以聚苯胺为例，由于导电聚合物原料价格低、合成简单、导电率高、耐高温及抗氧化性好、环境稳定性好等优点，因而石墨烯与导电聚合物复合而成的导电涂料是研究的热点。

用于复合的碳系导电填料包括石墨、石墨纤维、碳纤维、碳纳米管、各种炭黑及碳化硅等。以导电炭黑为例，其具有价格便宜、密度小、不易沉降、耐腐蚀性强等优点，但导电性相对较差，将其与石墨烯复合可以有效改善其导电性能。可能出于对成本和稳定性的考虑，石墨烯与导电聚合物、碳系导电填料复合而成的复合导电涂料更加受到关注，因而申请量最大。

金属系导电涂料是较早被开发应用的导电填料，不同金属的导电性能取决于金属的种类、数量、填料的形状等。金属系填料主要有银粉、镍粉和铜粉等。由于金属系导电填料通常具有可靠而稳定的导电性能，因此，石墨烯与金属复合而成的复合导电涂料申请量仅次于导电聚合物和碳系复合导电涂料。其中，银粉的化学稳定性良好，防腐性能优异，导电性高，因而申请量较多，通过添加石墨烯复合可以降低成本，同时保证导电性能。

金属氧化物导电填料包括氧化锡、氧化锌、氧化钛等，由于纳米氧化物颗粒在涂料制备和存储过程中易于团聚、凝结而导致性能劣化，石墨烯与金属氧化物复合的导电涂料申请量相对较少。但是，由于金属氧化物系导电填料具有导电性能好、比重小、颜色浅、在空气中稳定和装饰效果好等优点，石墨烯与金属氧化物复合的导电涂料极具发展潜力。[②]

① 杨成德. 涂料开发与试验［M］. 北京：科学技术文献出版社，2015：155-156.
② 宣兆龙. 装备环境工程［M］. 2 版. 北京：北京航空航天大学出版社，2015：213-215.

随着导电涂料的发展，人们对于优质导电涂料的要求必然会越来越高，不但要具有优良的导电性，可能还需要具有良好的耐磨性、防腐性、耐老化和耐高温等性能。未来的导电涂料应是导电性与其他性能的兼优体，因此，复合填料型导电涂料将是导电涂料发展的重点。

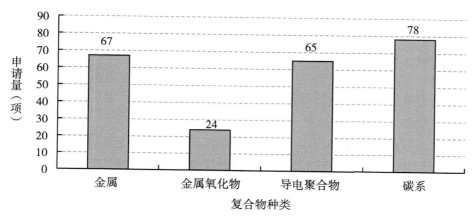

图 5-3-7　不同复合物导电涂料全球申请量

3. 技术发展路线

图 5-3-8 为不同复合物导电涂料全球申请量走势。复合导电涂料的专利申请始于 2008 年，但是仅涉及石墨烯与碳系材料的复合以及石墨烯与导电聚合物的复合，这可能是由于石墨烯与石墨、炭黑等物理化学性质更相近，两者复合容易实现均匀分散和控制成本，而导电聚合物具有原料价格低、合成简单、导电率高的优点，而且通过对聚合物或石墨烯的修饰，容易使石墨烯均匀分散在聚合物中，因此，早期的研究由碳系材料、导电聚合物与石墨烯复合开始。2008~2011 年，复合导电涂料的研究一直集中于石墨烯与碳系材料的复合，三星电子株式会社和东京毅力科创株式会社于 2009 年联合申请了 CN102224596A，优先权日为 2008 年 6 月 9 日，率先提出了将石墨烯以及诸如碳纳米管、富勒烯等纳米结构分散体涂布在基材上制造透明导体，但是该专利仅是将石墨烯作为与其他碳系导电填料等同的并列选择项之一。2011 年，中国科学院宁波材料技术与工程研究所的刘兆平课题组申请了 CN102254584A，要求保护一种基于石墨烯填料的通用电子浆料，明确提出了由于石墨烯具有较好的电子电导性以及独特的二维片层状纳米结构，

其更容易在有机载体中形成导电网络，可以提高电子浆料的电导性。虽然CN102254584A仅在中国申请了专利，但是由于其明确提出了石墨烯的作用，其被引用的频次达到了83次，成为石墨烯碳系复合导电涂料中被引用频次最高的专利申请。石墨烯碳系复合导电涂料的专利申请量在2013年经历了一个回落后，从2014年开始明显增长，并于2016年达到了峰值。

石墨烯导电聚合物复合导电涂料的专利申请量在2012年才开始大幅增长，超过了石墨烯碳系复合导电涂料，并在其后一直保持较为稳定的状态。2012年，江南大学申请了CN102786705A，要求保护一种基于层层自组装技术制备石墨烯/聚苯胺复合薄膜的方法，该专利被引用15次，为石墨烯导电聚合物复合导电涂料中被引用频次最高的专利申请。深圳市贝特瑞新能源材料股份有限公司在2012年申请的CN102618107A也涉及将石墨烯与聚噻吩、聚吡咯、聚苯胺等导电聚合物进行复合形成复合导电涂料，其被引用的频次也达到了11次。

随着技术的进步，以及对导电涂料性能要求的不断提高，研究者开始尝试将导电性能优异的金属与石墨进行复合来制备导电涂料。最早申请石墨烯-金属复合导电涂料的是德国公司，艾伯维公司、泰科电子公司和维兰德-沃克股份公司于2009年联合申请了DE102009054427A1，其涉及一种用于向金属或合金层涂覆碳/锡混合物的方法，包括通过将金属颗粒与碳系材料混合制造的涂布组合物涂覆到基材上，首次提出了将金属与石墨烯复合用于制备导电涂料，其被施引4次，并选择进入了包括中国、美国、欧洲、日本、韩国等10个国家/地区。随后，巴斯夫股份公司也于2009年申请了US2011143107A1，其涉及将金属和石墨烯沉积在基体的表面，其进入了包括美国、加拿大、欧洲、日本等国家和地区进行保护，没有进入中国，该专利已被引用16次，为石墨烯-金属复合导电涂料中被引频次最高的专利。2009~2013年对石墨烯-金属复合导电涂料的专利申请量一直较少，2014~2017年呈现波动的状态。

金属氧化物导电填料的发展相对较晚，因此，涉及石墨烯与金属氧化物复合的导电涂料的专利也最晚出现，仅在2017年出现了明显增长。2010年海洋王照明科技股份有限公司申请了CN102468515A，要求保护一种锂离子电池及其制备方法，其正极和负极涂层均包含磷酸锂铁-石墨烯复合物，采用石墨烯复合涂层的锂离子电池能量大、密度大、具有较好的循环性能并且性能稳定。该专利是最早提出将石墨烯引入导电涂料的专利申请，并明确指出了将石墨烯与金属氧化复合对电性能的影响，因此，其引用的频次达到了13次，成为石墨烯－金属氧化物复合导电涂料中被施引频次最高的专利。

从整体上看，石墨烯复合导电涂料早期（2008~2012年）以碳系复合为主，中期（2013~2015年）以导电聚合物复合和金属复合为主，金属复合略占优势，而近两年（2016~2018年）以碳系复合最为突出，如图5-3-8所示。

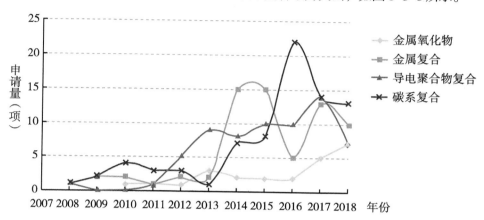

图 5-3-8 不同复合物导电涂料全球申请量走势

5.3.4 导静电涂料

5.3.4.1 概述

石墨烯在电性能涂料中的另一个重要应用领域是导静电涂料（又叫防静电涂料）。该种涂料表面电阻通常位于 10^6 到 10^9 之间，可以有效防止静电导走现象发生，故而一般应用于对防火、防爆等要求很高的场合。石墨烯兼具良好的导电性和防腐蚀性，因而在导静电涂料中应用效果很好。[①]

5.3.4.2 全球专利申请分析

1. 全球专利申请趋势

2008年，巴斯夫股份公司首先申请了两件石墨烯导静电涂料的专利，并进入了中国、德国、欧洲、美国等七个国家或地区。随后，以韩国企业为首的外国企业开始陆续申请石墨烯导静电涂料的专利，并大多选择进入中国，

---

① 李念伟.石墨烯在涂料领域中的应用探析［J］.工业技术，2016（20）：133.

使 2008~2012 年全球申请量和在华申请量同步增长。从 2013 年开始，中国申请人的专利申请开始较大幅度增长，导致石墨烯导静电涂料的申请量开始大幅上升。如图 5-3-9 所示。

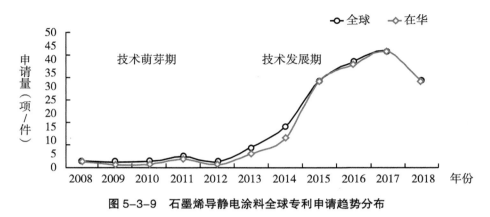

图 5-3-9　石墨烯导静电涂料全球专利申请趋势分布

2. 全球专利申请来源

如前所述，从 2013 年开始，中国申请人开始大量申请石墨烯导静电涂料的专利，目前石墨烯导静电涂料绝大多数都是中国申请人的申请。如图 5-3-10 所示。

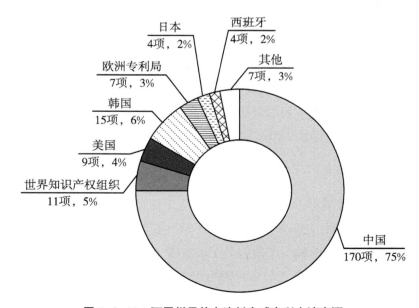

图 5-3-10　石墨烯导静电涂料全球专利申请来源

3. 全球专利申请申请人情况

2008 年，巴斯夫股份公司首先申请了两件石墨烯导静电涂料的专利，成为最早将石墨烯用于导静电涂料的申请人，此后，韩华石油化学株式会社、LG 公司等韩国企业开始申请相关专利。石墨烯导静电涂料的主要申请人大多来自中国，例如国家电网有限公司、中国科学院宁波材料技术与工程研究所、成都新柯力化工科技有限公司等。如图 5-3-11 所示。

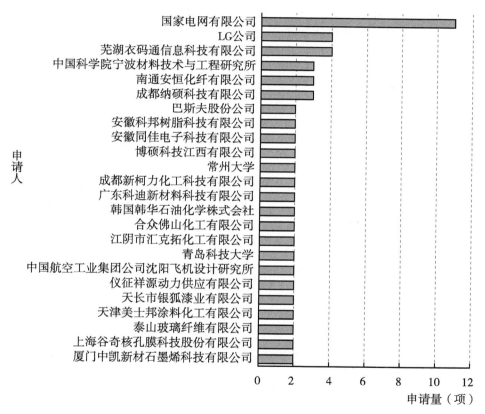

图 5-3-11　石墨烯导静电涂料全球专利主要申请人

4. 重点专利

根据施引专利数量和同族数量等因素，石墨烯导静电涂料的重点专利如表 5-3-2 所示。

表 5-3-2　石墨烯导静电涂料重要专利

专利公开号	最早优先权年	专利权人	技术来源国（地区/组织）	专利布局国家/地区	同族数	施引专利数
CN102321379A	2011	青岛科技大学	中国	中国	1	29
CN102417610A	2011	青岛科技大学	中国	中国	1	24
WO2011136478A2	2010	KOREA INST. SCI. & TECH. 等	韩国	世界知识产权组织、韩国、美国	3	16
CN104449010A	2014	苏州格瑞丰纳米科技有限公司	中国	中国	1	16
KR2011031569A	2009	DONGWOO FINE CHEM. CO. LTD.	韩国	韩国	1	12
CN103108923A	2010	韩华石油化学株式会社	韩国	美国、欧洲专利局、世界知识产权组织、中国、西班牙、日本	7	10
CN102159655A	2008	巴斯夫股份公司	德国	德国、美国、中国、西班牙、欧洲专利局、世界知识产权组织、阿根廷、巴西	8	7
CN102471049A	2009	韩华石油化学株式会社	韩国	日本、欧洲专利局、加拿大、中国、韩国、美国、世界知识产权组织	8	4
CN104745056A	2008	巴斯夫股份公司	德国	阿根廷、中国、德国、欧洲专利局、美国、巴西、西班牙、世界知识产权组织	8	0

专利公开号	最早优先权年	专利权人	技术来源国（地区/组织）	专利布局国家/地区	同族数	施引专利数
CN104603184A	2012	阿科玛法国公司	法国	欧洲专利局、世界知识产权组织、中国、日本、韩国	5	4
CN104640916A	2013	LG 公司	韩国	韩国、欧洲专利局、中国、日本、世界知识产权组织、美国	6	0

CN102159655A 和 CN104745056A 是巴斯夫股份公司于 2009 年申请的专利，是全球最早将石墨烯用于导静电涂料的专利申请，其为《专利合作条约》申请，选择进入了中国、美国、德国等多个国家。CN104745056A 是 CN102159655A 的分案申请，两者均涉及一种用于涂覆复合材料的固化性组合物，其中，导电颜料包括导电性炭黑、石墨烯、富勒烯、纳米粒子或导电性聚合物等。该组合物能够满足对于航空器漆体系的高要求并同时能够用作抗静电涂层。

韩华石油化学株式会社于 2009 年申请了 CN102471049A，其将石墨烯与碳纳米管掺混复合，得到的复合材料和热塑性树脂形成的组合物可用于静电耗散涂层剂等。韩华石油化学株式会社于 2010 年又申请了 CN103108923A，其涉及一种包含碳化合物的导电涂料组合物，所述碳化合物选自碳纤维、碳纳米管以及石墨烯中的一种或多种，将导电涂料组合物涂覆在基底上，可提供均匀的抗静电功能。KOREA INST. SCI. & TECH. 等于 2010 年申请了 WO2011136478A2，其涉及一种抗静电膜，首次明确提出了利用石墨烯为唯一有效成分提高涂料的电阻，从而起到抗静电作用，并在独立权利要求中明确限定了石墨烯。因此，虽然 WO2011136478A2 不是最早提出将石墨烯用于导静电涂料，但其被引用的次数却远远超过了巴斯夫股份公司的 CN102159655A 和 CN104745056A。

青岛科技大学是国内较早申请石墨烯导静电涂料专利的机构，其于 2011 年同时申请的 CN102321379A 和 CN102417610A 分别被引用了 29 次和 24 次。CN102321379A 涉及一种导电性石墨烯/聚合物复合材料，其独立权利要求明确限定了在基体材料中添加石墨烯，所制备的复合材料不但具有良好的导电性，而且具有较高的力学性能，可以作为抗静电材料使用。CN102417610A则涉及一种石墨烯碳纳米管杂化的聚合物复合材料，相比于CN102321379A，不同的只是将石墨烯和碳纳米管作为导电材料。虽然青岛科技大学的专利被引用的次数较多，但是其并没有进入其他国家，而只是在中国申请了专利。

5.3.5 电磁屏蔽涂料

5.3.5.1 概述

电磁屏蔽涂料（又称吸波涂料）主要是用来防止高频电磁场的影响，从而有效地控制电磁波从某一区域向另一区域进行辐射传播。其基本原理是：采用低电阻的导体材料，并利用电磁波在屏蔽导体表面的反射和在导体内部的吸收以及传输过程的损耗而产生屏蔽作用。[①] 碳系材料如导电炭黑和石墨烯是一种很好的介电型吸收剂，将其加入聚合物制备隐身材料，可提高材料介电常数，使吸波材料具有良好的阻抗匹配系数，达到较好的吸波效果。[②]

5.3.5.2 电磁屏蔽涂料全球专利分析

1. 全球专利申请趋势

石墨烯电磁屏蔽涂料全球专利申请趋势如图5-3-12所示。2009年，韩华石油化学株式会社首先申请了石墨烯电磁屏蔽涂料的专利，并进入了中国、欧洲、美国等多个国家和地区。随后，以韩国、美国企业为首的其他外国企业开始相继申请石墨烯电磁屏蔽涂料的专利，但仅部分外国企业选择进入中国。第一件涉及石墨烯电磁屏蔽涂料的国内申请出现在2012年，之后申请量逐年上升，在2016年达到了高峰。

---

① 刘栋，张玉龙.功能涂料配方设计与制造技术［M］.北京：中国石化出版社，2009：81.
② 王晓，王华进，李志士，等.石墨烯在涂料中的应用进展［J］.中国涂料，2017（2）：1-5.

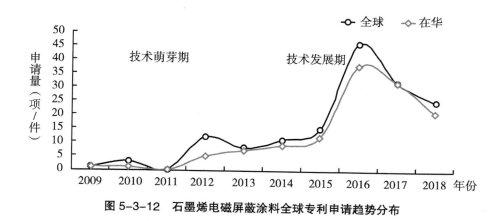

图 5-3-12 石墨烯电磁屏蔽涂料全球专利申请趋势分布

2. 全球专利申请来源

从 2012 年开始，中国申请人开始进入石墨烯电磁屏蔽涂料领域申请专利，且申请量逐年上升，成为石墨烯电磁屏蔽涂料专利申请中的主要力量，国内申请的数量接近全球申请量的 3/4，引导石墨烯电磁屏蔽涂料专利申请的发展态势。如图 5-3-13 所示。

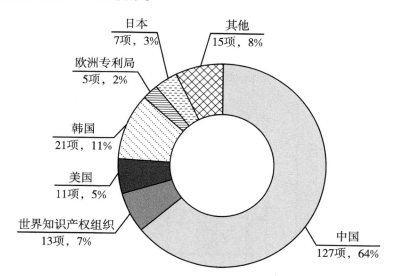

图 5-3-13 石墨烯电磁屏蔽涂料全球专利申请来源

3. 全球专利申请申请人情况

如前所述，国外对石墨烯电磁屏蔽涂料的申请量一直较少，大部分石墨烯电磁屏蔽涂料领域专利的申请人均为中国申请人，由图 5-3-14 可知，四位主要申请人中三位为中国申请人。然而，中国申请较为分散，因此，申请量最大的反而是 INJE UNIV. INDUSTRY-ACADEMIC COOP. FOUND。从申请人的性质看，主要是科研机构或高校，企业相对较少。

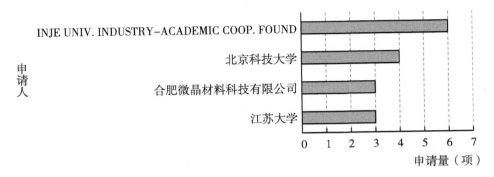

图 5-3-14　石墨烯电磁屏蔽涂料主要申请人

5.3.5.3　技术分析

电磁屏蔽材料一般由基体材料与吸收剂复合而成。根据吸波机理，吸波材料可分为电损耗型和磁损耗型两类：电损耗型吸波材料主要通过介质的电子极化、离子极化和界面极化等来吸收、衰减电磁波；磁损耗型吸波材料主要通过磁滞损耗、畴壁共振和后效损耗等磁激化机制来吸收、衰减电磁波。[①]

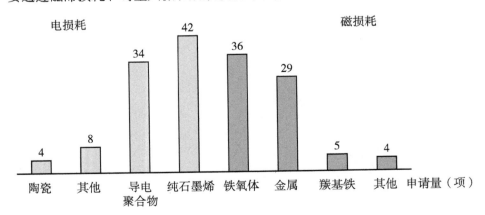

图 5-3-15　不同复合物石墨烯电磁屏蔽涂料全球申请量

① 北京航空材料研究院.航空材料技术［M］.北京：航空工业出版社，2013：48-49.

不同的吸收剂具有不同的特性，常见的电损耗型电磁屏蔽材料包括导电聚合物、陶瓷等，常见的磁损耗型电磁屏蔽材料包括铁氧体、羰基铁、超细金属粉等。不同复合物石墨烯电磁屏蔽涂料全球申请量如图5-3-15所示。

在磁损耗型电磁屏蔽涂料中，铁氧体吸波材料是研究较多而且比较成熟的吸波材料，由于吸波性能优良，价格低廉，一直受到重视，至今仍是雷达吸波材料中的主要成分之一，因此，将石墨烯与铁氧体复合制备复合电磁屏蔽涂料的专利申请量最大。较早申请石墨烯－铁氧体复合磁屏蔽涂料的是浙江大学，其于2013年申请了CN103642459A，该专利涉及一种多孔阵列石墨烯铁氧体复合材料的制备方法，该复合材料可广泛应用于隐身技术，也可利用其防止电磁辐射或泄漏。中国科学院城市环境研究所于2014年申请的CN105331264A涉及一种基于纳米碳材的复合电磁屏蔽涂料，主要由纳米碳颗粒、纳米石墨烯、碳纳米管、碳纤维、四氧化三铁微粒、羰基铁镍微粒等复合屏蔽材料混合聚合物乳液等构成。该电磁屏蔽材料密度较小，吸收频带较宽，可以广泛应用于电磁屏蔽工程中，有效地屏蔽吸收电磁波。该专利被引用9次，为该领域被引用次数最多的专利申请。

超细磁性金属粉末可以通过多相超细磁性金属粉末与高分子胶黏剂的混合比例等调节电磁参数，达到较为理想的性能，因此，相关专利申请仅次于石墨烯－铁氧体复合材料的研究。较早涉及石墨烯－金属粉电磁屏蔽涂料的专利申请为ES1071638U，其申请于2010年，将包括铝、铁、铅、钛、镁、钴、铜、锌、金等多种金属材料与包括石墨烯在内的非金属材料进行复合，该复合材料形成的涂层涂覆于基体上，可用于电磁屏蔽领域。2013年，北京科技大学申请了CN103554908A，其涉及一种石墨烯/聚苯胺/钴复合吸波材料及其制备方法，明确提出了以石墨烯与金属材料复合，吸波材料吸收电磁波能力强、吸收频带宽和密度小，累计被引用了8次。

羰基铁材料以及其他吸收剂材料的研究尚在起步阶段，因此相关专利申请也较少。例如，上海与创新材料技术有限公司于2016年申请的CN106010196A涉及一种石墨烯型防辐射涂料，该涂料包括导电填料、吸波填料和石墨烯。其中，吸波填料包括羰基铁。该涂料完全固化后可以起到电磁屏蔽抗干扰、电磁隔离的作用。

在电损耗型电磁屏蔽涂料中，导电高聚物结构多样化，具有密度低、物理和化学性能独特的特点，其导电率可在绝缘体、半导体和金属导体的范围内变化，其中聚乙炔、聚吡咯、聚噻吩和聚苯胺等就是具有导电结构的高聚物。这些导电聚合物的纳米微粉具有非常好的吸波性能，它与纳米金属吸波剂复合后吸波效果更好，与无机物或超微粒子复合能够制出新型轻质宽频的微波吸收材料。[①] 基于导电高聚物的优良性质，将石墨烯与导电聚合物复合制备电磁屏蔽涂料的研究较多，并且，可以通过对石墨烯的改性等方式实现石墨烯在高聚物中良好的分散，从而提高涂料的各项性能，因此，石墨烯与导电聚合物形成的复合电磁屏蔽涂料成为电损耗型电磁屏蔽涂料中专利申请量较多的领域。其中，沃尔贝克材料有限公司于 2010 年申请的 US20120277360A1，涉及一种组合物，其包含石墨烯、黏合剂和聚烯亚胺，该组合物可用作电磁屏蔽涂料，其明确提出了将石墨烯作为主要成分，虽然其仅在美国申请了保护，但其受到了较高的关注，被引用频次达到了 30 次。

同铁氧体、复合金属粉末等比较，陶瓷吸波材料吸波性能好，还可以有效地减弱红外辐射信号，能有效损耗雷达波的能量，并且，由于陶瓷相对密度小、耐高温、介电常数随烧结温度有大的变化范围，是制作多波段吸波材料的主要成分，有可能实现对显微结构和电磁参数的控制，从而有可能获得所希望的吸波效果。[②] 但目前，将石墨烯与陶瓷复合制备电磁屏蔽涂料的专利申请量仍然较少，其被引频次也较低。

此外，由于石墨烯本身即具有较高的介电常数，是一种很好的介电型吸收剂，因而将石墨烯作为唯一的吸收剂材料制备电磁屏蔽涂料的专利申请量仍然较大。但是，石墨烯仅具有电磁损耗特性，吸波机制单一，单独使用石墨烯对电磁波总体衰减效果较小，将石墨烯与不同吸波机制的材料复合制备新型的吸波材料未来更具有发展前景。

5.4 热性能涂料

5.4.1 概述

随着现代科技的快速发展，电子器件的高频、高速以及集成电路的密

---

① 于洪全.功能材料［M］.北京：北京交通大学出版社，2014：125-126.
② 于洪全.功能材料［M］.北京：北京交通大学出版社，2014：125-126.

集、小型化，使单位容积电子器件的总功率密度和发热量大幅度增长，从而使电子器件的冷却问题变得越来越突出。常规冷却系统所能达到的冷却能力受到极大挑战，尤其在能源、汽车、空调、农业、化工、采暖、航空航天、微电子、信息等领域，对强化传热、提高散热效率提出了更高的要求，散热（导热）涂料即是一种提高物体表面散热效率，降低体系温度的功能涂料。[①]

石墨烯的二维片层结构使其在涂料中层层叠加，可形成致密的物理隔绝层，起到突出的物理隔绝作用，提高阻燃性能；石墨烯还可以与树脂进行交联复合，在涂料中就可以进一步形成一层致密的保护膜，起到阻隔空气的作用，从而发挥阻燃的效果；并且在高温下，石墨烯涂层会生成二氧化碳和水，并生成更致密连续的炭层，起到进一步的阻隔作用，从而提高了涂料的阻燃性能。[②]

石墨烯热性能涂料主要涉及导热涂料和阻燃涂料。其中，导热（散热）涂料基于导热（散热）组分的高导热率，从而提高物体的散热性能。石墨烯的导热系数高达 5300 瓦/米·度，高于碳纳米管和金刚石，其良好的导热性使得利用石墨烯研制生产的石墨烯散热涂料有利于现有电子器件等工件的散热，极大提升散热性能。石墨烯/聚合物复合涂料在燃烧过程中，发生石墨烯自身和聚合物基体分子链取向，进而在聚合物炭化过程中形成致密碳层，阻碍降解产物的逸出，并且使聚合物的起始分解温度和最大分解温度向高温方向移动，因此可用作阻燃材料。[③]本节分析了包括导热涂料和阻燃涂料的石墨烯热性能涂料相关专利的申请趋势及重点技术的发展路线。

5.4.2　专利申请分析

5.4.2.1　全球专利申请分析

1. 全球专利申请趋势

石墨烯热性能涂料的研究始于 2008 年。从申请量上来看，如图 5-4-1

---

① 何国安 .LED 照明产品的热设计与实战［M］.北京：机械工业出版社，2017：38-46.

② 刘国杰 .石墨烯研究进展及在水性涂料中应用简况［J］.中国涂料，2015（4）：22-28.

③ 吴微微 .石墨烯涂料的研究进展［J］.广州化工，2015（24）：16-18.

所示，从 2012 年开始，申请量逐年递增。可见，石墨烯热性能涂料在全球范围已进入快速发展的活跃期。

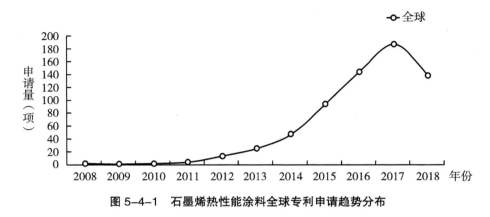

图 5-4-1　石墨烯热性能涂料全球专利申请趋势分布

2. 全球专利申请来源

如图 5-4-2 所示，石墨烯热性能涂料大多数是来自中国的申请，位于前三位的申请人为中国、韩国及美国，而日本和欧洲相对较少。近年来，国内电子、航空等领域发展迅速，热性能涂料的研究与开发逐步得到重视，对热性能涂料的需求量也逐年增加，因此国内有关石墨烯热性能涂料的申请量增长较快。

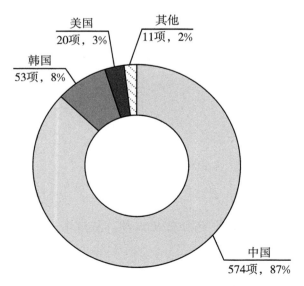

图 5-4-2　石墨烯热性能涂料全球专利申请来源情况

5.4.2.2 在华专利分析

1.在华专利申请趋势

石墨烯热性能涂料在中国的申请始于 2011 年。从申请量上来看，如图 5-4-3 所示，申请量逐年递增，2013~2017 年尤为明显。这种趋势表明石墨烯热性能涂料相关专利技术在国内也已进入快速的活跃期，后续预计将会出现更多的专利申请。

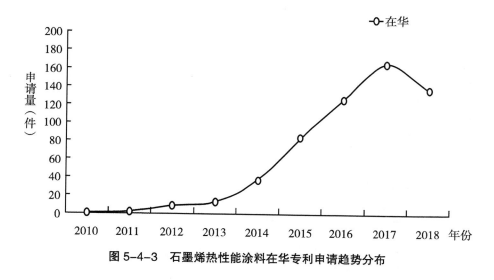

图 5-4-3 石墨烯热性能涂料在华专利申请趋势分布

2.国内专利来源及布局区域

图 5-4-4 给出了石墨烯热性能涂料国内专利申请的地域分布情况，其中可见申请量较大的省市为安徽省、广东省、江苏省，均达到 100 件以上。浙江省的中国科学院宁波材料技术与工程研究所以及宁波墨西新材料有限公司均是较早开展石墨烯领域研究的院所和企业，在石墨烯热性能涂料方面有较好的专利储备。排名稍后的省区市在石墨烯热性能涂料方面专利申请数量相当。国内专利来源分布较广表明石墨烯热性能材料得到了国内申请人较为广泛的关注。

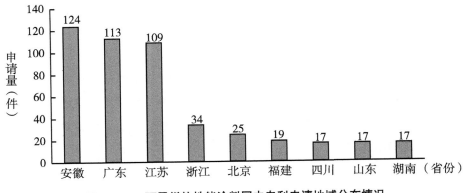

图 5-4-4　石墨烯热性能涂料国内专利申请地域分布情况

5.4.3　技术分析

石墨烯热性能涂料主要涉及导热涂料和阻燃涂料。按照上述应用领域在专利文献上的具体分布情况，如图 5-4-5 所示，可以看出石墨烯导热涂料的相关专利申请要多于阻燃涂料，表明导热涂料是研究的热点。下面将对这两种技术进行具体的分析。

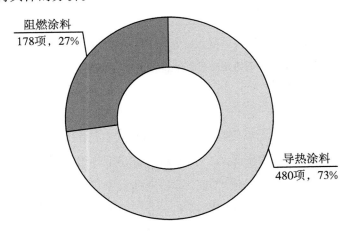

图 5-4-5　石墨烯热性能涂料技术分布情况

5.4.3.1　石墨烯导热涂料

1. 重点专利

按照施引专利数量、同族数量等指标，石墨烯导热涂料的重点专利如表

5-4-1 所示。从该表可以看出，我国申请人的申请有较高的施引专利数量。从申请人类型来看，主要为企业或研究机构，基本都从事石墨烯领域的研究和开发。国外申请人主要来自韩国和美国，虽然施引专利数相对少，但是都进行了相应的海外布局，存在较多的同族专利，其中申请布局主要集中在中国、美国、日本、欧洲地区和韩国，这也是全球专利制度成熟和完善的国家 / 地区，也是最为重要的市场。

表 5-4-1 石墨烯导热涂料重点专利

专利公开号	最早优先权年	专利权人	最早优先权或在先申请的国家（地区 / 组织）	专利布局国家（地区 / 组织）	同族数	施引专利数
CN103804942A	2014	厦门凯纳石墨烯技术股份有限公司	中国	中国	1	26
CN102964972A	2012	河北工业大学	中国	中国	1	10
CN105273540A	2015	深圳市国创新能源研究院	中国	中国	1	6
CN105086688A	2015	济宁利特纳米技术有限责任公司	中国	中国	1	6
CN104087113A	2014	湖南元素密码石墨烯研究院	中国	中国	1	6
CN103627234A	2013	宁波墨西科技有限公司	中国	中国	1	5
CN105440939A	2015	中国航空工业集团公司北京航空材料研究院	中国	中国	1	5
CN103261563A	2010	贝克休斯公司	美国	世界知识产权组织、中国、欧洲专利局、墨西哥、新加坡、巴西、加拿大、印度、俄罗斯	9	3

专利公开号	最早优先权年	专利权人	最早优先权或在先申请的国家（地区/组织）	专利布局国家（地区/组织）	同族数	施引专利数
CN104884676A	2012	浦项制铁集团公司	韩国	世界知识产权组织、美国、欧洲专利局、日本、韩国、中国	6	0
CN103732395A	2011	栗村化学株式会社	韩国	中国、世界知识产权组织、欧洲专利局、日本、美国	5	1
CN105848882A	2013	浦项制铁集团公司	韩国	中国、韩国、美国、世界知识产权组织、日本	5	0
CN104559348A	2013	现代自动车株式会社、韩国CERAMIC技术院	韩国	韩国、美国、中国、德国	4	1

2.重点专利介绍

广义的石墨烯导热涂料（散热涂料）涉及纯石墨烯膜和石墨烯复合散热涂料，石墨烯复合导热（散热）涂料按照溶剂不同可分为：有机溶剂型散热涂料、水性散热涂料、无溶剂散热涂料。

对于纯石墨烯膜导热涂层，常用喷涂、沉积、氧化还原方法制备。CN103261563A公开了一种涂有石墨烯的金刚石粒子，包括金刚石的实心芯部和在实心芯部的至少一部分上涂覆的至少一个石墨烯层。

对于石墨烯复合导热涂料，有机溶剂型涂料对环境不友好，但有机溶剂对涂料组中常用树脂的溶解性好，涂料的分散性较好，因而有机溶剂型导热涂料的应用较为广泛。CN102964972A涉及一种含石墨烯或氧化石墨烯的复合强化散热涂料及其制备方法，该涂料将功能粉体和石墨烯或氧化石墨烯在各种助剂协同作用下分散在树脂中，以汽油为溶剂，利用石墨烯或氧化石墨烯较高的导热系数，可有效降低红外颗粒的热阻，提高其红外发射率。CN105273540A 以高分子树脂作为成膜树脂，采用惰性溶剂，如乙酸乙酯、乙酸丁酯、丙二醇甲醚醋酸酯、甲基异丁基甲酮和乙二醇甲醚，将石墨烯、一维碳纳米材料、导热金属粉导热材料均匀分散于涂膜中，形成类似网状或链状结构形态，大幅度提高了涂膜的纵向导热性能。CN105086688A 公开的氧化石墨烯绝缘散热涂层，解决了现有材料的绝缘性和导热性两者不易兼得的问题。其由树脂、氧化石墨烯、树脂固化剂组成。

石墨烯复合导热涂料中，水性导热涂料虽然相对于有机溶剂型导热涂料的专利申请量少，但其环境友好的优势使其在导热涂料中占有重要地位。CN105440939A 涉及一种石墨烯增强水性抗氧化耐热涂料，它由成膜物、石墨烯分散液和填料混合而成，该涂料可以克服原有耐热涂料耐水性和耐腐蚀性不足的问题。CN104884676A 在钢板上涂覆含有石墨烯的高分子树脂层，所述石墨烯在所述高分子树脂层内以浓缩层的形式存在，或以板状形式存在。高分子树脂层包含 1% ~ 20% 重量的所述石墨烯，还包括黏合剂树脂和其余的水。

无溶剂型导热涂料也是导热涂料的一种类型。CN105848882A 公开了一种散热性优异的金属封装材料，其包含热传导层，所述热传导层在所述金属箔的另一面上形成，并且包含主树脂及金属 - 石墨烯复合体。CN103804942A 公开了一种含有石墨烯的填料浓缩组合物，可以与聚氨酯等树脂混合搅拌球磨后形成散热涂料，同时兼具电绝缘性，具有良好的导热性能，应用领域广泛。

5.4.3.2 石墨烯阻燃涂料

1. 重点专利

按照施引专利数量、同族数量等指标，石墨烯阻燃涂料的重点专利如表 5-4-2 所示。从该表中可以看出，我国申请人主要为高校，并且部分申请还进行了国际申请和海外布局。国外申请基本为来自韩国和美国的申请，虽然施引专利数相对少，但是都进行了相应的海外布局，其中申请布局主要集中在中国、美国和欧洲地区。

表 5-4-2　石墨烯阻燃涂料重点专利

专利公开号	最早优先权年	专利权人	最早优先权或在先申请的国家（地区/组织）	专利布局国家（地区/组织）	同族数	施引专利数
EP2226364A1	2009	得克萨斯州立大学	美国	欧洲专利局、美国、世界知识产权组织	3	14
CN103396653A	2013	浙江大学宁波理工学院	中国	中国	1	8
WO2015069689A1	2013	得克萨斯州立大学	美国	世界知识产权组织、欧洲专利局、美国	3	4
CN102926202A	2012	台州学院	中国	中国	1	4
US2016186061A1	2014	INDUSTRY-ACADEMIC COOPERATION FOUNDATION YONSEI UNIVERSITY	韩国	美国、韩国	2	3
CN105153921A	2015	烟台大学	中国	中国、美国	2	1
CN106752681A	2016	厦门大学	中国	世界知识产权组织、中国	2	0
CN107286371A	2016	中国科学院理化技术研究所	中国	世界知识产权组织、中国	2	0
CN105473687A	2013	迪热克塔普拉斯股份公司	意大利	美国、中国、欧洲专利局、世界知识产权组织、意大利	5	0

2. 重点专利介绍

CN102926202A 公开了一种膨胀型阻燃剂改性聚丙烯胺／氧化石墨烯复合涂层，利用层层自组装技术制备膨胀型阻燃剂改性聚丙烯胺／氧化石墨烯复合涂层，通过膨胀型阻燃剂与氧化石墨烯协同阻燃作用，提高了复合涂层的阻燃性能，减少了阻燃涂层在织物材料的使用量。CN103396653A 公开了一种提供石墨烯微片／环氧树脂纳米复合材料的制法，制成的复合材料的环氧树脂中存在大片剥离的石墨烯微片，利用石墨烯微片来提高环氧树脂的热性能和阻燃性能，可用于涂料等领域。CN105153921A 公开了一种制备碳纳米管石墨烯改性水性聚氨酯涂料与黏合剂的方法，通过碳纳米管石墨烯对水性聚氨酯涂料进行改性，提高水性聚氨酯涂料的阻燃性和耐光性，并降低毒性。CN106752681A 公开了一种基于改性氧化石墨烯的水性膨胀型防火涂料，包括水、成膜物质、脱水成炭催化剂、发泡剂、成炭剂、颜填料和阻燃剂、活性膨胀阻燃剂、助剂、水性固化剂等，采用改性氧化石墨烯作为活性膨胀阻燃剂，有效提高了防火涂料防火性能和耐水性、耐热性。CN105473687A 公开了一种适用于涂层的阻燃剂组合物，包含石墨烯纳米薄片以及磺化芳香族化合物与甲醛的缩合产物，所述组合物即使以相对较少的量应用时也能产生理想的阻燃性能。US2016186061A1 公开了一种包括在表面掺杂有含磷组分的氧化石墨烯的阻燃剂，可以产生优良的阻燃效果，不会改变涂覆物表面，不产生任何有害物质。

5.5 重点申请人分析

5.5.1 中国申请人

5.5.1.1 中国科学院宁波材料技术与工程研究所

1. 申请人简介

中国科学院宁波材料技术与工程研究所是中国科学院在浙江省建立的首家国家研究机构，以制造业和材料产业的发展需求为导向，面向全国、立足宁波、服务浙江、辐射"长三角"。该研究所在石墨烯涂料领域做了较多的研究开发工作。

2. 专利申请整体状况

中国科学院宁波材料技术与工程研究所在石墨烯涂料领域共计申请专利34件，其申请数量变化趋势如图5-5-1所示。最早申请出现在2011年，申请量呈波动趋势，结合其主要研究方向，可以预见，在未来几年中，其申请量仍将保持稳步发展的态势。

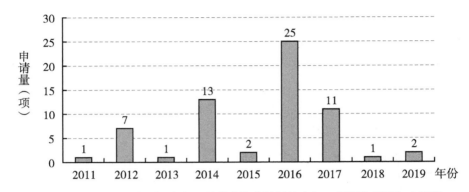

图5-5-1　石墨烯涂料领域中国科学院宁波材料技术与工程研究所历年申请量

如图5-5-2所示，从涉及涂料种类的技术分布来看，中国科学院宁波材料技术与工程研究所在石墨烯涂料应用领域的申请主要侧重于防腐涂料领域（22项），与此同时在电性能涂料领域也提出不少申请（9项）。

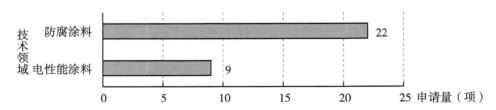

图5-5-2　中国科学院宁波材料技术与工程研究所石墨烯涂料专利申请主要领域

3. 专利申请介绍

中国科学院宁波材料技术与工程研究所研发团队各具特色，有不同的侧重点。

刘兆平研究员的团队侧重研究导电涂料，2011年该团队研究了一种基于石墨烯填料的通用电子浆料，利用石墨烯具有较好的电子电导性以及独特的二维片层状纳米结构使其更容易在有机载体中形成导电网络，提高了电子浆料的电导性。具体发明的电子浆料采用石墨烯和导电材料材相复合作为导电填料，具有良好的导电性，可被广泛应用于导电涂料（CN102254584A）。之后，该团队提出一种至少一面具有含石墨烯和黏合剂涂层的集流体及其制备方法，通过其工艺方法使石墨烯在集流体箔材表面形成均匀、致密的涂层，大大提高了石墨烯在集流体表面的接触面积，增强活性材料与集流体之间的导电接触，有效地降低集流体与活性材料之间的界面电阻，降低电池内阻（CN102593464A）。

王立平团队研究的重点是石墨烯防腐涂料，专利申请多集中于防腐涂料领域（CN105802473A、CN105949946A、CN106243862A、CN106280908A、CN106349866A、CN108373746A、CN106833287A、CN106867364A），在使涂料兼具防腐功能的同时，该团队还申请了系列复合功能的石墨烯涂料。例如，CN107541133A通过石墨烯/陶瓷颗粒协同改性环氧树脂涂料；制备了一种高强度的防腐涂料；CN108299996A研究了改性纤维增强型石墨烯防腐涂料；CN106009984A是有关石墨烯/丙烯酸导静电涂料，其具有优异导静电和耐盐雾性能，制备的石墨烯/丙烯酸导静电涂料可以应用到汽车防护底漆和面漆中。

余海斌研究团队以纳米材料的分散技术为研究方向之一，其研发的分散剂加到含有石墨烯的溶液中，通过搅拌处理就可以得到单分散的水性、油性石墨烯分散液，并制备出易于再分散的石墨烯粉体。目前，余海斌团队已将这些易于再分散的石墨烯粉体应用于涂料领域，使涂料性能发生显著的改进。其团队申请的石墨烯电性能涂料（CN105778740A）中，石墨烯能均匀稳定地分散在涂料基体中，可以大大促进其在导电高分子涂层等方面的应用。该团队还在石墨烯涂料的有关改性、分散方面进行了系列的申请（CN105802441A、CN105802452A、CN106867298A），其通过特定的分散剂、改性工艺使得石墨烯涂料获得简易、高效的分散效果，有望推进石墨烯涂料的应用与产业化。

5.5.1.2 常州大学

1. 申请人简介

常州大学是江苏省人民政府与中国石油天然气集团公司、中国石油化工集团公司、中国海洋石油总公司共建高校，有材料学、化学工艺、化工过程机械学、油气储运工程学、应用化学等重点学科，国家级特色专业有化学工程与工艺、过程装备与控制工程、高分子材料与工程。

2.专利申请整体状况

常州大学在石墨烯涂料领域共计申请专利28项，其申请数量变化趋势如图5-5-3所示。其最早的申请在2014年，由2014~2018年的整体申请情况可见，每年的申请量较为均衡。可以预见，在未来几年中，申请量仍将保持稳步发展的态势。

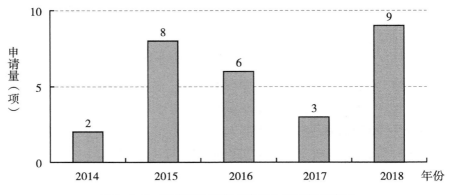

图5-5-3 石墨烯涂料领域常州大学历年申请量

如图5-5-4所示，从涉及涂料种类的技术分布来看，常州大学在石墨烯涂料应用领域的申请也是主要侧重于防腐涂料领域和电性能涂料领域。

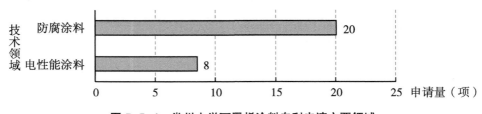

图5-5-4 常州大学石墨烯涂料专利申请主要领域

3.专利申请介绍

姚超教授团队在石墨烯涂料领域研究有石墨烯电性能涂料及石墨烯防腐涂料。在石墨烯电性能涂料相关专利申请（CN103937350A、CN103923552A、

CN106883704A）中，CN103937350A 研究的是石墨烯 - 棒状掺铝氧化锌抗静电涂料及其制备方法。而 CN103923552A 采用针状导电二氧化钛能够插入石墨烯片层，显著提高了涂料的导电性能，同时也增强了涂层的力学性能。而 CN106883704A 具体涉及一种凹凸棒石 - 石墨烯复合导电底漆。对于石墨烯防腐涂料的专利申请（CN105349017A、CN105400373A、CN105419413A），CN105349017A 以聚氨酯、石墨烯、锌复合材料为防腐涂料的主要原料，CN105400373A 采用石墨烯 / 脱杂聚苯胺复合材料，CN105419413A 研究的是一种含有石墨烯、氧化锌、氧化钛复合材料的防腐涂料。

王树立教授团队较为集中的研究防腐涂料。其中，CN105176326A 涉及金属防腐涂料，具体涉及一种石墨烯填料的光固化管道补口涂料，石墨烯均匀分散到光固化补口涂料中，控制石墨烯的用量，获得涂料可用于管道现场施工时的补口补伤以及油气运输管道防腐等方面。该团队基于阴极保护和抗静电作用的防腐涂料研究相对较多（CN104877402A、CN106366712A、CN107858073A、CN108285670A），且较为系统化。

方永勤教授团队在石墨烯涂料领域主要研究石墨烯的改性工艺（CN107828307A、CN107880237A、CN107903755A、CN107987264A）。

5.5.1.3 宁波墨西科技有限公司

1. 申请人简介

宁波墨西科技有限公司成立于 2012 年 4 月，由上海南江（集团）有限公司出资，引进中国科学院宁波材料技术与工程研究所的石墨烯生产技术，该公司经营范围包括石墨烯及制品研发、制造、加工等。宁波墨西科技有限公司依托中国科学院宁波材料技术与工程研究所的技术团队组建了石墨烯应用技术研发中心。

2. 专利申请整体状况

由于宁波墨西科技有限公司在技术上依托了中国科学院宁波材料技术与工程研究所的研发团队，因此，在其成立次年，即 2013 年便开始申请石墨烯涂料的相关专利，如图 5-5-5 所示。

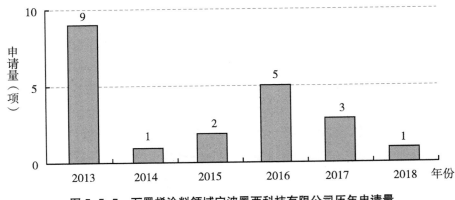

图 5-5-5 石墨烯涂料领域宁波墨西科技有限公司历年申请量

如图 5-5-6 所示，从涉及涂料种类的技术分布来看，在防腐涂料、热性能涂料和电性能涂料三个领域，宁波墨西科技有限公司都有相关申请，并且申请量比较均衡。

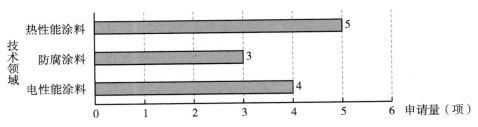

图 5-5-6 宁波墨西科技有限公司石墨烯涂料专利申请主要领域

3.专利申请介绍

2013 年，其申请了两项涉及石墨烯导热涂料及其制备方法的专利（CN103627223A、CN103627234A），该导热涂料采用石墨烯和纳米金刚石改性制备而成，通过两者的复合提高涂料的导热性能、抗蚀性、耐碱性、耐水性和阻燃性等。同年，宁波墨西科技有限公司又申请了三项利用石墨烯改善涂料性能的专利（CN103740153A、CN103740152A、CN103740158A），通过添加石墨烯大幅提高涂料的硬度、附着力，使得涂层具有更好的耐磨性能。为改善石墨烯在涂料中的相容性、解决石墨烯团聚的问题，宁波墨西科技有限公司还在 2014 年、2015 年、2016 年先后申请了涉及石墨烯改性的专利

（CN105084345A、CN105505054A、CN106634311A），通过石墨烯与改性剂的π-π键相互作用、静电相互作用对石墨烯进行修饰，从而解决上述技术问题。

5.5.1.4 青岛瑞利特新材料科技有限公司

1.申请人简介

青岛瑞利特新材料科技有限公司是 2014 年在山东青岛高新区注册成立的一家高新技术企业。该公司于 2015 年 1 月成为山东省石墨烯产业技术创新战略联盟理事单位。该公司业务主要涉及石墨烯等纳米材料、环保材料及电子材料等领域产品的研发、生产与销售，以石墨烯新材料为主导。

2.专利申请整体状况

青岛瑞利特新材料科技有限公司从 2015 年开始申请石墨烯涂料相关的专利，其申请量变化趋势如图 5-5-7 所示。从该图可以看出，2015~2016 年，申请量呈现稳步增长的态势。

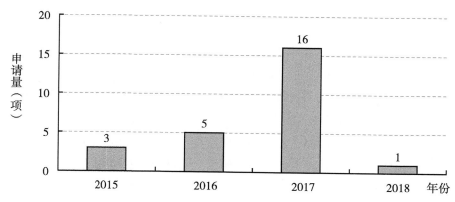

图 5-5-7 石墨烯涂料领域青岛瑞利特新材料科技有限公司历年申请量

如图 5-5-8 所示，从涉及涂料种类的技术分布来看，青岛瑞利特新材料科技有限公司在石墨烯涂料应用领域的申请主要集中在电性能涂料和环保抗菌涂料，上述领域也是其产品所涉及的主要领域，防腐涂料和热性能涂料也有少量的申请。

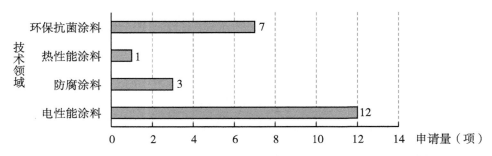

图 5-5-8　青岛瑞利特新材料科技有限公司石墨烯涂料专利申请主要领域

3. 专利申请介绍

青岛瑞利特新材料科技有限公司较为重视电性能涂料、环保涂料和防腐涂料，从 2015 年即开始申请石墨烯防腐涂料的专利（CN106554652A），该专利将石墨烯作为添加剂加入地坪漆，利用石墨烯的特性，有效地隔绝了腐蚀介质，提高了地坪漆的耐腐蚀性。随后，在 2016 年申请了涉及一种石墨烯水性工业涂料及其制备方法的专利（CN105670474A），2017 年又申请了涉及一种水性石墨烯防腐涂料及其制备方法的专利（CN107266999A），两者都是将石墨烯与多种树脂复合形成水性防腐涂料。在电性能涂料领域，青岛瑞利特新材料科技有限公司偏重于导电油墨的研发和保护，其在 2015~2017 年申请的 13 项电性能涂料专利中的 10 项均为石墨烯导电油墨专利，主要是利用石墨烯自身良好的导电、导热等性能对导电油墨进行改性（CN106752385、CN106867316A），并多为将石墨烯与金属粉等其他导电填料复合使用（CN106800833A、CN106883681A、CN106883685A）。在环保涂料领域，青岛瑞利特新材料科技有限公司在 2015~2017 年也均有所涉及，例如，通过利用石墨烯的透光率，使其作为光催化载体，提高光催化反应的效率等原理提高甲醛的分解率，从而制备石墨烯抗甲醛涂料（CN105315814A、CN106957576A、CN108285701A）。

5.5.2　外国申请人

5.5.2.1　沃尔贝克材料公司

1. 申请人简介

美国沃尔贝克材料公司（Vorbeck Materials）成立于 2006 年。该公司与太平洋西北国家实验室（Pacific Northwest National Labs，PNNL）及普林斯顿大学合作利用石墨烯特性来改进锂离子电池的性能，并将其应用于笔记本电脑、智能手机和电动汽车。该公司的创新产品包括世界上第一个商业化石墨烯产品——石墨烯基导电油墨（Vor-ink），可用于电子器件。

2.专利申请整体状况

沃尔贝克材料公司在石墨烯涂料领域共计申请专利 15 项，其申请量变化趋势如图 5-5-9 所示。由该图可见，2008 年是沃尔贝克材料公司申请量最高的一年，此后逐年呈下降趋势。

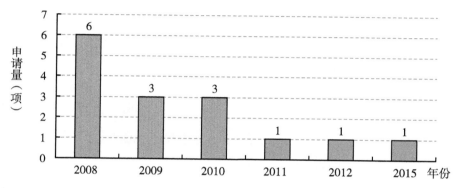

图 5-5-9　石墨烯涂料领域沃尔贝克材料公司历年申请量

图 5-5-10 给出了沃尔贝克材料公司在石墨烯涂料领域主要国家／地区专利布局情况。从图中可以看出，沃尔贝克材料公司的布局十分全面，在美国、欧洲、中国、日本、韩国等多个国家和地区均进行了布局，其中对中国的专利布局数量高于其他亚洲国家，可见其对中国市场的重视。

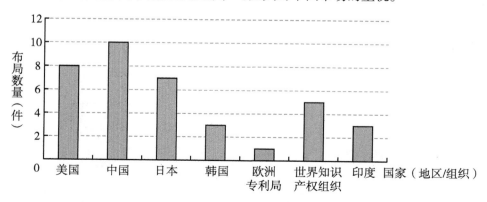

图 5-5-10　沃尔贝克材料公司在石墨烯涂料领域主要国家（地区／组织）专利布局情况

3.专利申请介绍

沃尔贝克材料公司于 2008 年开始石墨烯涂料的专利申请，其申请大多数为电性能涂料，都对石墨烯本身的参数进行了较为详细的限定，可以认为沃尔贝克材料公司在石墨烯涂料方面的专利主要依托于对石墨烯自身的改性控制。例如，专利申请（CN102318450A）提供了一种导电性油墨层，所述的油墨包含官能化的石墨烯片和至少一种黏合剂，该官能化的石墨烯片是具有约 300 平方米每克至 2630 平方米每克的表面积的石墨片。专利申请（CN102369157A）制备了一种涂料，包含至少一种聚合物黏合剂、至少一种含碳填料和至少一种多链脂质，所述含碳填料包含石墨烯片，所述石墨烯片的表面积至少约为 300 平方米每克，碳氧比至少约为 75∶1。专利申请（CN105670394A）制备了一种导电性涂料，包括官能化的石墨烯片和至少一种黏合剂，所述官能化的石墨烯片具有至少 60∶1 的碳氧比。此外，在 2016年的专利申请（WO2016163988A1）中还制备了包含石墨烯的油墨，具体为将包含石墨烯片的混合物，一种或多种具有两个或更多个共轭双键和 / 或三键的环的环状化合物，和至少一种溶剂混合，在球磨和超声的辅助下制得产物。

5.5.2.2　PPG 工业俄亥俄公司

1.申请人简介

PPG 工业俄亥俄公司始建于 1883 年，总部设在美国匹兹堡市，是全球性的制造企业，生产和经营涂料、玻璃、玻璃纤维及化学品，在世界上居行业先导地位。

2.专利申请整体状况

PPG 工业俄亥俄公司在石墨烯涂料领域共计申请专利 11 项，其申请量变化趋势如图 5-5-11 所示。由该图可见，相关申请集中在 2012~2014 年。

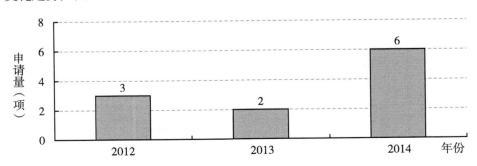

图 5-5-11　石墨烯涂料领域 PPG 工业俄亥俄公司历年申请量

图 5-5-12 给出了 PPG 工业俄亥俄公司在石墨烯涂料领域主要国家 / 地区专利布局情况。从图中可以看出，PPG 工业俄亥俄公司的布局十分全面，在美国、欧洲、中国、日本、韩国等多个国家或地区均进行了布局。

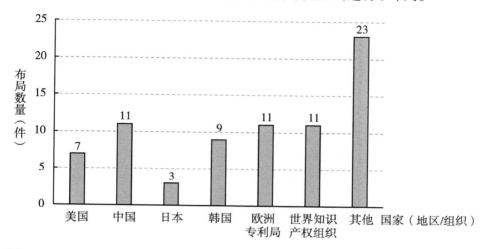

图 5-5-12　PPG 工业俄亥俄公司在石墨烯涂料领域主要国家（地区 / 组织）专利布局情况

3. 专利申请介绍

PPG 工业俄亥俄公司的研发方向主要集中在石墨烯涂料不同的应用领域，多数涉及电性能涂料的专利申请。在专利申请（CN104364334A）中提供了一种涂料组合物，包含成膜聚合物和具有基本上弯曲、卷曲或搭扣形态且压缩密度为 0.9 克 / 立方厘米或更小的石墨烯碳颗粒。通过将具有三维形态的石墨烯碳颗粒添加至其他类型的涂料组合物以提供改进的机械性能，例如拉伸模量，同时保持玻璃化转变温度，或改进流变特征。该涂料组合物可涂覆在板材，使其具有高日光反射指数和耐腐蚀性（CN104470996A）。PPG 工业俄亥俄公司还研发过一系列的电性能涂料，在专利申请（CN104768872A、CN105917419A）中制备了含石墨烯颗粒的导电涂料，可通过控制不同类型的石墨烯颗粒的相对量以产生涂料的期望的电导率性能。在专利申请（CN107004517A）中提供了一种电极涂层，其包含 1%~10% 热产生的石墨烯碳颗粒，经测试，引入热产生的石墨烯碳颗粒在高电流密度时有效地保持活性炭的电容，并通过使全部电极的总体导电率增加使得厚电极的电容增加。此外，PPG 工业俄亥俄公司还研究过用于消声和减振的涂料组合物

（CN106103604A），由含膦酸酯类的非迁移表面活性剂的组分所制备的聚合物微粒的含水分散体，和基于该涂料组合物总重量计为20%~90%的填料材料组成，填料材料包括石墨烯，可以改进涂层的消声和减振。

5.5.2.3　韩国浦项制铁集团公司

1.申请人简介

韩国浦项制铁集团公司（Pohang Iron and Steel Co. Ltd，POSCO）为全球最大的钢铁制造厂商之一。该公司以高耐蚀涂料等作为核心课题，于2011年收购了美国石墨烯生产商XG Sciences的20%的股权，成为其最大股东，以打造业务的多元化。通过收购XG Sciences的部分股权，浦项制铁集团公司获得了石墨烯生产的许可，浦项制铁集团公司希望此次收购能进一步补充核心业务，将制造钢铁过程中出现的副产品焦煤用于生产石墨烯。

2.专利申请整体状况

图5-5-13显示了浦项制铁集团公司全球年申请量。该公司涉及石墨烯涂料的专利申请基本保持了持续申请的状态，在2012年达到了最大值。

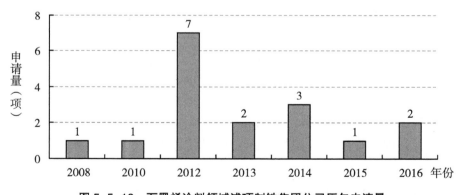

图 5-5-13　石墨烯涂料领域浦项制铁集团公司历年申请量

图5-5-14给出了浦项制铁集团公司在石墨烯涂料领域主要国家/地区专利布局情况。从图中可以看出，浦项制铁集团公司所有相关专利都在韩国进行了申请，同时积极在国外主要国家/地区进行布局。

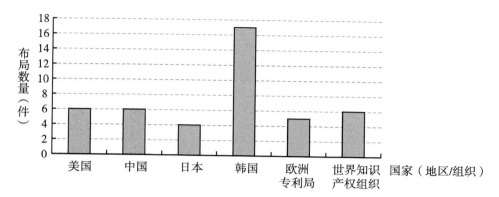

图 5-5-14　浦项制铁集团公司在石墨烯涂料领域主要国家（地区 / 组织）专利布局情况

3.专利申请介绍

由于浦项制铁集团公司将核心课题定位于石墨烯高耐蚀涂料，因而在其 17 项专利申请中，涉及石墨烯防腐涂料的就有 8 项，另外还有涉及热性能和电性能涂料的相关申请。石墨烯防腐涂料专利中，仅两项进入了中国、美国、欧洲、日本等国家（CN104884676A、CN104755656A），其余均只在韩国申请了专利。此外，为了更好地在涂料中使用，浦项制铁集团公司注意到了石墨烯改性技术，并于 2012 年和 2014 年申请了石墨烯改性相关的专利（CN105849039A、CN104884383），改性的方式涉及羟基功能化和 $\pi-\pi$ 键相互作用，通过改性调节碳结构体之间的距离，调节物理性质，使其均匀地分散在高分子基质内，在形成固化涂膜时具有取向性优异，从而能够很好地层积，因此能够有效地用于散热、表面极性或电气物理性质等优异的钢板的制备。涉及石墨烯改性的专利也均选择进入中国、美国、欧洲、日本等多个国家和地区进行保护。在石墨烯涂料的制备技术中，浦项制铁集团公司也注重制备工艺的多元化，其涉及制备工艺的专利申请包括电沉积工艺的申请 CN104755656A、原位聚合工艺的申请 KR2016077580A 等。

5.5.2.4　波音公司

1.申请人简介

波音公司是全球航空航天业的领袖公司，也是世界上最大的民用和军用飞机制造商之一。波音公司近年来开始关注石墨烯在航空航天器中的应用。

2.专利申请整体状况

波音公司在石墨烯涂料领域共计申请专利 14 项，其申请量数量变化趋势如图 5-5-15 所示。最早申请出现在 2009 年，申请量一直较为均衡，2014 年申请量达 4 项。可以预见，在未来几年中，其申请量仍将保持稳步发展的态势。

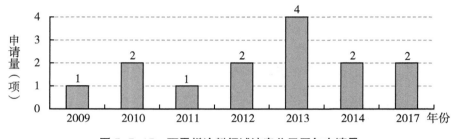

图 5-5-15　石墨烯涂料领域波音公司历年申请量

图 5-5-16 给出了波音公司在石墨烯涂料领域主要国家 / 地区专利布局情况。从图中可以看出，波音公司所有相关专利都在美国进行了申请，同时十分重视在中国、日本、加拿大和欧洲地区的专利布局。

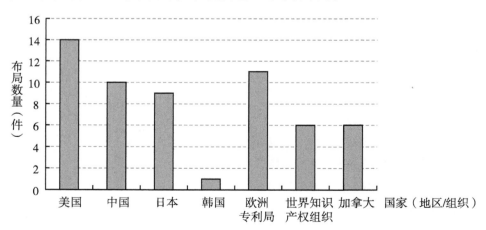

图 5-5-16　波音公司在石墨烯涂料领域主要国家（地区 / 组织）专利布局情况

3.专利申请介绍

波音公司在石墨烯电性能涂料方面研究较多（如 US20150017429A1、US20170306476A1、CN105190496A、CN105461949A），其中 US20150017429A1

研究的是碳涂布基材，主要是在黏合剂表面上滚动碳源形成碳涂层。碳层的平均厚度为 1000 微米或更小，碳涂层包含一个或多个具有 1~10 个原子层的石墨烯片。所获涂层具有高的光学透明度和导电性。用途包括但不限于电子元件、光学元件和汽车、飞机、船和潜水艇。US20170306476A1 也制备出类似涂料产品，用于车辆或飞机外表面。CN105190496A 涉及触摸屏，其导电涂层包含石墨烯层，其中石墨烯层同时充当保护涂层和导电层或导电涂层，其提供导电性能外，还能够对触摸屏提供机械韧性、耐刮擦性和 / 或对来自外部水分损伤、油、污渍或灰尘破坏的耐性。而 CN105461949A 采用石墨烯作为导电掺杂剂制备导电涂层，主要是用于减轻在包含碳纤维增强塑料部件的复合材料结构上的闪电雷击所导致的边缘辉光，应用于航空航天结构中。

在有关石墨烯防腐涂料方面，CN105601973A 研究的是碳基屏障涂层的薄轻质层被施加到高温聚合基体复合物 HTPMC 结构的表面上。碳基屏障涂层可以是石墨烯构成，并且碳基屏障涂层的热膨胀系数小于 HTPMC 结构的热膨胀系数的 10 倍。碳基屏障涂层给予了抗腐蚀屏障。而 CN106029956A 则兼顾了石墨烯的防腐和导电性能，其研究的是抑制阳极氧化材料腐蚀的方法，对阳极氧化材料涂布腐蚀抑制组合物，其腐蚀抑制组合物包含液体载体和分散在该液体载体中的导电性纳米材料，导电性纳米材料采用石墨烯纳米片，可有力地抑制阳极氧化结构的腐蚀。

在石墨烯导热涂料方面，CN102741334A 开发的是一种热导体的黏合剂组合物，包含至少部分用电绝缘涂层涂敷的碳基颗粒，碳基颗粒选自石墨烯。其黏合剂组合物用于将电子元件连接至基底或连接设备中的不同层，还可以用在需要传热路径的应用中，如在电子元件和元件散热器之间，用在航空和卫星工业使用的电子设备中。

波音公司在石墨烯涂料阻燃涂料方面有所研究，如 CN102555329A 研究的飞行器的内部面板，考虑的是阻燃方面，所述内部面板的表层外表面上设阻燃剂保护涂层。保护涂层包括纳米石墨烯，可获得改善的阻燃效果。所获得的内部面板可用在如地板、天花板、侧壁和储藏室的应用中。

5.5.2.5 施乐公司

1.申请人简介

施乐公司于 1906 年成立于美国，是世界上最大的现代化办公设备制造商和静电复印机发明公司，其业务范围遍布美国以及 130 多个国家。

2.专利申请整体状况

施乐公司在石墨烯涂料领域共计申请专利 10 项，其申请量变化趋势如图 5-5-17 所示。由该图可见，相关申请集中在 2009~2013 年，且每年的申请量基本持平。

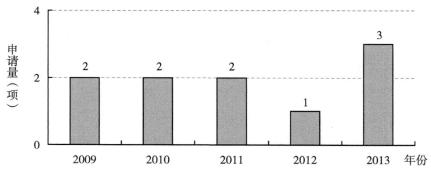

图 5-5-17　石墨烯涂料领域施乐公司历年申请量

图 5-5-18 给出了施乐公司在石墨烯涂料领域主要国家专利布局情况。从该图中可以看出，施乐公司主要在美国和日本进行了专利布局。

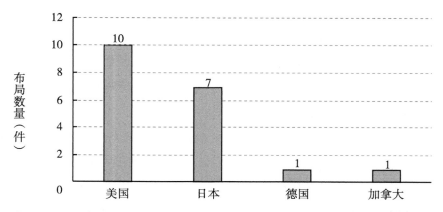

图 5-5-18　施乐公司在石墨烯涂料领域主要国家（地区／组织）专利布局情况

3.专利申请介绍

施乐公司于 2009 年开始石墨烯涂料的研发，通过将石墨烯均匀地分散在可交联的超支化聚合物的基质中获得超纳米复合涂层。与常规的线性或支化聚合物相比，该超纳米复合涂层在约 70℃至约 300℃的温度范围内具有改善的物理、化学、热和 / 或电性质（US20110097588A1、US20110103854A1）。施乐公司还进行过石墨烯改性的研究，在专利申请（US20120010337A1）中，将石墨烯与多面体低聚倍半硅氧烷进行偶联，之后将其与成膜树脂一起制成涂料。

此外，施乐公司还将石墨烯用于打印油墨中。2012 年的专利申请（US20120120146A1）中记载了一种油墨，其包含第一反应性组分，包含可触发组分的第二组分，第三反应性组分和任选的着色剂，该可触发组分可以是石墨烯。第一反应组分和第三反应组分能够彼此反应以在基材上形成固体油墨，其中，第一反应组分包封在微胶囊中，油墨可以喷射到基底上并进行处理，由此使可触发组分触发微胶囊的破裂，从而从微胶囊中释放第一反应组分，使得第一反应组分和第三反应性组分接触、反应和聚合，从而固化油墨。

5.6 本章小结

全球石墨烯涂料的专利申请量近年来快速增长，我国已成为石墨烯涂料领域的第一大技术来源国，美国、韩国、日本等国家也是主要技术来源国。从应用领域而言，全球范围内石墨烯涂料主要集中在电性能涂料、防腐涂料和热性能涂料这三个领域。中国专利申请中的国外申请人主要来自美国、韩国、日本等国家，其中来自美国的申请人最多。分析国内申请人可知，企业占据主导地位，专利申请数量靠前省份大都分布于经济发达的华东、华北和华南地区。中国专利申请的领域也主要集中在电性能涂料、防腐涂料和热性能涂料这三个领域。

石墨烯防腐涂料的申请量整体上呈现逐年增长的趋势，其中，中国申请量占主要地位。按照防腐有效成分，石墨烯防腐涂料可分为石墨烯薄膜防腐涂料和石墨烯复合防腐涂料，石墨烯薄膜防腐涂料专利申请量较少，仅占全部防腐涂料的 5%。石墨烯复合防腐涂料按照防腐性能的不同，一般分为常规防腐涂料和重防腐涂料，常规防腐涂料申请量占主导地位。中国是石墨烯防腐涂料领域最大的技术来源国，我国申请人在常规防腐涂料和石墨烯重防腐涂料的申请优势较为明显。

石墨烯导电涂料全球专利态势总体呈现稳步增长趋势，我国专利申请已经占据主导地位，外国申请也多选择进入中国进行保护。从主要申请人来看，外国企业较多。从导电填料方面看，由于复合材料可以获得更加优越的导电性能，其专利申请数量明显多于纯石墨烯导电涂料。在石墨烯复合导电涂料中，石墨烯与碳系导电填料、导电聚合物的复合导电涂料更加受到关注，因而申请量较大，石墨烯与金属复合导电涂料的申请量仅次之，石墨烯与金属氧化物复合导电涂料的申请量相对较少。未来的导电涂料应是导电性与其他性能的兼优体，因此，复合填料型导电涂料将是导电涂料发展的重点。

石墨烯导静电涂料早期的专利申请均由国外企业申请，且大多选择进入中国，2008~2012 年，全球申请量和在华申请量同步增长。从 2013 年开始，中国专利申请的数量占据了主导地位。石墨烯导静电涂料全球主要申请人几乎全部为企业。

石墨烯电磁屏蔽涂料早期的专利均由国外企业申请，仅部分选择进入中国，随着国内申请量的逐年上升，中国申请已经成为石墨烯电磁屏蔽涂料专利的主力，因此该领域主要申请人多为中国申请人。但从整体看，中国申请虽然数量较大，但分散于众多申请人手中。在电损耗型电磁屏蔽涂料中，仅采用石墨烯作为吸收剂的电磁屏蔽涂料专利申请量最大，其次为石墨烯 – 导电聚合物电磁屏蔽涂料。在磁损耗型电磁屏蔽涂料中，石墨烯 – 铁氧体电磁屏蔽涂料专利申请量最大，其次为石墨烯 – 超细金属粉电磁屏蔽涂料。

石墨烯热性能涂料专利申请总体呈现快速增加趋势。在该领域，中国申请占据了主导地位，从申请量而言，申请量较多的申请人主要为企业。国外申请人中，来自韩国和美国申请人的申请较多，但每个申请人的申请量并不多；其中韩国申请人在石墨烯导热涂料方面研究较多，申请量要明显多于其他主要国家。从专利布局而言，我国申请人的专利申请基本都只在本国受保护，很少有进入其他国家的申请，而国外申请人一般会选择在多个国家或地区进行专利申请，从而尽可能在产品可能涉及的国家或地区获得专利保护。

第六章　石墨烯锂离子电池专利技术分析

　　目前，锂离子电池在中国各类储能技术装置中占比 66%，作为国内储能市场中的主流技术，锂离子电池在移动终端、电动汽车等领域也有着广泛的应用前景。根据乘用车市场信息联席会数据，2017 年中国新能源汽车共销售 56 万辆，其中纯电动汽车 45 万辆；2018 年中国新能源汽车共销售 105.3 万辆，市场渗透率从 2011 年的 0.3% 增长至超过 4%。能量密度较高、可逆容量较大、开放电压大、使用寿命较长等是锂离子电池所具有的独特性能，这使它具有了其他电池不可比拟的优势。锂离子电池包括四大主要部件：正电极、负电极、电解质和隔膜。传统的锂离子电池导电添加剂主要由乙炔黑和炭黑等物质组成，通过点对点的方式，导电添加剂与正极、负极活性材料粒子相互接触，由此带来了较大的热阻抗，高温给锂电池组带来了极大的安全隐患。因此，对于可以提供高效导电网络的新型电池导电添加剂材料的需求就变得极为迫切，新型材料不仅能降低添加量，也能大幅度提升正极、负极电极的导电能力，降低电池成本，同时可改善锂离子电池的倍率和充放电循环性能。

　　作为一种具有平面二维结构的纳米材料，石墨烯由碳原子组成，呈现六角形、蜂巢状，由于其厚度仅有一个碳原子的直径大小，因此其具有极好的导电性能，是目前被人类发现的电阻率最小的材料。此外，石墨烯还具有出色的导热性能，其单层材料理论室温下热传导率极高，石墨烯电池在工作时易产生大量热量，高温易导致元件损坏甚至引发火灾等危险，而石墨烯具有的导热性质可以被用于电池散热研究中，这保证了石墨烯材料在锂离子电池发展前景中占据着重要的地位。

　　目前，常用的锂离子正极材料大多是半导体，例如，较为常见的锂离子电池正极材料磷酸铁锂（LiFePO$_4$）。这些半导体材料都应具有较大可逆容量、电力储存能量高并具一定稳定性、绿色环保、对环境无危害以及制作成本低廉等特点，但目前使用的磷酸铁锂还存在一些缺点，例如，存在电导率较差、锂离子迁移率较低等缺点，无法全面推广使用。因此，若结合现代技术，将磷酸铁锂材料与石墨烯复合，则可以提高其导电能力，使倍率性得以改善。

石墨烯直接作为锂离子电池的负极材料，其比容量为540毫安时每克；由于石墨烯具有较大的比表面积，科学家将石墨烯纳米片用于锂电负极材料以提高其可逆容量，在多次循环后其可逆容量损耗率较低。

另外，石墨烯与金属氧化物、合金材料复合后可用作锂离子电池的负极材料，例如，锡基、硅基氧化物等材料。由于纳米材料自身特性，利用石墨烯材料的导电性能和结构特点加以改造，将会提高锂离子传输速率，改善锂离子电池的倍率性能，以弥补原材料的不足和诸多缺陷，降低成本费用。

由于石墨烯具有非常出色的导电性能，将其作为导电添加剂时，将会大幅度提升电池的导电率。有调查研究表明，在硅纳米材料中添加石墨烯后形成的复合材料的性能比一般的导电添加剂如天然石墨等更为优越，且其循环可逆比容量大幅度提升，多次循环后损耗极小，降低了成本。而当石墨烯材料作为导电添加剂加入石墨材料中也会优化石墨材料自身的导电性能。

此外，当在苯二甲酸乙二酯表面涂上石墨烯薄膜时，由于石墨烯自身具有的力学强度和韧性，使该复合材料具有极强的柔性和较低的密度，使材料性能得以优化，在制备可变性强的锂离子电池中具有广阔前景。目前，科学技术正在不断发展，将添加有石墨烯材料的复合型柔性电极材料应用于可穿戴式电子设备中指日可待。

6.1 全球专利技术发展趋势分析

6.1.1 全球专利申请趋势

通过数据检索（检索截止日期为2019年4月30日）并筛选后得到全球石墨烯锂离子电池领域相关专利申请7037项。由于2018年和2019年的专利申请存在未完全公开的情况，故本小节所列图表中 2018 年、2019 年的相关数据不代表这两个年份的全部申请。

由图 6-1-1 可知，从 2000 年出现第一项石墨烯锂离子电池相关专利申请以来，石墨烯锂离子电池技术研究经历了近 20 年的发展历程，大致可分为两个发展阶段。

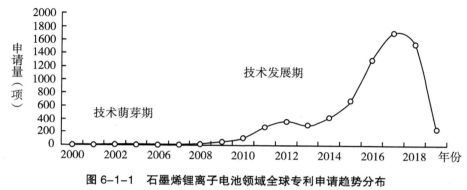

图 6-1-1　石墨烯锂离子电池领域全球专利申请趋势分布

1. 技术萌芽期

2000~2010 年，石墨烯锂离子电池相关专利的申请数量较少，2000 年出现了第一项涉及石墨烯锂离子电池的专利申请。随后申请量逐渐增多，但一直维持在较低的水平，2000~2009 年的专利申请量年均未超过 50 项，直到 2010 年专利申请量才超过 100 项。

2. 技术发展期

2010 年以后，石墨烯锂离子电池的申请量快速增长，这标志着石墨烯锂离子电池的技术进入快速发展期。2012 年专利申请量达到 368 项，虽然到了 2013 年出现了一定的波动，但是从 2014 年开始，出现了高速增长，基本以每年 50% 以上的速度递增；2014 年专利申请量为 423 项，2015 年专利申请量为 687 项，2016 年和 2017 年的专利申请量分别为 1303 项和 1715 项。可见，全球石墨烯锂离子电池的专利申请数量开始急剧增长，并且呈快速上升趋势。以上数据表明，石墨烯锂离子电池相关专利技术进入快速发展的活跃期。

6.1.2 全球专利申请来源及布局区域

图 6-1-2 显示了石墨烯锂离子电池领域全球专利申请的国家（地区／组织）分布情况。从图中可以看出，在石墨烯锂离子电池领域的全球专利申请中，77.9%的专利申请都是中国申请，外国专利申请共 1628 件，占全部申请量的 22.1%。外国专利申请中，美国的申请量占全球石墨烯锂离子电池领域的 7.6%，韩国的申请量占全球申请量的 4.9%，其后依次为日本、德国、英国、法国等。从石墨烯锂离子电池领域专利申请来源国（地区／组织）的地域分布可以看出该领域的技术来源国（地区／组织）的分布特点。从技术来源国（地区／组织）的角度可以看出，石墨烯锂离子电池领域的主要技术输出国还是主要集中在中国、美国、韩国和日本，这四个国家的专利申请量占全球专利申请量的 93.5%。

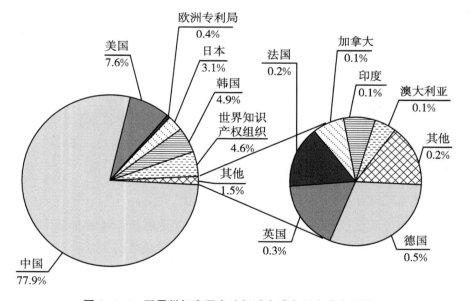

图 6-1-2　石墨烯锂离子电池领域全球专利申请来源情况

图 6-1-3 显示了石墨烯锂离子电池领域相关专利申请的公开国情况以及技术流向。该图体现了不同国家（地区／组织）在其他国家（地区／组织）的专利布局情况，从图中可以看出，各优先权国家流向的目的地不同。

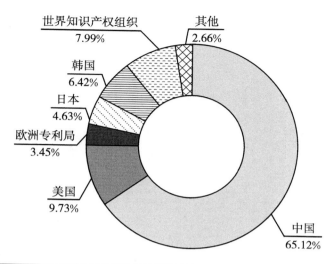

技术产出国（地区/组织）	技术目标国（地区/组织）						
	中国	美国	欧洲专利局	日本	韩国	世界知识产权组织	其他
中国	99.97%	1.99%	0.75%	0.80%	0.58%	2.38%	0.28%
美国	31.24%	90.13%	19.03%	17.95%	22.26%	53.68%	16.16%
欧洲专利局	67.74%	61.29%	96.77%	54.84%	58.06%	61.29%	29.03%
日本	39.04%	59.65%	13.16%	84.21%	24.56%	30.26%	10.09%
韩国	21.85%	32.21%	16.25%	14.01%	98.04%	23.81%	1.96%
世界知识产权组织	83.24%	76.47%	56.47%	55.00%	59.12%	98.24%	37.06%

图 6-1-3 石墨烯锂离子电池领域专利技术流向

图 6-1-4 采用雷达图的形式，直观展示了作为五大技术来源国（地区/组织）的中国、美国、韩国、日本和欧洲在其他五个国家（地区/组织）布局具体状况，体现了各主要技术来源国（地区/组织）的技术流向。此外，图中技术来源国（地区/组织）坐标轴的最大值为该技术来源国（地区/组织）的专利数量，例如，美国为技术来源国（地区/组织）的专利数量为 557 项，而进入中国的数量为 174 件。因此，通过雷达图可以很直观地反映出技术来源国（地区/组织）向外技术输出的比例，雷达图中的面积越大，说明技术

来源国（地区／组织）向外技术输出的比例越高。

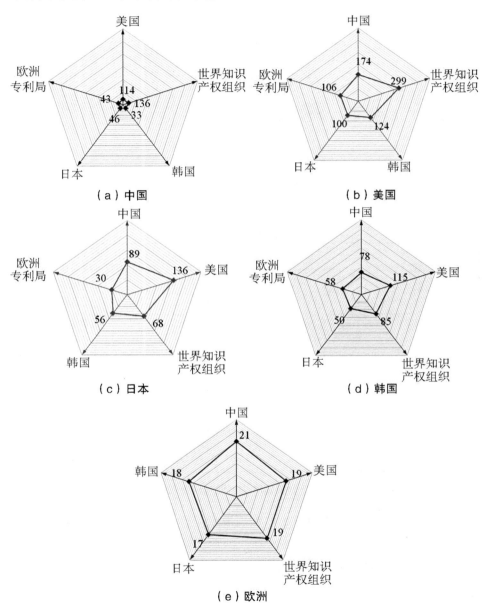

图6-1-4　石墨烯锂离子电池领域主要技术来源国（地区／组织）目标市场布局

注：图中数字表示申请量，单位为件。

224

中国是石墨烯锂离子电池的最大产出国，其专利申请量最多，并且也是主要国家/地区最为重视的市场。以中国为目标的专利布局量占全部石墨烯锂离子电池领域的65.13%。可见，中国不仅是石墨烯锂离子电池领域最大的技术产出国，也是最大的技术目标国（地区/组织）。但中国在海外的专利布局很少，在美国的专利布局仅为1.99%，在日本、韩国和欧洲等国家和地区的专利布局都没有超过1%，并且中国申请的《专利合作条约》专利数量也是五大局中最少的，仅有2.38%。中国在国外布局的比例小于其技术产出总量的5%，这一方面反映了国内创新主体在海外知识产权保护意识和保护力度亟须加强；另一方面反映了中国石墨烯锂离子电池专利申请的质量与美国、韩国仍存在差距，在核心技术研发、抢占技术制高点的道路上还有很长的路要走。

美国在该领域的专利申请量仅次于中国，除了较为重视本国的专利布局以外，在世界主要其他国家和地区都有相关专利布局，其中对中国市场的重视要远超韩国、欧洲和日本，同时美国以《专利合作条约》形式进行的申请量占比也很高，达到53.68%。这与美国一贯重视拓展海外市场、在石墨烯锂离子电池重点技术领域具备很强的研发实力、注重海外市场知识产权保护等多方面因素有关。

以韩国为优先权国家的专利申请量排在中国和美国之后，其最为重视美国市场，其次为中国市场，有50%以上的专利申请在这两个国家进行布局。此外，有超过23%的专利申请通过《专利合作条约》形式进行申请。

以日本为优先权国家的专利申请量排在中国、美国和韩国之后，其对本国的专利布局比例最低，仅为84.21%，有相当数量的专利申请是以海外市场为目标的。其中，对于美国市场最为重视，将近60%的专利申请在美国进行布局，其次为中国和韩国，分别有近40%和近25%的专利申请在上述两国进行布局，说明日本也很重视东亚市场。此外，有超过30%的专利申请通过《专利合作条约》形式进行申请。

以欧洲为优先权地区的专利申请量虽然不同，但是其对各个国家（地区/组织）都很重视，在中国、美国、韩国和日本的专利申请量均超过了50%，并且60%以上的专利申请通过《专利合作条约》形式进入世界各主要国家（地区/组织）。这说明欧洲申请人相当重视在海外的专利布局，原因在于其对世界贸易的主要市场都很重视，并且很重视通过《专利合作条约》方式进行专利布局。相对灵活的布局方式使得欧洲申请人可以自由选择进入世界各主要国家的市场。

如图 6-1-5 所示，截至 2019 年 4 月 30 日，石墨烯锂离子电池领域中，有 83% 的专利申请已经获得授权，处于有效的状态，有 11% 的专利申请已经失效，有 6% 的专利申请仍然处于公开未决的状态。可以看出，石墨烯锂离子电池领域的专利申请具有较高授权率，这从一个方面说明了该领域的技术含量和创新水平较高。

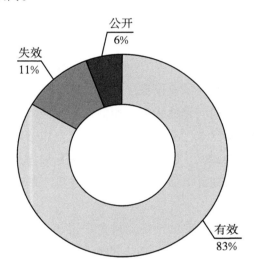

图 6-1-5　石墨烯锂离子电池领域全球专利法律状态

图 6-1-6 显示了石墨烯锂离子电池领域全球主要技术输出国（地区 / 组织）法律状态。从图中可以看出，以《专利合作条约》形式进行申请的专利有效率最高，达到 90%，中国的专利有效率为 86%。而美国、日本和韩国可能由于申请策略的原因，通常在 18 个月才会公开，因此，其公开状态的申请量较高，但相对地，上述三个国家的失效率要低于中国，失效率最高的是欧洲地区的专利申请。虽然专利有效率、失效率无法直接反映创新主体的创新能力与技术含量，但是有效专利在一定范围内、一定时间段是潜在的技术创新来源，是抵御外来技术进入的有效手段，因此，有效专利数量、失效专利数量在一定程度上能反映一个国家 / 地区的创新主体对于该领域的重视程度。

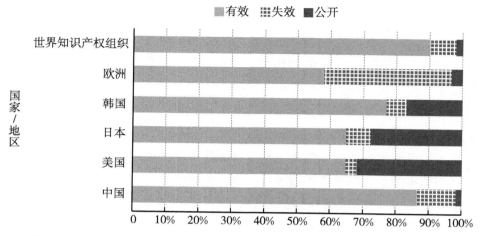

图 6-1-6　石墨烯锂离子电池领域全球主要技术输出国（地区／组织）法律状态

6.2　在华专利技术发展趋势分析

6.2.1　在华专利申请趋势

截至 2019 年 4 月 30 日，在华石墨烯申请总量为 6140 项。图 6-2-1 给出了石墨烯锂离子电池领域专利申请量国外来华和中国国内申请量年度变化趋势。从图 6-2-1 可以看出，石墨烯锂离子电池技术在华专利申请量总体趋势基本与全球申请趋势一致，经历了技术萌芽期后，2010 年起进入技术发展期。

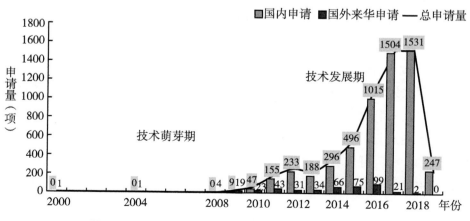

图 6-2-1　石墨烯锂离子电池在华申请量年度变化趋势

石墨烯锂离子电池相关专利的申请在 2000 年就已出现，2001 年来源于日本的石墨烯技术在中国台湾地区提出申请，寻求专利保护，拉开了石墨烯在华专利申请的序幕。2000~2010 年，申请量较少，直到 2007 年，专利申请数量才开始出现一定幅度的增长，从 2009 年起，在华石墨烯相关专利申请数量急剧增长，呈现快速发展态势。也正是从 2009 年起，开始有国内申请人申请石墨烯锂离子电池技术的相关专利，并且在第二年就迅速超过了国外申请人的申请量，并持续快速增长。而国外在华申请量从 2010 年起，虽然也有小幅度增长，但每年不超过 100 项，中国申请人在 2011 年的申请量达到 155 项之后，到了 2017 年已经达到 1504 项，与 2011 年相比，几乎增加了 9 倍。中国国内研发主体快速转移到石墨烯锂离子电池技术研究中来，短短几年内迅速集中了大量的人力财力，国内申请人开始在中国大量申请专利，使得在华申请数量在全球申请数量中所占比例迅速提升，并成为世界石墨烯专利研发最为活跃的主体之一。随着石墨烯锂离子电池技术研发领域的不断扩展和研发深度的不断加深，石墨烯锂离子电池研究在全球范围内持续升温，特别是在中国，正迎来石墨烯锂离子电池的研发热潮。可以预见，2019 年以及未来几年内石墨烯专利在华申请数量仍将会继续保持快速增长态势。

6.2.2 在华专利申请来源及布局区域

图 6-2-2 显示了石墨烯锂离子电池领域在华专利申请的国家和地区分布情况。从图中可以看出，石墨烯锂离子电池领域的在华专利申请中，大约 90% 的专利申请都来自中国，外国申请人在华专利申请仅占全部在华专利申请量的 10.8%，占比并不是很高。在华申请的国外申请人主要来源以下国家 / 地区，依次为：美国 174 件、日本 89 件、韩国 78 件、其他国家或地区 355 件，其中通过《专利合作条约》的方式进入中国的申请有 283 件。美国申请占外国在华申请总量的 25%、日本占比为 13%、韩国为 11%，共占据全部在华申请总量的 49%，可以看出这三国依然是石墨烯锂离子电池技术领域在华专利申请的主要力量。

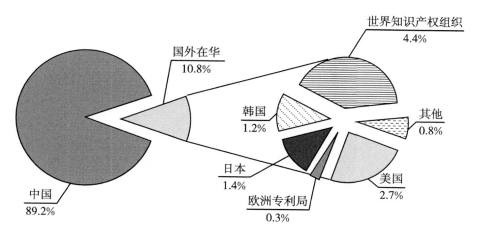

图 6-2-2 石墨烯锂离子电池领域在华专利来源情况

从图 6-2-3 可以看出，国外在华申请多集中在 2009~2016 年，并呈现稳健增长的态势。从目前技术研发投入上看，各主要国家／地区都在积极资助石墨烯锂离子电池技术的发展，虽然国外申请人的绝对数量与中国国内申请量相比差距较大，但是国外专利申请人一般都在 18 个月之后才公开，因此，中国申请人应该对该领域的国外竞争对手保持高度关注，并关注专利的保护范围。

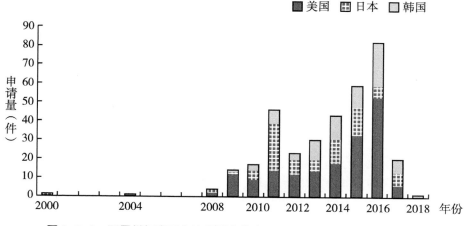

图 6-2-3 石墨烯锂离子电池领域在华主要国外申请人不同年度申请量

如图 6-2-4 所示，截至 2019 年 4 月 30 日，石墨烯锂离子电池领域的在华专利中，86% 的专利申请已经获得授权，处于有效的状态，这一比例高于全球专利有效率，12%的专利申请已经失效，其余2%的专利申请仍然处于公开未决的状态。

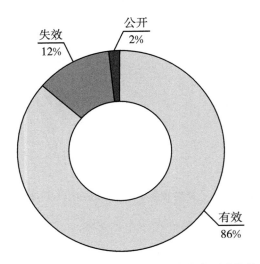

图 6-2-4 石墨烯锂离子电池领域在华专利法律状态

从图 6-2-5 可以看出，中国申请的有效率为86.5%，国外在华的有效率为87.4%，相差不大，但是中国申请的失效率为12.0%，而国外在华的失效率为8.6%，从一个侧面反映出国外申请的专利质量略好于中国申请。

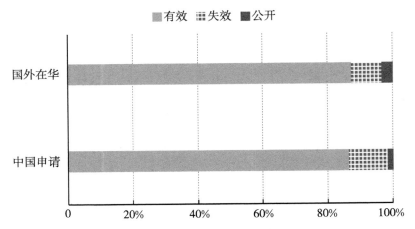

图 6-2-5 石墨烯锂离子电池领域在华不同申请人法律状态对比

6.3 重点申请人分析

6.3.1 全球主要申请人

图 6-3-1 显示了全球石墨烯锂离子电池相关专利申请的排名状况，该图直观地反映了全球前二十名主要申请人的申请数量。

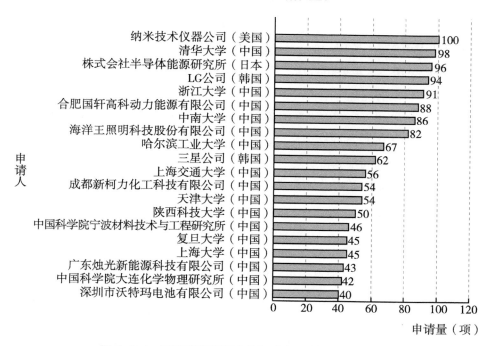

图 6-3-1 石墨烯锂离子电池领域主要申请人全球排名

从全球主要申请人的国别来看，主要申请人国别为中国、美国、日本、韩国。全球石墨烯锂离子电池专利申请量排名前二十名中，中国申请人有 16 家，比例占到了 80%，包括 5 家企业、9 所大学和 2 家中国科学院研究所；国外申请人主要来自美国、韩国和日本，且三个国家的申请人均有 1 家企业位列全球前 5 名。这说明中国的企业和研发机构均意识到了石墨烯锂离子电池领域的潜在市场价值，对石墨烯锂离子电池技术的研究关注较多，并且积极申请专利保护，从而抢占未来的市场份额。从国外申请人的构成来看，美国、韩国和日本均在石墨烯锂离子电池技术领域中投入了相当的研发资源并进行了一定的专利布局，他们对石墨烯锂离子电池技术的市场价值也抱有一定预期，并且积极投入了一定的研发力度。在锂离子电池领域，美国、韩国和日本布局了大量专利，例如，以美国的 EnerDel 公司、A123 Systems 公司，韩国的 LG 化学公司、三星 SDI 公司，日本的松下公司、索尼公司等为代表的企业研发活动相当活跃，可以看出，这些企业对石墨烯锂离子电池技术的市场化前景持有相当乐观的态度，在该领域的专利研发相当活跃。

从全球主要申请人的类型来看，全球石墨烯锂离子电池专利申请量排名前 20 名的申请人中，有 9 家企业开展了石墨烯锂离子电池专利申请，在所有专利申请人中所占比例为 45%，接近一半，分别是美国的纳米技术仪器公司，韩国的 LG 公司、三星公司，日本的株式会社半导体能源研究所，以及中国的合肥国轩高科动力能源有限公司、海洋王照明科技股份有限公司、成都新柯力化工科技有限公司、广东烛光新能源科技有限公司和深圳市沃特玛电池有限公司。大学申请人的数量同样为 9 个，此外还有 2 个科研机构，以上 11 个专利申请人均为中国的高校和科研院所。可见，在石墨烯锂离子电池技术领域，申请人类型主要是企业和大学、研究机构等科研单位。而中国的主要申请人为高校和科研机构。

通过分析全球前十位申请人每年申请量的变化趋势可知，申请人对锂离子电池领域的关注程度。

图 6-3-2 为石墨烯锂离子电池领域全球十大申请人申请变化趋势。从图中可以看出，在该领域早期的专利申请中，美国纳米技术仪器公司是主要申请人，但是自 2011 年起中国专利申请人开始重视在该领域的专利布局，纳米技术仪器公司在 2012~2014 年基本已经退出锂离子电池领域前十位，但是在 2015 年之后，其申请量又明显增长。与此同时，韩国三星公司、LG 公司以及日本株式会社半导体能源研究所近十年对石墨烯锂离子电池的关注度持续增高，其在石墨烯锂离子电池领域的持续竞争力和研发持续性较强。虽然这几个申请人不是最早涉足石墨烯锂离子电池领域的申请人，但是其在该领域的布局不容小觑。申请人在石墨烯锂离子电池领域专利布局的持续性在一定程度上可以反映出对该领域的关注程度。高校的研发持续性相对较好，如浙江大学作为后起之秀，该校陈卫祥教授的课题组主要研究方向即石墨烯材料在电池中的应用，相信随着研究的深入，该校会在锂离子电池领域有更多的专利申请。从整体上看，石墨烯锂离子电池领域申请人之间的竞争较激烈，申请人每年的排名均有一定变化。

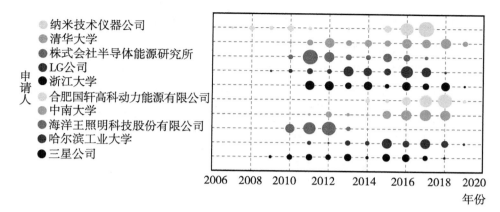

图6-3-2 石墨烯锂离子电池领域全球十大申请人申请变化趋势

注：图中气泡大小代表申请量的多少。

6.3.2 在华主要申请人

图6-3-3 显示了石墨烯锂离子电池相关专利申请的在华前二十名主要申请人的申请数量状况。

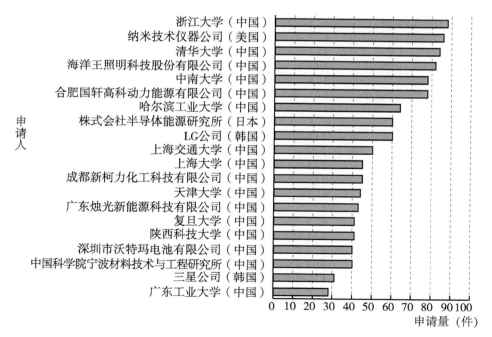

图6-3-3 石墨烯锂离子电池领域在华主要申请人全球排名

从在华主要申请人的数据来看，目前国内的石墨烯锂离子电池专利申请人多为中国的科研院所。在华申请量排名前二十的申请人中，有十个国内高校，还有1家科研机构，体现了国内大学和研究机构对石墨烯锂离子电池领域研究的极大兴趣，提出了一定数量的专利申请。对比图6-3-1和图6-3-3可以发现，排名全球第十九位的中国科学院大连化学物理研究所并未入围在华前二十的申请人，广东工业大学的申请量进入在华前二十名。

中国是世界制造大国，锂离子电池的产能在世界范围内领先。由于石墨烯在锂离子电池等新能源领域的应用前景比较好，国内的相关申请人对石墨烯锂离子电池保持了很高的关注度，一些市场信息敏锐的申请人抢先进行了技术研发和储备。

从申请人的类型分布来看，国内企业申请人有五家，科研院所的申请人相对较多。以海洋王照明科技股份有限公司为例，其涉及石墨烯锂离子电池的专利申请主要集中在2010~2013年这段时间，在2014年之后，并无涉及石墨烯锂离子电池的相关专利申请。此外，合肥国轩高科动力能源有限公司、成都新柯力化工科技有限公司、广东烛光新能源科技有限公司和深圳市沃特玛电池有限公司这几家在华前二十的企业，也存在一段时间内申请相对集中的情况。

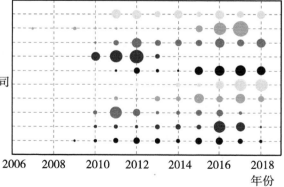

图6-3-4　石墨烯锂离子电池领域在华十大申请人申请变化趋势

注：图中气泡大小代表申请量的多少。

因此，国内以科学研究为主的申请格局突显中国企业对石墨烯锂离子电池技术研发整体参与度有待提高，总体而言，我国在此领域的专利申请仍停留在以科学研究为主的阶段，石墨烯技术产业化任重而道远。

在华申请量排名前二十的申请人中，有四家国外申请人，其与全球前二十的申请人完全一致，只是在排名上略有变化。其中，值得关注的是在全球排名第十位的三星公司，在华排名为第十九位，从专利申请量看，三星公司有 50% 的专利申请未进入中国。分析其原因可能是：石墨烯锂离子电池技术的大规模应用仍处于研究摸索阶段，国外的企业在中国专利布局同样处于初期阶段。从专利布局策略上来讲，在此阶段中，国外公司通常仅在重点领域中进行核心专利的布局，为后续的技术发展打下基础，而并非注重在数量上取得优势。另外，从以往国内申请的特点来看，国内申请人往往选择提前公开专利申请以期望早日获得授权，相比较而言，国外的专利申请通过《专利合作条约》途径和《巴黎公约》途径进入中国国家阶段往往要花费相对更长的时间。

6.4 重点专利分析

本节将通过多种信息，如专利引证分析、同族专利规模分析等，综合确定锂离子电池领域的重点专利，来研判分析石墨烯锂离子电池领域的核心技术。

6.4.1 专利引用和同族规模分析

专利文献的引用信息可以识别孤立的专利文献（即很少被其他专利文献所引用）和活跃的专利文献（该专利申请被大量在后申请所引用，表明了它们是影响力较大的专利技术，或是具有更高价值的专利技术）。换言之，在相同技术领域中，专利技术被引用次数越多，表明对在后发明者的影响越大。这使得它们更有价值，也反映出该专利技术的重要程度。

表 6-4-1 是石墨烯锂离子电池领域专利引用次数排名前 30 位的专利申请。从表中可以看出，在锂离子电池领域引证频次排名前 30 位的专利中，技术来源国（地区/组织）为美国的专利技术有 18 项、中国有 10 项、日本有 1 项、专利合作条约国际申请有 1 项。从上述技术来源国（地区/组织）分布可以看出，石墨烯锂离子电池领域专利被引次数较高的专利技术都掌握在技

术实力较强的国家／地区手里。中国为被引用次数第二的国家，说明了中国的影响力已经得到越来越多的体现，特别是在锂离子电池领域。但是，应该客观地看待这些引用次数，进一步分析可以发现，引用中国的专利技术大多是中国本国的专利技术，施引的国别数量不如美国，因此，中国相关科研工作者还应该加大科技创新的能力，特别是多产出一些具有一定影响力的原创专利。虽然日本在引用次数前30名的专利技术仅有1项，但是该专利一方面引用次数较高，另一方面技术输出的时间较早，说明了日本在把握潜在技术领域的方面上值得中国学习。此外，在被引次数前30名的专利中，并未出现韩国的专利申请。

表 6-4-1　石墨烯锂离子电池领域专利引用频次排名

序号	专利号	技术来源国（地区／组织）	申请年	施引次数	同族数量	同族国家（地区／组织）
1	US20100143798A1	美国	2008	234	2	美国
2	US20090305135A1	美国	2008	227	2	美国
3	US20100176337A1	美国	2009	215	2	美国
4	US20110121240A1	美国	2010	162	2	美国
5	US20080261116A1	美国	2008	161	6	美国、世界知识产权组织、欧洲专利局、日本
6	US20120064409A1	美国	2010	148	2	美国
7	US20090246625A1	美国	2009	140	4	美国、世界知识产权组织
8	US20120058397A1	美国	2010	129	2	美国
9	US20110165466A1	美国	2010	123	2	美国
10	CN101752561A	中国	2009	111	11	中国、世界知识产权组织、加拿大、欧洲专利局、韩国、美国、日本

续表

序号	专利号	技术来源国（地区/组织）	申请年	施引次数	同族数量	同族国家（地区/组织）
11	US20090186276A1	美国	2008	109	1	美国
12	US20110227000A1	美国	2011	100	3	美国、世界知识产权组织
13	CN102208598A	中国	2011	99	5	中国、世界知识产权组织、美国
14	US20090176159A1	美国	2008	95	2	美国
15	CN101710619A	中国	2009	92	1	中国
16	CN101562248A	中国	2009	85	2	中国
17	US20100173198A1	美国	2009	79	2	美国
18	CN102646817A	中国	2010	77	1	中国
19	WO2009127901A1	世界知识产权组织	2008	76	5	世界知识产权组织、欧洲专利局、日本、美国
20	JP2001288625A	日本	2001	75	12	欧洲专利局、日本、美国、韩国、中国台湾、德国
21	CN101849302A	中国	2008	72	9	中国、美国、世界知识产权组织、韩国、日本
22	US20110104571A1	美国	2009	71	2	美国
23	US20090169725A1	美国	2008	67	2	美国
24	CN102306757A	中国	2011	65	2	中国
25	CN102544502A	中国	2010	64	2	中国
26	CN102214817A	中国	2010	63	1	中国
27	CN101924211A	中国	2010	63	1	中国

序号	专利号	技术来源国（地区/组织）	申请年	施引次数	同族数量	同族国家（地区/组织）
28	US20110165462A1	美国	2010	62	2	美国
29	US20120321953A1	美国	2011	58	2	美国
30	US20120214068A1	美国	2012	56	2	美国

同族专利数虽然不如引用次数更能反映一项专利在某一个领域的影响力与价值，但是，同族专利数却能够反映出申请人对这项专利的重视程度。如果某项专利的同族专利数较多，则说明该专利在多个国家/地区进行了申请和布局。同族专利数越多，该专利对申请人来说越重要，表明其希望获得更广泛的专利权。因此，同族专利数能从侧面反映出某一专利申请的重要程度。

表6-4-2是石墨烯锂离子电池领域同族专利数排名前32位的专利申请。从表中可以看出，在锂离子电池领域同族专利数排名前32位的专利中，技术来源国（地区/组织）为美国、日本的专利技术最多，分别有10项，澳大利亚有3项，英国、法国分别有2项，欧洲专利局、中国分别有1项。相比于引用次数，发达国家/地区例如美国、日本、欧洲的同族专利数较多，美国、欧洲、日本等具有完善的专利体系、成熟的专利保护意识，注重在世界范围内进行有效的专利布局，而中国申请人对国外市场的保护意识还有待提高。

表6-4-2 石墨烯锂离子电池领域同族专利数

序号	专利号	技术来源国（地区/组织）	同族数量	序号	专利号	技术来源国（地区/组织）	同族数量
1	CN109305915A	中国	34	17	DE102011003125A1	德国	19
2	WO2012158924A2	美国、澳大利亚	33	18	CN102903924A	中国	19

序号	专利号	技术来源国（地区/组织）	同族数量	序号	专利号	技术来源国（地区/组织）	同族数量
3	CN109360925A	美国、世界知识产权组织	30	19	CN103918109A	加拿大	19
4	CN104030273A	日本	30	20	CN106947280A	日本、世界知识产权组织	19
5	CN107275722A	美国、澳大利亚	29	21	CN106233512A	美国、世界知识产权组织	19
6	CN107431193A	美国、世界知识产权组织、欧洲专利局	29	22	CN108565463A	日本、世界知识产权组织	19
7	GB2483373A	英国	28	23	US20120088156A1	日本	18
8	CN106463771A	澳大利亚、世界知识产权组织	27	24	WO2013093014A1	德国	18
9	CN104282876A	日本	24	25	CN107108215A	美国	18
10	CN103311499A	法国	23	26	CN102456869A	欧洲专利局	18
11	CN103208610A	法国	22	27	US20150147646A1	美国、世界知识产权组织	17
12	CN102256897A	日本	22	28	CN102112393A	美国、世界知识产权组织	17
13	CN108101050A	日本	21	29	CN103402913A	中国、世界知识产权组织	17

序号	专利号	技术来源国（地区/组织）	同族数量	序号	专利号	技术来源国（地区/组织）	同族数量
14	CN106935795A	英国	20	30	CN103443971A	日本	17
15	CN103748712A	美国、世界知识产权组织	20	31	CN106410192A	日本	17
16	CN105051948A	美国	20	32	CN106663808A	日本、世界知识产权组织	17

6.4.2　重点专利技术介绍

本小节以引用频次、同族数量、全球主要国家（地区/组织）专利布局情况分析、申请时间、申请人情况等相关因素为基础，确定锂离子电池领域的重点专利技术。通过对锂离子电池领域重点专利技术进行解读，从而使相关行业以及企业能够借鉴先进技术、避免重复研究、了解主要竞争对手的专利保护范围并防止专利侵权行为的发生。

根据施引次数、同族数量等技术衡量标准，对锂离子电池领域三千余篇专利进行筛选，得到45项重点专利。图6-4-1为技术发展路线，从技术来源国（地区/组织）的角度看，在45项重点专利中，美国有14项专利技术，占31%；中国有7项，占16%，韩国、日本各有6项，《专利合作条约》申请4项，欧洲地区申请3项，英国2项，德国1项。从以上数据可知，美国掌握了锂离子电池领域接近1/3的重点专利，中国、韩国、日本最近几年也加大了对石墨烯技术的研发力度，其重点专利数量排在第二集团。从重点专利出现时间分布来看，锂离子电池领域的重点专利分布在2009~2012年。从锂离子电池技术发展趋势来看，2009年开始锂离子电池的申请量快速增长，而在技术快速发展期的2009年是最容易产出重点专利的时间点，在该时间点，世界各国的竞争者竞相抢占该领域的空白，并开始有意识地在重点市场进行专利布局，从而牵制竞争对手、抢占市场，这进一步促进了锂离子电池领域的发展。

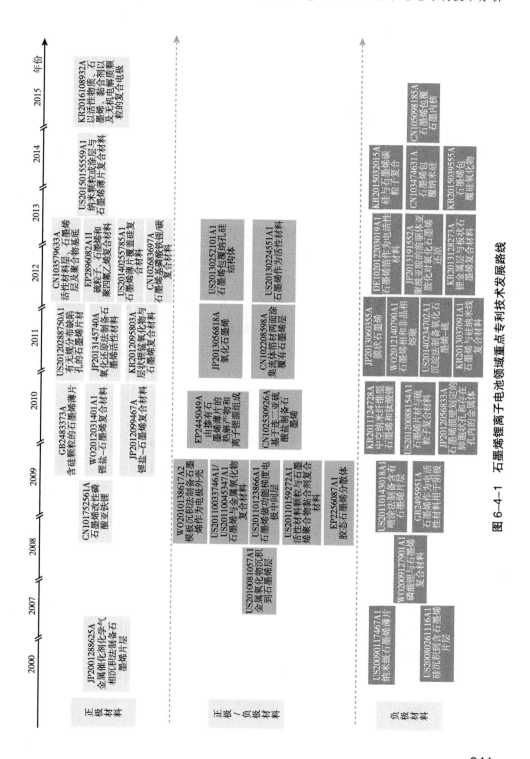

图 6-4-1 石墨烯锂离子电池领域重点专利技术发展路线

从技术方向可以看出，石墨烯锂离子电池正极材料、负极材料的研发占了绝大部分比例，说明锂离子电池领域研发关注点与锂离子电池领域的核心问题保持一致。2000 年出现了采用化学气相沉积法制备石墨烯正极材料用于锂离子电池的专利申请，此后虽然经过了几年真空期，但是对正极材料改进的专利数量还是不断增加；而对负极材料改进的重要专利出现在 2007 年，比正极材料晚了 7 年。对既可用于正极又可用于负极的电极材料的研发，重点专利出现在 2008 年。

6.4.2.1 正极材料

锂离子电池正极材料的性能直接影响锂离子电池的能量密度、比容量、温度以及安全性能，因此，锂离子电池正极材料的开发是推动整个锂离子电池技术更新的基础环节。从图 6–4–1 可以看出，2000 年日本真空技术株式会社，申请了将石墨烯用于锂离子电池领域的第一项专利申请 JP2001288625A，该项专利利用金属催化剂以化学气相沉积法制备石墨烯片层作为锂离子电池正极材料，并控制沉积的碳材料的形貌，以提高正极的质量。虽然该专利申请得到的石墨烯片层与单层石墨烯的厚度还有一定的差距，但是产物也是纳米级的石墨烯层，为推动石墨烯制备技术的发展奠定了扎实的基础。

经历九年的技术研发和探索，随着磷酸亚铁锂等正极材料的开发，采用石墨烯对该正极材料改性成为研究热点。2009 年出现了石墨烯改性磷酸亚铁锂作为正极活性材料的专利申请 CN101752561A，该申请的申请人宁波艾能锂电材料科技股份有限公司发现，正极活性材料为石墨烯改性或氧化石墨烯改性的磷酸亚铁锂材料，能使正极材料具有出色的高倍率充放电性能和循环稳定性，可用于小型便携式设备及大功率、高能量的动力设备。之后出现了多项锂盐、锂锰氧化物与石墨烯进行复合作为正极材料的专利申请，例如，WO2012031401A1、JP2012099467A 采用锂盐与石墨烯复合材料作为正极材料，从而减少碳覆盖量并且在不使用导电剂或者使用导电剂很少的情况下即可获得具有接近理论容量和减小体积的储能装置。2011 年，LG 化学株式会社提出的专利申请 KR2012095803A 将石墨烯与层状锂锰氧化物复合，使锂离子电池具有包含尖晶石基锂锰氧化物和层状结构锂锰氧化物的混合正极活性材料，该锂离子电池可以在高电压下进行充电，具有高稳定性。2012年，中南大学提出了制备石墨烯基磷酸铁锂/碳复合材料的专利申请CN102683697A，通过将氧化石墨烯与三价铁溶液超声分散，将铁离子吸附在氧化石墨烯片层上，加入磷酸盐沉淀反应得到的磷酸铁晶体在氧化石墨烯片层原位成核生长得到前驱体，再高温处理得到复合材料作为锂离子电池正极材料，可降低磷酸铁锂颗粒之间的接触电阻，增强材料的导电性。

2011年开始有部分专利申请专注于石墨烯材料形貌和特性的改进，例如，专利申请US20120288750A1通过将经剥离和经氧化的石墨烯片材悬浮体暴露于酸中来形成缺陷孔，从而将无规分布的结构缺陷引入堆叠的石墨烯片材，提供了与电化学材料的大量接触点，并提供了在循环过程中电化学活性材料发生形态改变和/或附聚或破裂时保持电接触的能力，有效克服了电池性能的劣化。专利申请JP2013145740A通过氧化还原法制备石墨烯来提供一种活性物质填充量高且高密度化、循环特性得到提高的正极材料。在含硅涂层周围包覆石墨烯或者石墨烯薄片覆盖硅形成复合材料也是研发热点之一，例如，专利申请GB2483373A通过将含硅涂层周围包覆石墨烯能够提高锂离子电池容量性能，延长循环寿命并降低寿命成本；专利申请US20140255785A1通过将二维石墨烯薄片覆盖硅来适应循环过程中硅粒子体积变化，使石墨烯与硅粒子之间的电子路径更为有效，可有效提高电池容量性能。

近年来，正极材料研发还通过多种物质的添加形成复合材料来提高正极材料的性能，例如，2012年专利申请CN103579633A以活性材料层、石墨烯层及聚合物基底作为正极材料，从而提高电池的容量性能；专利申请EP2896082A1l以硫粒子、石墨烯以及聚四氟乙烯复合材料作为正极材料，来提高锂离子电池容量性能，延长循环寿命；专利申请US20150155559A1通过以纳米颗粒或涂层和石墨烯薄片的复合正极材料，来改善电接触能力，提高电池容量性能；2015年专利申请KR2016108932A通过以活性物质、石墨烯、黏合剂以及无机电解质颗粒的复合电极作为正极材料显著减小内部电阻而增强电池性能，保留优异的稳定性和耐久性。

6.4.2.2 负极材料

锂离子电池的负极是由负极活性物质碳材料或非碳材料、黏合剂和添加剂混合制成糊状胶合剂均匀涂抹在铜箔两侧，经干燥、辊压而成。能够可逆地脱/嵌锂离子是负极材料的关键。已实际用于锂离子电池的负极材料主要包括碳素材料，如石墨、软碳、硬碳、过渡金属氧化物、锡基材料、硅基材料等。石墨烯与这些负极材料复合，可以获得更好的循环稳定性、高比容量并且降低成本。锂离子电池领域的重要申请人 B.Z. 扎昂于 2007 年申请了负极材料的重要专利申请 US20090117467A1，该专利申请提供了一种纳米级石墨烯薄片基阳极组合物，其包含：能吸收和解吸锂离子的微米或纳米级颗粒或涂层；多个纳米级石墨烯薄片，包含石墨烯片或石墨烯片堆叠体，薄片厚度小于 100 纳米；颗粒和/或涂层物理贴附或化学结合到薄片，该组合物具有高的循环寿命和可逆容量，缓冲体积变化引起的应变和应力，降低内部损失或内部加热。此后，采用不同方法制备石墨烯来作为负极材料的专利申请（例如，专利申请 US20110143018A1 喷涂法制备石墨烯、专利申请 JP2013060355A 制备膜状石墨烯）发现，石墨烯可以使锂离子电池具有更好的循环稳定性和高比容量。

石墨烯与金属及其氧化物复合制备负极活性材料也是研发热点之一，例如，2009 年，巴特尔纪念研究院申请的专利申请 US20110033746A1，公开了一种纳米复合材料，其包括至少两层，每层包含结合至少一个石墨烯层的金属氧化物。金属氧化物可为氧化锡且具有孔结构。该纳米复合材料比容量大、稳定性好。2010 年专利申请 JP2012056833A 公开了石墨烯膜壁划定的肺泡状孔和存在孔内的金属体，该复合材料比容量大、稳定性好。2012 年专利申请 KR2013128273A 以锂金属层和板状石墨烯为负极复合活性材料，该材料循环稳定性能更好。此外，锂盐与石墨烯进行复合作为负极材料也是锂离子电池领域研发热点之一，例如专利申请 WO2009127901A1 以磷酸锂和石墨烯为复合负极材料，专利申请 KR2011124728A 以中空纳米纤维型石墨烯和钛酸锂为复合负极材料，上述专利申请发现石墨烯可降低颗粒之间的接触电阻，增强材料的导电性。

石墨烯与硫、硅、石墨等进行复合也是锂离子电池负极材料研发关注点。专利申请 US20120088154A1、US20140234702A 将石墨烯和硫进行复合，专利申请 KR2013037091A1、KR2015032015A、CN103474631A、KR2015039555A 通过将石墨烯与不同形态硅进行复合来获得负极材料，从而获得循环稳定性能好、高比容量的锂离子电池。华为技术有限公司于 2014 年提出了专利申请 CN105098185A，通过包含石墨内核和石墨烯外壳的复合材料进行元素掺杂来形成晶格缺陷，从而提高电子云流动性，大大提高锂离子迁移速度，提升负极材料容量和倍率性。

从正极材料、负极材料的制备技术可以看出，石墨烯改性正极 / 负极材料的技术手段早期相对简单，主要使用直接混合的方式，即直接将石墨烯、正极 / 负极材料与黏结剂和 / 或溶剂混合以后涂覆在集流体上，然后干燥后使用。随着研究的深入和技术的发展，后续发展的技术手段除了直接混合外，还包括将石墨烯的制备工艺与正极 / 负极材料的制备工艺结合起来，即在原料中混入石墨烯或氧化石墨烯，通过原位反应的方法制备石墨烯负极材料，根据需要决定是否需要进行还原的步骤，达到石墨烯与正极 / 负极材料的良好分散，使制备的电极材料具有优异的电化学性能。

综上所述，石墨烯在锂离子电池领域重点专利技术发展主要集中在正极材料、负极材料的改进上，通过不同的技术手段使石墨烯与多种材料复合制备成正极或负极材料，从而主要解决正极、负极的比容量、循环稳定性、安全性等技术问题。

下面介绍几个重点专利技术。

2007 年，B.Z. 扎昂申请的公开号为 US20090117467A1 的专利技术主要提供了一种用作电极特别是用作锂离子电池阳极的纳米级石墨烯薄片基复合材料组合物。所述组合物包含：（1）能够吸收和解吸锂离子的微米或纳米级颗粒或涂层；（2）多个纳米级石墨烯薄片，包含石墨烯片或石墨烯片的堆叠体，薄片厚度小于 100 纳米；其中所述颗粒或涂层中物理贴附或化学至少有一项结合到至少一个石墨烯薄片上，且薄片占总重量的 2%~90% 并且颗粒或涂层占总重量的 10%~98%。所述电池表现出优越的比容量、优异的可逆容量和长的循环寿命。

2018 年，巴特尔纪念研究院申请的公开号为 US20100081057A1 的专利技术公开了包括与至少一种石墨烯材料结合的金属氧化物的纳米复合材料。该纳米复合材料在超过约 10C 的充电 / 放电速率时具有比没有石墨烯的二氧化钛材料高至少两倍的比容量。

2009 年，宁波艾能锂电材料科技股份有限公司申请的公开号为

CN101752561A 的专利技术涉及一种石墨烯改性磷酸铁锂正极活性材料及其制备方法和基于该正极活性材料的锂离子二次电池。所述的正极活性材料是将石墨烯或氧化石墨烯与磷酸铁锂分散于水溶液中，通过搅拌和超声使其均匀混合，随后干燥得到石墨烯或氧化石墨烯复合的磷酸铁锂材料，再通过高温退火，最终获得石墨烯改性的磷酸铁锂正极活性材料。该锂离子二次电池与传统的碳包覆及导电高分子掺杂等改性锂电池相比具有电池容量高、充放电循环性能优良、寿命长及稳定性的特点。

2009 年，巴莱诺斯清洁能源控股公司申请的公开号为 EP2256087A1 的专利技术公开了用于制造胶态石墨烯分散体的方法，包括下述步骤：（1）将氧化石墨分散于分散介质中，以形成胶态氧化石墨烯分散体或氧化多层石墨烯分散体；（2）将分散态的氧化石墨烯或氧化多层石墨烯热还原。根据制备起始分散体的方法，获得了下述石墨烯或多层石墨烯分散体：其可以被进一步加工为具有比石墨更大的晶面间间距的多层石墨烯。该分散体和多层石墨烯适于制造可充电锂离子电池的材料。

2010 年，LG 化学株式会社申请的公开号为 KR2012095803A 的专利技术提供一种高容量锂二次电池，其电极材料为在表面具有石墨烯相当的橄榄石形锂金属磷氧化物，使用其作为电极的锂二次电池时其具有以下优点：（1）与粉体混合接触的电极相比可进行大电流充放电，（2）由于活性物质的利用率提高而成为高容量的二次电池，（3）充放电循环引起的膨胀收缩导致的导电性的变化消失，（4）通过使各种碳材料存在于正负极粉体表面，充放电时电阻增加几乎消失，可以实现长寿命化。

6.5 本章小结

通过对锂离子电池领域的专利信息的统计和分析可知，石墨烯在锂离子电池领域的发展从 2000 年至 2013 年处于缓慢增长的阶段，从 2014 年开始处于高速发展阶段，无论是全球还是在华的专利申请数量都出现急剧增长的现象。国外公司开展研发的时间比较早，并转化为了专利申请。中国虽是锂离子电池领域最大的技术来源国（地区 / 组织），但早期中国在该领域的专利数量相对较少。而在 2011 年之后随着国内申请人在该领域投注热情的高涨，中国在该领域的专利数量逐步增多，同时美国、日本和韩国仍然是当前该领域活跃的专利技术输出国家。

全球石墨烯锂离子电池排名前 20 的申请人中包含 9 家企业，其余 11 个申请人均为我国的高校和科研院所。在石墨烯锂离子电池技术领域，国外申请人主要是知名企业，国内申请人主要是大学、研究机构等科研单位。这种申请格局突显中国企业对石墨烯锂离子电池技术研发整体参与度不高，整体而言我国仍停留在以科学研究为主的阶段，虽然也有一些企业在进行商业化专利布局，但总体上与大规模商用仍然存在一定差距。

锂离子电池领域技术研发和专利保护的重点集中在电极材料的制备和改进，特别是正极材料、负极材料的改进。石墨烯改性正极 / 负极材料的技术方向早期主要集中在关注电极材料的电化学性能，例如提高循环性能、提高导电性、提高比容量、提高倍率性能、提高稳定性等，随着研究的增多和技术的发展，后续的研究除了关注电化学性能以外，开始关注新的技术方向，例如简化工艺、规模化生产、降低成本及绿色环保等工艺控制的技术方向。因此，国内的申请人也应该增加对石墨烯工艺控制方面技术方向的重视，加大对这方面的研究力度。

制备石墨烯改性正极 / 负极材料的技术手段早期相对简单，主要使用直接混合的方式，即直接将石墨烯、正极 / 负极材料与黏结剂和 / 或溶剂混合以后涂覆在集流体上，然后干燥后使用。随着研究的增多及技术的发展，后续发展的技术手段除了直接混合以外，还包括将石墨烯的制备工艺与正极 / 负极材料的制备工艺结合起来，即在原料中混入石墨烯或氧化石墨烯，通过原位反应的方法制备石墨烯负极材料，根据需要决定是否需要进行还原步骤，达到石墨烯与正极 / 负极材料良好分散的效果，使制备得到的电极材料具有优异的电化学性能。

第七章 石墨烯超级电容器专利技术分析

　　电化学电容器（electrochemical capacitor, EC），又称超级电容器（supercapacitor）或超大容量电容器（ultracapacitor），是一种介于传统电容器与电池之间的新型储能器件，兼有传统电容器功率密度大和二次电池能量密度高的优点，且充电速度快、循环寿命长、对环境无污染，被广泛应用于汽车工业、航空航天、国防科技、信息技术、电子工业等多个领域。[①]超级电容器的研究始于20世纪60年代。1957年，美国通用电气公司（General Electric）的贝克（Becke. H）申请了世界上第一个超级电容器专利，他提出了将高比表面积的多孔碳材料包覆在金属集流体上作为电极材料，并提出可以将较小的电容器用作储能器件。但通用电气公司并没有继续开展后续的研究。随后，美国标准石油公司（Standard Oil of Ohio，SOHIO）开展了相关研究，但也没有进行商业化，而是将相关技术转让给了日本电气股份有限公司。1971年，日本电气股份有限公司制备了水系电解液超级电容器，并首次应用于商业化设备。1979年，日本电气股份有限公司开始生产超级电容器用于电动汽车的启动系统。几乎与日本电气股份有限公司同时，日本松下公司设计了以活性炭为电极材料，以有机溶液为电解质的超级电容器。他们开启了超级电容器的规模化商业应用，并掀起全球范围的研究开发热潮，超级电容器技术日新月异，应用范围也不断扩大。[②]

　　按照储能机理，超级电容器主要可以分为三大类：双电层电容器（electric double layer capacitor，EDLC）、法拉第准电容器（Faradaic pseudocapacitor，

---

① 陈雪丹，陈硕翼，乔志军，等. 超级电容器的应用 [J]. 储能科学与技术，2016（6）：799-805.

② 李莉华，马廷灿，戴炜轶，等. 超级电容器储能专利分析 [J]. 储能科学与技术，2015（5）：476-486.

248

又称赝电容电容器，pseudo-capacitance）和混合型超级电容器（hybrid super capacitor，HSC）。双电层电容器是通过电极与电解质形成的界面双电层存储静电能的，其电极材料主要是碳基材料。法拉第准电容器则是通过电极表面与电解质的快速可逆氧化还原反应或吸脱附存储电能，电极材料主要是过渡金属氧化物（二氧化钌、二氧化锰、氧化镍、四氧化三铁和四氧化三钴等）和导电聚合物（聚苯胺、聚吡咯和聚噻吩等）。混合型超级电容器的正负电极则分别以双电层和准电容为主要储能机制。其中，碳基电极往往存在结晶性差，不利于电荷传输过程中电子的转移，能量密度不够高等缺点，导致超级电容器的能量密度较低（2~10瓦·时·千克）。而具有独特的超薄二维结构、优异导电性（5000西门子/米）、高比表面积（2620平方米/克）、高理论比容量（550法拉/克）、高面积比容（21毫法/平方厘米）和良好机械性能等优点的石墨烯材料，已被证明是一种非常理想的可用作超级电容器电极的材料，将石墨烯电极材料应用于超级电容器，能显著将其能量密度提升数十倍以上，同时大幅度提高功率密度。[①] 目前，石墨烯基超级电容器的研究方向主要是针对石墨烯微片本身进行化学改性来增大其比表面积，从而有利于电解液的进入，进一步提高超级电容器的电化学性能。经检索科学文献检索数据库 Web of Science 发现，近十年来关于石墨烯基超级电容器的国际论文数量从 2009 年的 10 件增长到 2018 年的 1227 件，特别是 2009~2015 年呈现爆发式的增长趋势，近几年则始终保持在 1000 件以上，呈现稳定发展的趋势。如图 7-0-1 所示。

图 7-0-1 石墨烯超级电容器领域的国际论文趋势

① 郑双好，吴忠帅，包信和.石墨烯材料及石墨烯基超级电容器［J］.科学（上海），2017（4）：18-22.

基于石墨烯在超级电容器领域的巨大潜力，本章将从专利文献入手，以专利统计分析的视角综述了石墨烯基复合材料在超级电容器中的应用情况。

7.1　全球专利技术发展趋势分析

为研究石墨烯用于超级电容器领域的专利申请情况，本节对全球的专利申请数据进行了统计分析。通过对相关专利数据库进行检索，并筛选后得到相关专利申请 2017 项，其中在华专利申请 1614 件。由于 2018 年以后的专利申请存在未完全公开的情况，故本节所列图表中 2018 年以后的相关数据不代表该年份的全部申请。

7.1.1　全球专利申请趋势

图 7–1–1 给出了石墨烯应用于超级电容器领域的全球和在华专利申请趋势。由图 7–1–1 中可见，最早涉及石墨烯应用于超级电容器的专利申请同样也在 2004 年。由此可知，石墨烯很早便因其独特的结构和物化性质在超级电容器电极材料应用方面引起了关注。2004~2009 年是该项技术的萌芽期，这一时期的技术发展十分缓慢，全球每年的申请量仅为个位数。2009~2012 年，该领域的全球专利申请量进入快速增长期，四年累计申请量达 424 项，仅 2012 年一年，全球在石墨烯超级电容器领域的专利申请就有 217 项。在这一时期，英国曼彻斯特大学的物理学家发现了石墨烯的分离制备方法，此后石墨烯的应用得以迅速发展。2012 年之后，可能受石墨烯及其复合材料制备的理论、方法以及规模化制备技术工艺中一些技术瓶颈的限制，申请量有所回落，但从 2014 年起，全球申请量再次呈现快速增长的趋势，2012~2016 年总体保持波动增长的趋势，这说明该领域的研究人员正进行着不断的探索和创新工作。

对照全球申请量，在华申请量的走势与之基本保持一致，在统计总得到的 2017 项全球专利申请中，有 1614 项在中国申请，占比高达 80%。尤其在 2014 年之后，在华申请量占全球申请量的份额越来越高，根据已统计到的 2018 年的申请量数据，来华申请量为 223 件，全球申请量为 226 项，两者基本等同。这足以表明中国是石墨烯超级电容器相关专利技术的重要保护区域和目标市场。

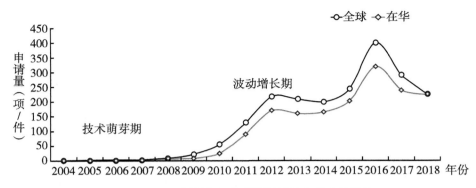

图 7-1-1　石墨烯超级电容器领域的专利申请趋势

7.1.2　全球专利申请来源

本小节将从技术来源以及目标输出等角度比较主要国家（地区／组织）在石墨烯超级电容器领域的专利情况。

图 7-1-2 中，左图给出了石墨烯超级电容器应用专利受理量的分布情况（以公开号统计），右图则给出了技术来源国（地区／组织）（以优先权号统计）情况。结合专利公开数量和技术来源信息来看，中国和美国均位列前茅，世界知识产权组织、韩国、欧洲、日本则分居第 3~6 位，因此，可以大致将中国和美国认为是该领域的第一梯队，申请量处于领先地位，韩国和日本为第二梯队，欧洲各国也有一定量的专利申请提出，为第三梯队。

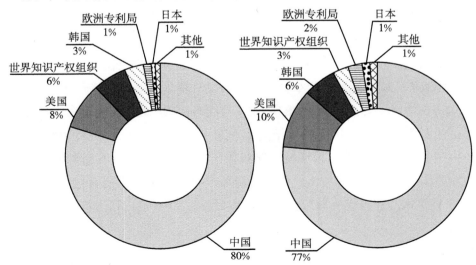

图 7-1-2　石墨烯在超级电容器领域专利申请的主要受理国（地区／组织）（左）和来源国（地区／组织）（右）

尽管美国的申请量不如中国，但美国对石墨烯的研究投入较早，石墨烯产业化和应用进程相对较快，其产业布局也呈现多元化，产业链相对比较完整。美国国防机构及工业部门非常重视石墨烯储能技术的研究，其中美国国防部、国家自然科学基金也投入巨资，重点在石墨烯晶体管、能量存储、超级电容器等领域支持石墨烯产业研发及产业化。韩国石墨烯产业发展产学研结合紧密，在基础研究及产业化方面发展较为均衡，整体发展速度较快。以韩国三星集团和 LG 公司为主，其中韩国三星集团在石墨烯超级电容器的结构上投入巨大研发力量，并且十分注重保护和申请石墨烯专利。日本的专利申请数量尽管排名并不靠前，且近些年增长比较缓慢，但依托其良好的碳材料产业基础，是全球最先进行石墨烯研究的国家之一，产学研结合较为紧密，整体发展较为全面。包括日本东北大学、东京大学、名古屋大学等在内的多所大学，以及日立、索尼、东芝等众多企业都投入大量资金和人力从事石墨烯的基础研究和应用开发，实力仍不能小觑。[①]

中国作为技术来源国的首个专利申请是在 2008 年，尽管较日本、美国稍晚，但由申请数量可见，其发展十分迅猛，以绝对优势成为全球第一石墨烯超级电容器相关专利申请国。近年来，随着我国经济结构调整，石墨逐渐转向新能源新材料领域的应用趋势明显。充足、质优的资源是产业升级的强大后盾，为应对未来我国优质晶质石墨将可能出现短缺的问题，一方面我国应适度加强地质勘查，另一方面要调整石墨矿选矿工艺并加大对新型石墨制品的研发力度，实现关键技术国产化。工业和信息化部于 2012 年 11 月发布了《石墨行业准入条件》，明确提出石墨是战略性非金属矿产品。2016 年 11 月，国土资源部、国家发展和改革委员会等六部门联合发布《全国矿产资源规划（2016—2020 年）》，将晶质石墨列为 24 种战略性矿产之一，有利于石墨原料制备的石墨烯粉体应用于锂离子电池和超级电容器上。此外，国家通过的《〈中国制造 2025〉重点领域技术路线图（2015 年版）》对石墨烯未来十年的发展作出规划，明确指出，中国石墨烯产业"2020 年形成百亿产业规模，2025 年整体产业规模突破千亿"的发展目标。2016 年，我国首个单层石墨

---

① 暴宁钟，白凤娟，何大方．石墨烯新材料发展现状与研发应用挑战［J］．中国工业和信息化，2018（8）：46-54．

烯量产化基地落户厦门。①上述这些政策导向和扶持无疑极大地推动了我国石墨烯在高新技术如超级电容器、锂离子电池等领域的发展。此外，我国通过《专利合作条约》申请的"世界知识产权组织"专利文献不论在被受理还是技术来源上都位居前五位。"世界知识产权组织"专利文献是可以在一定期限内进入任何一个《专利合作条约》成员方的国家阶段，当申请人提交了专利合作条约申请，其通常有动机向多个国家申请专利以完成专利布局，因此这部分专利在后续的走向不容忽视。

下面，进一步分析主要技术来源国（地区／组织）之间在申请策略、其他目标国（地区／组织）申请分布上的差异。

图7-1-3是五大主要技术来源国（地区／组织）在其他主要目标国（地区／组织）的申请分布，分别统计了中国、美国、日本、韩国和欧洲这五个主要技术来源国（地区／组织）在除本国／地区之外的申请分布情况。从图中可以看出，作为占全球石墨烯超级电容器申请量约77%的最大来源国——中国，其申请人主要在本国申请专利，在其他五个目标国（地区／组织）的申请数量最少，只有33件专利申请，占其申请总量的2.0%。除了《专利合作条约》申请外，中国申请人主要向美国输出，在欧洲、日本等地则较少，没有在韩国提出申请。

相比之下，美国、日本、韩国和欧洲在其他目标国（地区／组织）的申请分别约占其申请总量的72.0%、69.2%、73.3%、81.2%，其专利输出率远高于中国，说明上述各国／地区对超级电容器全球市场的重视。美国非常重视《专利合作条约》申请，并且其在日本、中国、欧洲以及韩国申请都比较平均。同样，日本也非常重视《专利合作条约》申请，与此同时，其在美国、中国和韩国也进行了较多的布局，可见日本非常看好这些国家的市场前景。韩国在美国的申请量最大，占其在本土外的申请总量的48.8%，远超过在其余国家和地区的申请量，这说明美国作为全球第一大经济体，其市场非常受到韩国的重视。欧洲的申请量虽然较少，但其在本土外的申请比例非常高，《专利合作条约》申请量在其本土外的申请总量的比例高达39.8%，在美国和中国的比例分别达20.4%，说明欧洲对海外市场的重视程度很高。

---

① 曹烨，卓锦新，邹振东，等.中国石墨资源形势及其产业升级的出路：基于石墨烯的应用和发展趋势的分析［J］.现代化工，2017（7）：1-5.

海外专利申请是企业国际化、参与国际市场竞争的重要体现，中国申请人的国外申请专利少，反映出中国申请人在全球市场的布局明显较弱，专利布局意识还有待提高。

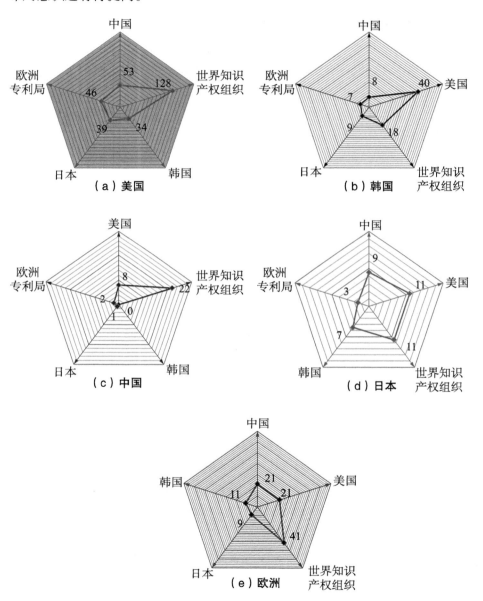

图7-1-3 石墨烯在超级电容器领域专利申请的主要技术来源国（地区／组织）布局

注：图中数字表示申请量，单位为项。

7.1.3 全球主要申请人排名

图 7-1-4 给出了石墨烯应用于超级电容器领域的全球前十五位申请人，其中除了排名第五的韩国三星集团外均为国内申请人。我国在该领域的专利申请数量上具有明显优势。其中，海洋王照明科技股份有限公司占据申请量的头名，其申请量远高于其他申请人，而浙江大学、哈尔滨工业大学、东华大学、三星集团等紧随其后。

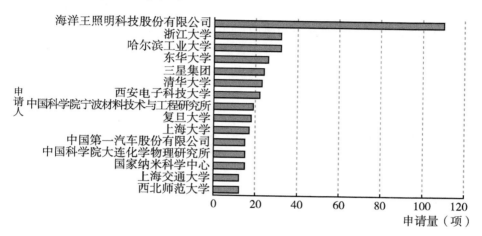

图 7-1-4 石墨烯超级电容器领域全球申请人排名

韩国三星集团作为唯一一位进入全球前十五名的国外申请人，其在产业企业层面投入了巨大的研发力量，在石墨烯应用于柔性显示、触摸屏以及芯片等领域均处于国际领先地位。

在前十五位申请人中，中国占据了十四席，除了海洋王照明科技股份有限公司和中国第一汽车股份有限公司外，其余的申请人均是中国的高校和研究机构。这说明虽然国内从事超级电容器研发的厂商有很多，然而能够深入研发和大规模生产并达到实用化的厂家不多。高校和科研单位的申请人仍然在中国占据主导地位。

7.1.4 全球专利申请技术分布

国际专利分类（IPC）是国际通用的、标准化的专利技术分类体系，蕴含着丰富的专利技术信息。通过对超级电容器储能专利申请的国际专利分类进行统计分析，可以准确、及时地获取该领域涉及的主要技术主题和研发重点。

图 7-1-5 列出了全球石墨烯超级电容器相关专利前十位的专利技术领域，主要分布在 H01G 和 C01B 两个小类中，结合表 7-1-1 对分类号的解析可知，H01G 涉及电容器领域，目前的研究主要集中在混合电容器或双层电容器电极的制造工艺和材料（包括组成和结构）。其中，电容器本身的制造工艺（H01G 11/86 和 H01G 11/84）约占 15.96%，材料的组成、结构的改进（H01G 9/042、H01G 11/32、H01G 11/30、H01G 11/24、H01G 11/36 和 H01G 11/34）约占 30.74%，即后者的研究更为热门。C01B 涉及非金属元素，其中，C01B 31/04 为石墨，C01B 31/02 为碳的制备及纯化，即也是与材料有关，其占比总数约为 9.92%。总体来看，与电容器制造工艺相比，关于电极材料改进的相关专利申请所占比例更高。

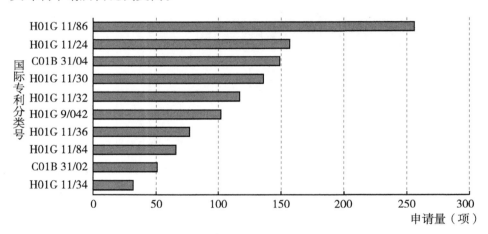

图 7-1-5　石墨烯超级电容器领域全球专利申请的技术领域分布

表 7-1-1　石墨烯超级电容器领域全球专利申请的技术主题及其申请情况

国际专利 分类小组	申请量 （项）	分类号含义	占全球总量 比例（%）
H01G 11/86	256	混合电容器或双电层电容器中电极的制造工艺	12.69
H01G 11/24	157	以混合电容器或双电层电容器电极中材料组成或构成的结构特点为特征的，如形态、表面积或孔隙度；以为此使用的粉末或微粒的结构特点为特征的	7.78

续表

国际专利 分类小组	申请量 （项）	分类号含义	占全球总量 比例（%）
C01B 31/04	149	石墨	7.39
H01G 11/30	136	混合电容器或双电层电容器电极的材料	6.74
H01G 11/32	117	混合电容器或双电层电容器中的碳基电极	5.80
H01G 9/042	101	电解电容器电极的材料	5.01
H01G 11/36	77	以混合电容器或双电层电容器中的碳基电极 为纳米结构，如纳米纤维、纳米管或富勒烯	3.82
H01G 11/84	66	混合电容器或双电层电容器，或其部件的制 造工艺	3.27
C01B 31/02	51	碳的制备，纯化	2.53
H01G 11/34	32	混合电容器或双电层电容器中的碳基电极， 以碳的碳化或活化为特征	1.59

7.2 在华专利分析

7.2.1 在华专利申请趋势

如图 7-2-1 所示，在 2007 年以前，所有在华申请均来自国外，而中国申请人相关专利始于 2008 年。而在进入前述全球专利快速增长期后，国内申请更是以雷霆迅猛之势快速增长，申请量在 2016 年达到了最大值。在 2008 年国内申请占在华总申请的份额仅为 33.3%，而进入 2015 年以后接近 100%。从数量上而言，我国已然成为石墨烯在超级电容器领域专利申请的第一大国。

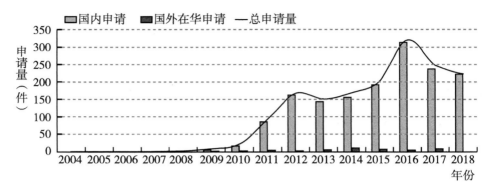

图 7-2-1　石墨烯超级电容器领域在华专利申请趋势

7.2.2　在华专利申请来源

在华石墨烯超级电容器相关专利的国省分布情况如图 7-2-2 所示。从图中可见，石墨烯专利申请数量最多的省份依次为广东、江苏、上海、北京、浙江、山东、湖北、辽宁、黑龙江、四川，这些省市大都分布在经济发达的华东、华北和华南地区，广东、江苏和浙江的申请量较高。以江苏为例，2011 年，江苏常州成立了江南石墨烯研究院，主要致力于搭建石墨烯产业发展的专业平台，推动石墨烯材料的研发应用与产业化，同年，泰州成立国家级的石墨烯研究及检测平台。2012 年，江苏格瑞石墨烯创业投资有限公司成立，为石墨烯产业的培育及做优做强提供资本支持。2013 年，无锡成立石墨烯产业示范区。2014 年，建设中的常州石墨烯科技产业园已集聚 14 家石墨烯及碳材料企业，2013 年的总产值为 3 亿元左右。2016 年 10 月，常州立方能源技术有限公司通过对涂布工艺的改良及涂布机的非标准件设计。依靠该技术生产的石墨烯基超级电容器具备环保，百万次充放电和不燃、不爆、抗低温等功能。2017 年 11 月，宁波中车新能源科技有限公司和中国科学院宁波材料技术与工程研究所联合研发力量，采用石墨烯改性正极复合材料和石墨烯改性复合导电剂，解决了锂离子电容器结构不稳定、电极密度低的关键技术难题，成功研发出高能量密度锂离子超级电容器。2018 年 5 月，清华大学和江苏中天科技股份有限公司等联合攻关"基于石墨烯 – 离子液体 – 铝基泡沫集流体的高电压超级电容技术"取得阶段性成果，在国内首次掌握了全铝泡沫集流体的制备技术，解决了石墨烯这一高性能纳米材料用于超级电容器的诸多加工难题。常州、无锡、泰州、南京、苏州等地的石墨烯产业在国内甚至国际上都具有重要影响力，因此江苏的石墨烯产业得到飞速发展。北京和上海拥有数量众多的高校和科研机构，在石墨烯领域的创新上亦表现出很强的优势。京津冀三地高校科研院所和企业更是共同建设唐山石墨烯产业集群，将重点布局石墨烯研发、孵化、检测认证、技术咨询、培训交流等公共服务平台，吸引全球石墨烯研发机构、原材料生产企业、应用材料及元器件企业入驻，按照"一园多区"的发展理念建成集技术研发、孵化中试、检测培训、产品生产、应用示范以及商务和生活配套六大功能于一体的石墨烯产业园。

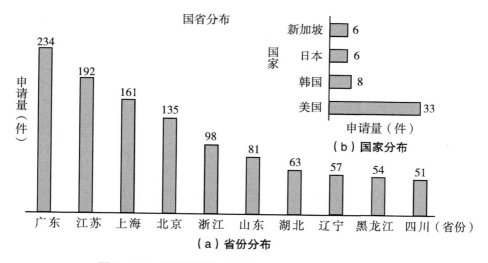

图 7-2-2　石墨烯超级电容器领域在华专利的国省分布

与我国毗邻的新加坡、韩国十分重视我国市场，以新加坡为例，新加坡国立大学日前设立石墨烯研究中心微纳米加工实验室（Graphene Research Centre Micro and Nano-Fabrication Facility），这个实验室是全亚洲第一个拥有先进设施，旨在开发石墨烯研究的实验室。2016 年新加坡还与美国、日本等国共同加入中国国际石墨烯资源产业联盟，寻求科技与产业的升级。但总体来讲，国外申请人在华的申请量和布局数量相对较少，并未具有明显的数量优势。

7.2.3　在华申请人类型

如图 7-2-3 所示，从整体上看，石墨烯超级电容器领域的在华专利申请人中，大专院校占据主导地位，占比为 50%，可见该领域的主要研究力量都集中在高校。企业的申请量占比也达到了 31%。科研单位和个人的申请量占比较小，分别有 16%、3%。在技术合作方面，合作申请的占比只有 11%，而89% 的专利申请都是独立申请。

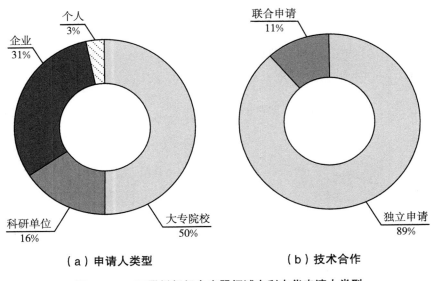

（a）申请人类型　　　　　　（b）技术合作

图 7-2-3　石墨烯超级电容器领域专利在华申请人类型

7.2.4　在华主要申请人排名

图 7-2-4 给出了石墨烯超级电容器领域在华主要申请人申请量排名情况。可以看到，排名前列的均为中国申请人，这些申请人的排名先后顺序与其在全球申请中的排名顺序完全一致，且值得注意的是，申请量也完全相同，这说明中国申请人的目标市场基本仅限于国内，缺少对海外市场的拓展。以上现象对我国石墨烯超级电容器储能技术的大规模产业化发展和应用不是非常有利，应及时制定相关政策、措施，促进专利技术的转移转化，进

一步提升技术研究和开发能力，以推动我国超级电容器储能产业健康、快速发展。

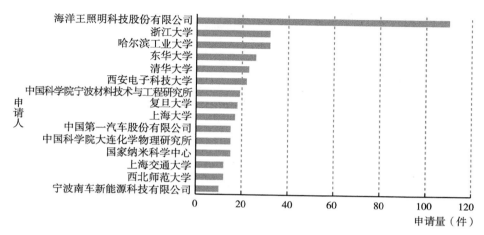

图 7-2-4 石墨烯在超级电容器领域在华主要申请人排名

7.2.5 在华专利申请技术分布

图 7-2-5 给出了在华专利的技术领域分布情况。由表 7-2-1 可以看出，其在华专利申请覆盖的领域以及发展势态与全球范围基本一致，其中，电容器本身的制造工艺（H01G 11/86 和 H01G 11/84）约占 18.28%，材料的组成、结构的改进（H01G 9/042、H01G 11/32、H01G 11/30、H01G 11/24、H01G 11/36 和 H01G 11/34）占比高达 35.36%。值得注意的是，与全球数据相比，在华专利中涉及分类号 C01B 31/02（碳的制备，纯化）下的申请相对较少，可见，对超级电容器单体和模块化集成系统的设计在我国已逐渐获得关注，部件间的融合结构设计也是影响到超级电容器最终性能的关键因素，因此在原材料方面的研究有所减少。在未来，器件优化方面可能将与电极材料的制备处于同等重要的地位，两者在提升超级电容器的能量密度、实现石墨烯基超级电容器的商业化和市场化方面均不可或缺。

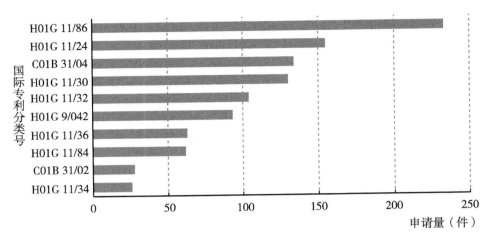

图 7-2-5　石墨烯超级电容器领域在华专利的技术领域分布

表 7-2-1　石墨烯超级电容器领域在华专利的技术主题及其申请情况

国际专利 分类小组	申请量 （件）	分类号含义	占在华总量 比例（%）
H01G 11/86	233	混合电容器或双电层电容器中电极的制造工艺	14.44
H01G 11/24	155	以混合电容器或双电层电容器电极中材料组成或构成的结构特点为特征的，如形态、表面积或孔隙度；以为此使用的粉末或微粒的结构特点为特征的	9.60
C01B 31/04	134	石墨	8.30
H01G 11/30	130	混合电容器或双电层电容器电极的材料	8.05
H01G 11/32	104	混合电容器或双电层电容器中的碳基电极	6.44
H01G 9/042	93	电解电容器电极的材料	5.76
H01G 11/36	63	以混合电容器或双电层电容器中的碳基电极为纳米结构，如纳米纤维、纳米管或富勒烯	3.90
H01G 11/84	62	混合电容器或双电层电容器，或其部件的制造工艺	3.84
C01B 31/02	28	碳的制备，纯化	1.73
H01G 11/34	26	混合电容器或双电层电容器中的碳基电极，以碳的碳化或活化为特征	1.61

7.2.6 在华专利申请类型和法律状态

对 7.1 节中检索并筛选得到的 1614 项在华申请进一步统计。从专利申请类型来看，有 97% 均属于发明申请，即涉及产品、方法或者其改进所提出的新的技术方案，而侧重对产品构造改进的实用新型申请仅为 3%。从法律状态来看，有 42% 的专利申请仍然处于公开未决的状态，驳回和撤回的比例共为 17%，37% 的专利申请已经获得授权并处于有效的状态。如图 7-2-6 所示。从有效专利的占比来看，石墨烯超级电容器领域的专利申请具有较高的技术含量和创新水平。

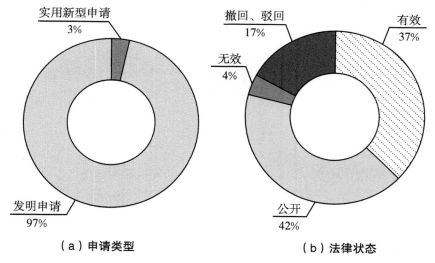

（a）申请类型　　　　　　　　（b）法律状态

图 7-2-6　石墨烯超级电容器领域在华专利申请的申请类型和法律状态

7.3　重点申请人分析

这一节将对石墨烯超级电容器领域的重点申请人情况进行分析，通过对申请人的统计、分析，以了解石墨烯在超级电容器领域的重要申请人的情况。

7.3.1　主要申请人进入、退出趋势分析

为了反映申请人对石墨烯超级电容器领域的关注程度，表 7-3-1 对全球排名前十五位的申请人的年代分布情况进行了统计，由于专利申请公开时间上的滞后，2018 年的数据可能不全面。从表中可以看出，海洋王照明科技股

份有限公司和三星集团虽然申请总量大，但两者的申请基本集中在 2013 年以前，其后续发展还有待进一步观察。排名第二的浙江大学起步较早，并且多年来一直保持着一定的申请数量，可见其在该领域的研发有较好的持续性。排名第三的哈尔滨工业大学虽然起步较晚，于 2011 年才申请了首个专利，但近年来的申请量一直呈快速上升趋势。2015 年，由黑龙江省工业和信息化委员会牵头组建，由哈飞航空工业股份有限公司、哈尔滨玻璃钢研究院、黑龙江省化工研究院、哈尔滨工业大学等 14 家单位组成的中国石墨烯产业技术创新战略联盟军工应用委员会成立，该委员会的成立旨在通过石墨烯来带动传统产业的提升和改造，布局创新高地。与哈尔滨工业大学类似，申请人中其他国内科研院所对该领域也在持续关注。

（单位：件）

专利权人	2009年	2010年	2011年	2012年	2013年	2014年	2015年	2016年	2017年	2018年
海洋王照明科技股份有限公司		11	26	63	9					
浙江大学	1	1	5	6		5	3	1	7	3
哈尔滨工业大学			1	1	2	7	11		6	3
东华大学			1	4	2		2	6	3	7
三星集团	1	4	7	5	5		1			1
清华大学			2	4	4	2	3	4	1	2
电子科技大学				2	5	2	4	3	1	2
中国科学院宁波材料技术与工程研究所			1	5	6	1			5	
复旦大学					3	2	3	8	1	1
上海大学			1	2	1		4	2	2	1
中国第一汽车股份有限公司			3	1	3		5		1	
中国科学院大连化学物理研究所							2	6	5	2
国家纳米科学中心		1	2	2	1	3	4			
上海交通大学				2			3	2	1	1
西北师范大学			3							

图 7-3-1　石墨烯在超级电容器领域全球主要申请人的申请量年代分布情况

中国第一汽车股份有限公司作为上榜的国内企业，专利申请年代始于 2011 年，尽管起步较三星集团稍晚，但其在近几年均保持了强劲的增长，这可能与超级电容器在新能源汽车中的广泛应用和市场需求有关。由于石墨烯超级电容器装置的充放电速度比常规电池快 100~1000 倍，新能源汽车对超级电容器产品的迫切需求带来的广阔市场前景也将使石墨烯直接受益。在我国，新能源汽车、风电、交通轨道、电力、军工等超级电容器应用领域均是"十三五"期间政策重点扶持对象，随着新能源汽车的逐步推广，石墨烯在超级电容器领域的应用也必将迎来巨大的市场空间。

7.3.2 海洋王照明科技股份有限公司

海洋王照明科技股份有限公司是一家民营股份制高新技术企业，自主开发、生产、销售各种专业照明设备。2006 年年初成立海洋王发展研究院，海洋王发展研究院致力于与照明相关的新光源、新材料、新能源等领域的世界前沿技术研究，实现重大发明或技术创新并产业化。海洋王照明科技股份有限公司从 2010 年开始在石墨烯制备、掺杂技术及在复合材料、超级电容器领域展开布局。

图 7-3-2 为海洋王照明科技股份有限公司在石墨烯超级电容器领域的技术发展路线。该公司早期的研发重点主要在于电极材料本身的研发。例如，公开号为 CN103180243A 的专利申请公开了一种多孔石墨烯材料及其制备方法，通过将石墨烯或氧化石墨烯与造孔剂混合、压制得到块状复合物或粉末状颗粒复合物，再加热该复合物，使造孔剂释放出气体，制得多孔石墨烯材料，该方法制得的多孔石墨烯材料比表面积大，适用于超级电容器。公开号为 CN103201216A 的专利申请公开了一种碳包覆氧化石墨烯复合材料及其制备方法与应用，通过将氧化石墨烯与有机碳源混合进行水热反应制得了复合材料，其具有稳定的结构、高电导率和大功率密度。

2011~2012 年是海洋王照明科技股份有限公司专利申请量最多的时期，其间，海洋王照明科技股份有限公司在电极结构和电容器结构上投入了大量的研发。例如，公开号为 CN103035409A 的专利申请公开了一种石墨烯复合电极及其制备方法和应用，通过将氧化石墨烯与二氧化锰分步沉积到集流体上，再将氧化石墨烯还原，制备过程中不需要使用黏结剂，从而有效降低了整个电极的等效串联电阻，同时发挥石墨烯与二氧化锰双电层的容量和赝电容。公开号为 CN102969548A 的专利申请公开了一种锂离子储能器件及其制备方法，通过芯包单体堆叠设置，形成了一个个单体的锂离子电池与锂离子电容器的并联结构，克服了锂离子电池能量密度低、循环寿命差的缺点，提高了储能器件的功率密度，延长了储能器件的使用寿命。公开号为 CN103903876A 的专利申请公开了一种柔性集流体的制备方法，通过离子液体进行插层剥离石墨烯，在剥离石墨烯的同时，达到分散的目的；通过喷涂法制备石墨烯薄膜，所制备的集流体由石墨烯和一支撑体组成，其中石墨烯和支撑体的密度均较小，则集流体的质量较低，可大大提高超级电容器的能量密度。

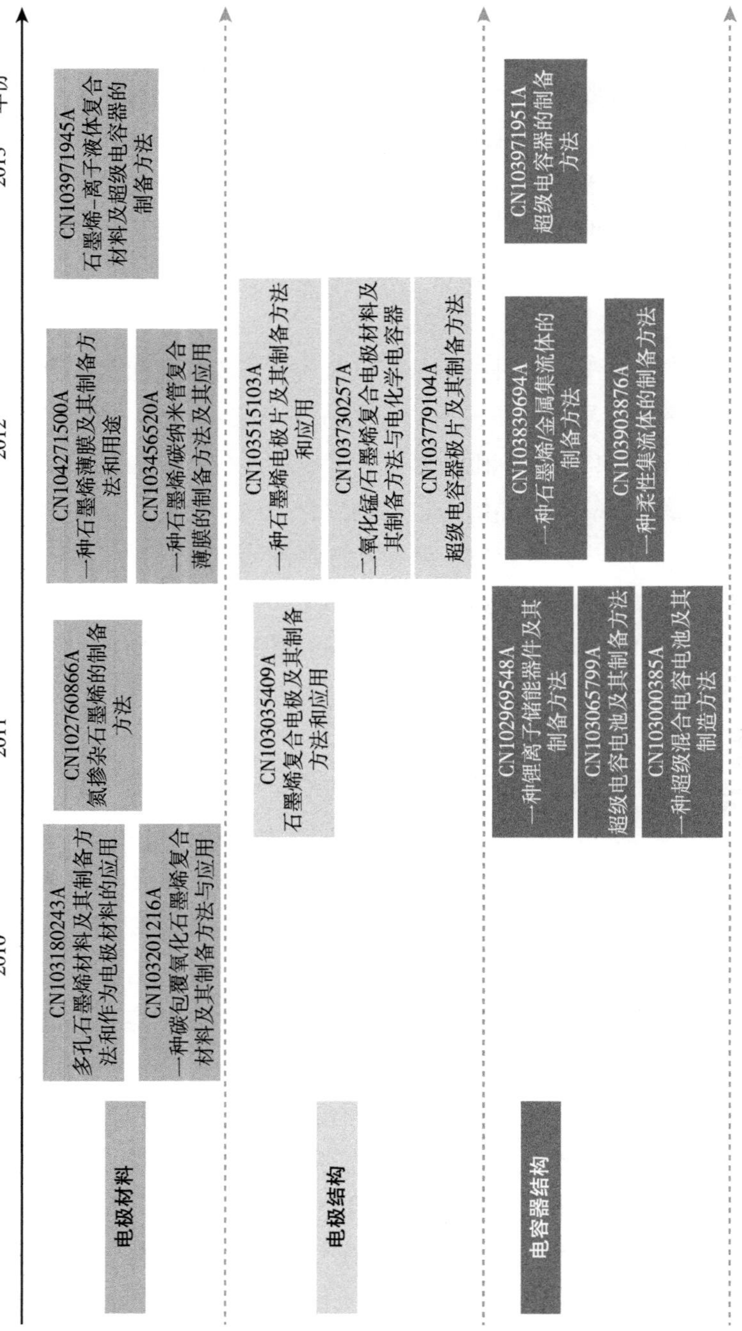

图7-3-2 海洋王照明科技股份有限公司在石墨烯超级电容器领域的技术发展路线

从上述专利申请不难看出，海洋王照明科技股份有限公司没有本土申请人通常存在的重制备轻应用的问题，其在应用方面投入了较大的研发精力。

7.3.3 浙江大学

图 7-3-3 为浙江大学在石墨烯超级电容器领域的技术发展路线。浙江大学从 2009 年开始申请石墨烯超级电容器相关专利，此后数年间，均处于持续专利申请的状态。尽管每年的数量均不多，但浙江大学在该领域的研发保持着较好的延续性。

自 2009 年至今，浙江大学在电极材料的制备领域持续研发了许多高性能的材料。例如，2009 年公开号为 CN101714463A 的专利申请公开了一种超级电容器用石墨烯／钌纳米复合材料，该复合材料将具有细小和均匀粒径的钌纳米粒子高度分散在石墨烯纳米片上，一方面可以阻止石墨烯纳米片再次堆积，提高其表面的利用率，另一方面可以利用钌基材料的高的比电容。2010 年公开号为 CN102013330A 的专利申请公开了一种石墨烯／多孔氧化镍复合超级电容器薄膜，以石墨烯薄膜为沉积载体，通过化学浴镀膜法制备三维多孔的石墨烯／多孔氧化镍复合超级电容器薄膜，其多孔网络有利于增大薄膜电极和电解液的接触面积，并提供更大有效的活性反应面积，同时为电化学反应提供良好的电子和离子扩散通道，缩短离子到超电容薄膜的扩散距离，以提高超电容性能。上述两个专利申请的施引次数分别达 15 次和 21 次，可见其重要程度。

近年，浙江大学在电极材料方面又有了新的突破，2017 年公开号为 CN107938026A 的专利申请公开了一种 MXene 纤维及其制备方法，以氧化石墨烯为模板，小尺寸的 MXene 在氧化石墨烯的辅助下实现相互搭接，因此可连续纺丝得到 MXene 纤维。这种 MXene 纤维导电性好，机械性能良好，可编织成纤维布，也可与其他功能材料混编成各种织物。MXene 纤维的成功制备，拓展了 MXene 材料在可穿戴超级电容器、锂电池、钠电池、锂硫电池、铝电池等各类柔性能源器件，以及电磁屏蔽、吸波材料、催化、复合材料等领域的应用。

从整体而言，浙江大学在电极材料方面的研究在国内处于领先地位，但是其在电极材料和电极结构方面所做的研发远多于电容器结构。

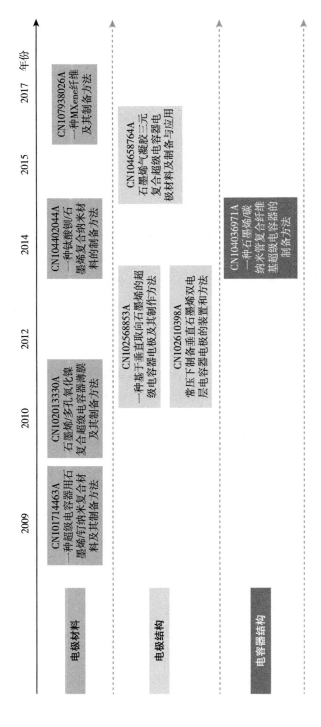

图 7-3-3 浙江大学在石墨烯超级电容器领域的技术发展路线

7.3.4 三星集团

自英国的两位科学家制备出石墨烯后，三星集团就开始研究石墨烯技术，并且很快步入快速发展期。以半导体器件为代表的石墨烯功能器件和石墨烯及其复合材料的制备是三星集团专利申请的重点，但是其在石墨烯储能应用的专利申请增速也较快，该技术分支的技术门槛较高，申请量相对较少，但是作为石墨烯技术领域的领导者，三星集团依然走在该领域技术研发的前沿。

图 7-3-4 为三星集团在石墨烯超级电容器领域的技术发展路线。三星集团非常注重石墨烯及其复合材料的制备，因而其在电极材料上的研发成果也较为突出。其最早于 2009 年开始石墨烯超级电容器的有关申请，该申请的公开号为 KR2011053012A，其专利施引计数高达 61 次。三星集团在电极结构方面的研究也独具优势，如 2010 年公开号为 KR2012056556A 的专利申请，该申请制造包括至少两个活性材料层的电极，所述活性材料层由具有大比表面积的活性炭层和具有优异导电性的石墨烯层构成以降低内阻并以多层结构堆叠，大大改善了电容和导电性，该申请的施引次数高达 31 次。早在 2013 年时，三星集团就推出了柔性智能手机，柔性电子通信设备需要柔性电池和电容器与之匹配，而薄膜电极材料更是实现该应用的重要技术。

从整体而言，三星集团在电极材料、电极结构和包括集流体等电容器结构上均投入了较多的研发，其研发在制备与应用上并重，对整个石墨烯超级电容器产业链进行了较为全面的布局和保护。

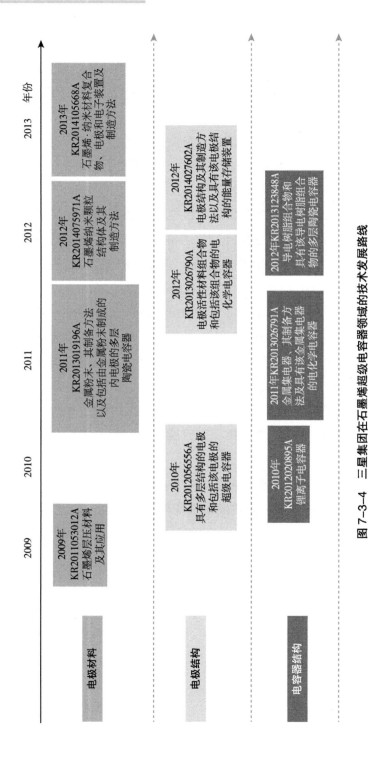

图7-3-4 三星集团在石墨烯超级电容器领域的技术发展路线

7.4 重点专利分析

本节通过专利引证分析、同族专利规模分析、全球专利布局分析等,综合确定出超级电容器领域的重点专利,来研判超级电容器领域的核心技术。

7.4.1 专利引用和同族专利规模分析

表 7-4-1 是超级电容器领域专利按被引用次数排名取前 30 位的专利申请。从表中可以看出,在超级电容器领域引用频次排名前 30 位的专利申请中,技术来源国(地区/组织)为美国的专利技术有 16 件、中国有 10 件、韩国有 2 件、日本有 2 件。从上述技术来源国(地区/组织)分布可以看出,以美国作为来源国(地区/组织)的专利申请最多,中国作为被引用次数第二多的国家,说明了中国的影响力已经得到越来越多的认可,特别是在超级电容器领域,例如,中国科学院过程工程研究所于 2013 年申请的公开号为 CN103117175A 的专利,在短短的 6 年中,被引用次数即达 60 次;天津大学于 2010 年申请的公开号为 101982408A 的专利,被引用次数达 52 次,一定程度上说明其具有较高的价值。

虽然日本在引用次数前 30 名的专利申请仅有两项,并且这两项专利申请的引用次数不是最多,但其技术输出的时间较早,且施引的国别包括德国、韩国、美国等,这说明了日本在把握潜在技术领域的能力和专利布局方面值得学习。此外,韩国作为技术来源国(地区/组织)的两篇专利申请均是来自三星集团的申请。

表 7-4-1 石墨烯超级电容器领域高引证频次专利申请

序号	专利号	技术来源国(地区/组织)	被引证次数	序号	专利号	技术来源国(地区/组织)	被引用次数
1	US7623340B1	美国	183	16	WO2012073998A1	日本	47
2	US20100021819A1	美国	118	17	CN101894679A	中国	44
3	US20110183180A1	美国	117	18	US20130026978A1	美国	44

序号	专利号	技术来源国（地区/组织）	被引证次数	序号	专利号	技术来源国（地区/组织）	被引用次数
4	US20110227000A1	美国	100	19	US20130314844A1	美国	40
5	US20090092747A1	美国	88	20	US20100301212A1	美国	38
6	US20130171502A1	美国	82	21	JP2010245797A	日本	35
7	US20090303660A1	美国	75	22	CN103382026A	中国	34
8	US20140030590A1	美国	70	23	CN102923698A	中国	33
9	US20110157772A1	美国	68	24	WO2011066332A2	美国	32
10	US20120026643A1	美国	67	25	CN103413689A	中国	31
11	US20110123776A1	韩国	61	26	CN102530913A	中国	31
12	CN103117175A	中国	60	27	CN102275903A	中国	31
13	US20110165321A1	美国	60	28	CN102321254A	中国	31
14	CN101982408A	中国	52	29	US20120170171A1	美国	31
15	CN101527202A	中国	49	30	US20120134072A1	韩国	31

同族专利数反映出申请人对这件专利的重视程度。如果某件专利的同族专利数大，那么说明该专利在多个国家（地区/组织）进行了申请。众所周知，申请专利需要一定的专利费，同族专利数越大，该专利对申请人来说越重要，其希望获得更广泛的专利权。因此，同族专利数能从侧面反映出某一专利申请的重要程度。

表7-4-2是超级电容器领域同族专利数排名前24位的专利申请。从表中可以看出，在石墨烯超级电容器领域同族专利数排名前24位的专利中，技术来源国（地区/组织）为美国的专利计数依然最多，有15件，英国有4件，韩国有2件，澳大利亚、日本和法国各有1件，而中国虽然是石墨烯超级电

容器专利的申请第一大国，但并未上榜，说明其海外布局专利量相当少，技术输出落后于美国、英国、韩国等。

表 7-4-2　石墨烯超级电容器领域高同族专利数专利申请

序号	专利号	技术来源国（地区/组织）	同族数量	序号	专利号	技术来源国（地区/组织）	同族数量
1	US20130026978A1	美国	22	13	WO2013001266A1	英国	11
2	CN104471663A	美国	18	14	US20140266374A1	美国	11
3	WO2012087698A1	美国	16	15	CN103382282A	韩国	11
4	US20120313591A1	美国	15	16	CN102149632A	美国	11
5	CN107004517A	美国	14	17	CN102473532A	美国	11
6	CN102210042A	美国	13	18	WO2014037882A1	英国	11
7	CN105981118A	美国	13	19	KR1494868B1	韩国	11
8	WO2017011822A1	美国	13	20	CN103563027A	美国	11
9	CN102066245A	澳大利亚	12	21	CN105103322A	美国	11
10	CN1964917A	日本	11	22	WO2016075431A1	英国	11
11	WO2014138587A1	美国	11	23	CN108431918A	美国	11
12	CN102947372A	法国	11	24	CN107005068A	英国	11

本小节从专利全球布局的角度，来反映某项专利申请的重要性，一般来说，美国专利商标局、欧洲专利局、中国国家知识产权局、日本专利局和韩国知识产权局是全球五大专利局，与世界知识产权组织一起，是全球专利最重要的目标国（地区/组织），某一项专利同时进入上述六个国家（地区/组织），本身就说明了该专利的重要性。

表 7-4-3 为石墨烯超级电容器领域全球主要国家/地区专利布局情况，主要显示了进入五局以上的专利技术情况，可以看出共有 24 项专利申请全部

进入了六局。从技术来源国（地区／组织）可以看出，在这24项专利申请中，来源于美国的专利有15件，英国的有6件，韩国、日本和马来西亚各1项。可见，美国在引证频次、同族规模和全球专利布局上均处于领先，说明在超级电容器领域，美国是综合技术实力最强的国家。从专利数量上看，虽然中国是石墨烯超级电容器领域申请量最多的国家，但是其全球专利布局明显较弱，远远不如其他几个主要技术来源国（地区／组织）。英国在超级电容器领域的总申请量排名并不高，但是英国的ZAPGO公司、曼彻斯特大学等研发单位却非常重视专利的布局，特别是在重要的国家／地区。

表7-4-3　石墨烯超级电容器领域全球主要国家（地区／组织）专利布局

序号	专利号	技术来源国（地区／组织）	同族数量	被引用次数	序号	专利号	技术来源国（地区／组织）	同族数量	被引用次数
1	US20130026978A1	美国	22	44	13	CN109074966A	美国	11	0
2	CN104471663A	美国	18	0	14	CN104245578A	美国	10	14
3	CN1964917A	日本	11	14	15	US20140268495A1	美国	10	3
4	WO2013001266A1	英国	11	12	16	CN107206741A	美国	10	2
5	US20140266374A1	美国	11	8	17	CN105122406A	美国	10	0
6	CN102473532A	美国	11	4	18	WO2016053079A1	马来西亚	10	0
7	WO2014037882A1	英国	11	3	19	CN109313988A	美国	10	0
8	KR1494868B1	韩国	11	1	20	CN109074965A	英国	9	0
9	CN105103322A	美国	11	1	21	CN108604800A	英国	9	0
10	WO2016075431A1	英国	11	1	22	US20130095351A1	美国	8	11
11	CN108431918A	美国	11	0	23	CN105378871A	美国	8	6
12	CN107005068A	英国	11	0	24	CN104981885A	美国	8	0

从进入六局的重要专利目标国（地区/组织）情况来看，主要技术来源国（地区/组织）对中国市场均十分重视，这里比较引人注意的是马来西亚博特拉大学在申请了一项柔性超级电容器的专利，其包括夹在电沉积有纳米复合材料的镍泡沫体之间的电解液，该纳米复合材料包含导电聚合物、氧化石墨烯和金属氧化物，具有优良的电化学性、良好的机械强度、质轻、显著的柔性和简单的制造工艺。另外，其应该能够承受不同曲率下的应力。

7.4.2　重点专利技术介绍

本小节在引用频次、同族数量、全球主要国家（地区/组织）专利布局情况分析的基础上，并结合申请时间、申请人情况等相关因素，确定超级电容器领域的核心专利技术，通过对上述重点专利技术进行解读，从而使企业能够借鉴先进技术、避免重复研究、了解主要竞争对手的专利保护范围并防止专利侵权行为的发生。

图 7-4-1 为石墨烯超级电容器领域重点专利技术的演进。从重点专利技术出现时间分布来看，大部分重点专利分布在 2009~2014 年。从技术发展趋势来看，2009 年开始，超级电容器的申请量快速增长。在技术快速发展期的 2009~2014 年是最容易产出重点专利的时间区间，其间世界各国的竞争者竞相抢占该领域的空白，并开始有意识地在重点市场内进行专利布局，从而起到牵制对手、抢占市场的目的，而这也会促进整个超级电容器领域的发展。从技术方向可以看出，超级电容器重点的关注点在双电层电容器、赝电容电容器电极材料中的石墨烯或者石墨烯复合材料的制备与改性，说明石墨烯在超级电容器领域应用的关注点与超级电容器领域应用的核心问题保持一致。

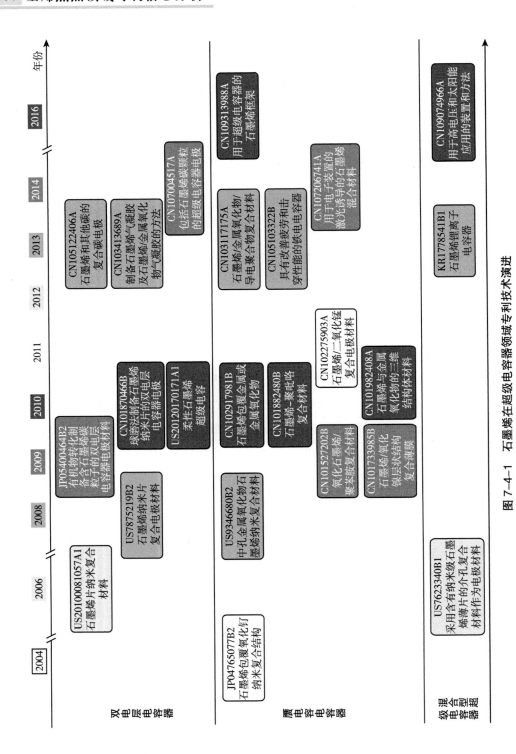

图 7-4-1　石墨烯在超级电容器领域专利技术演进

7.4.2.1 双电层电容器

双电层电容器作为超级电容器的典型代表，其储能原理是以亥姆霍兹（Helmholz）建立的双电层界面理论为基础的一种全新的电容器。电极材料侵入电解质溶液时会在电极材料表面和液相出现等量的正负电荷，这样电极材料表面与液相之间形成一定的电势差。如果在两个侵入电解质的电极之间施加一定的驱动电压，正负离子会在驱动电压下向正负极迁移，分别与电极材料表面的电荷形成紧密的电荷层，也就是所谓的双电层。双电层与传统电容器相似，双电层同样具备电容特性，紧密的双电层近似于平板电容，但平板电容的电荷层之间的距离通常在厘米级，而双电层电荷层间距大约为 0.5 纳米，再者通过构建电极材料巨大的比表面积，使其具有了比普通电容器更大的容量。

传统的双电层电容器的电极材料主要为具有高比表面积的多孔碳材料（包括活性炭粉末、活性炭纤维、碳纳米管以及碳气凝胶等），而石墨烯由于石墨烯理论比表面积为 2630 平方米 / 克，高于碳纳米管和活性炭。它结构完美，其外露的表面可以被电解液充分地浸润和利用，具有高的比容量，并适合于大电流快速充放电；它物理化学性质稳定，能在高工作电压下保持结构稳定；同时它具有优异的导电性能，可以促进离子 / 电子快速传递，降低内阻，提高超级电容器的循环稳定性。因此，石墨烯被认为是高电压、高容量、高功率超级电容器电极材料的选择之一。从图 7-4-1 可以看出，2008 年，美国的 Nanotek 公司申请了石墨烯用于双电层电容器领域的专利（US7875219B2），该专利技术的被引用次数为 62 次，目的在于提供一种基于介孔纳米复合材料的电极，其制备方法如下：（1）提供一纳米尺度的石墨烯片，该石墨烯片可由单层或叠层石墨烯片组成，其厚度不大于 100 纳米；（2）采用液相将黏合剂、石墨烯片形成一分散体系；（3）将该分散体系成型为所需形状，去除液相，得到一黏合剂 / 石墨烯片混合物；（4）通过辐射或热处理方式将该混合物转化为介孔纳米复合电极，其中石墨烯片通过黏合剂结合，该电极具有电解液流通通道，比表面积大于 100 平方米 / 克，可用作超级电容器电极材料。日本的丰田自动车株式会社在 2009 年申请了专利 JP05400464B2，该专利提供以含有石墨烯的碳粒子作为主要构成要素的碳材料的制造方法。该方法包括将含有作为起始原料的有机物、过氧化氢和水的混合物保持在温度 300℃ ~ 1000℃并且压力 22 兆帕以上的条件下，从而由上述有机物生成碳粒子的工序；此外还包括在比上述碳粒子生成工序中的保持温度更高的温度下对该碳粒子进行加热处理的工序。制造出的碳材料，在构造上容易使离子等物质出入碳粒子的石墨烯层之间，采用该碳材料的双电层电容器的容量特性良好。北京化工大学在 2010 年申请了专利 CN101870466B，提供了一种电极材料石墨烯纳米片的制备方法及使用该材料制备的超级电容器的电极片，使用该材料组装的超级电容器电极在 100 毫安 / 克的电流密度下，稳定的比电容量达到 164 法拉 / 克 ~210 法拉 / 克，电流密度从 100 毫安 / 克逐渐增大到 2000 毫安 / 克时，容量保持率保持在 85% 以上。使用球磨法制备石墨烯纳米片具有方法简单、易于操作，比电容量高，循环性能好等优点。

2011~2012 年，石墨烯用于双电层电容器的技术进展比较缓慢，进入 2013 年后，研究人员通过调整石墨烯的形貌、复合材料种类等手段，进一步提高了双电层电容器的性能。例如，北京科技大学在 2013 年申请了公开号为 CN103413689A 的专利，涉及一种制备石墨烯气凝胶及石墨烯 / 金属氧化物气凝胶材料的方法，以氧化石墨水溶液为原料，以醇作为交联剂，通过简单的混合和分散处理得到前驱体溶液，之后采用水热的方法，再通过冷冻干燥或超临界干燥等方法得到石墨烯气凝胶；而通过在前驱体溶液中添加金属氧化物则可以制备得到石墨烯 / 金属氧化物气凝胶。这种石墨烯基气凝胶材料一方面继承了石墨烯气凝胶的特性，另一方面继承了金属氧化物本身的物理化学特性，此外，这种气凝胶材料具有较大的比表面和良好的导电性，可直接用作超级电容器电极，并且具有较高的比容量、优良的倍率性能及循环稳定性，经测试，当充放电电流为 $0.1Ag^{-1}$ 时，其比容量为 170 法拉 / 克。

从石墨烯在超级电容器领域的重点专利技术可以看出，石墨烯在双电层电容器领域最初主要涉及石墨烯制备技术的改进，即通过不同的制备工艺调节石墨烯的性质。随着研究的增多及技术的发展，后续发展的技术手段还包括将石墨烯与活性炭、碳气凝胶等复合的工艺。

7.4.2.2 法拉第准电容器（赝电容电容器）

法拉第准电容器与双电层电容器不同，法拉第准电容器通过在一定的电势范围内在电极或电极表面发生快速、可逆的氧化还原反应来实现以准电容－准电容为主要机制的快速储能，在相同电极面积的情况下，容量通常是双电层电容器的 10～100 倍，因此也格外受到关注；但由于法拉第准电容器储能过程发生了化学反应（氧化还原反应），因此，该电容器具有类似电池的特性，循环寿命相比双电层电容器低。

迄今为止，研究中最普遍的五氧化二钒电极材料是过渡金属氧化物或金属氢氧化物（如二氧化钌、四氧化三钴、五氧化二钒、二氧化锰等）和导电聚合物，如聚吡咯、聚苯胺和聚噻吩的衍生物等。

2004 年，日本国立大学法人东京农工大学作为石墨烯在超级电容器领域最早的专利申请者，申请了石墨烯用于超级电容器领域的专利申请（JP04765077B2），作为最早涉及石墨烯应用于超级电容器的专利申请，该技术主要提供了一种内包氧化钌的纳米碳复合结构体，其是使用科琴黑，通过利用超离心反应场而获得的机械化学效果，使氧化钌的比表面积、电极物质的空间这两者扩大，氧化钌的纳米粒子高度分散于石墨烯层而成的。在水系电解液和／或非水系电解液中，按照内包氧化钌的纳米碳复合结构体的重量基准的比静电容量为 400 法拉／克～600 法拉／克。由于具备高的电化学活性，该复合结构体可用作电化学电容器等电能贮藏元件的电极材料；电化学电容器用于电动汽车、电力行业，还用作与燃料电池或太阳能电池等组合使用的电贮藏元件、紧急电源或备用电源等，为推动石墨烯在超级电容器方面的应用奠定了基础。然而，基于二氧化钌的水系电解质超级电容器成本和造价都是十分昂贵，故此后，研究人员一直致力于开发新的能够与石墨烯复合以改善其电化学性能的材料。

从图 7-4-1 中可以看到，自 2008 年起，关于石墨烯用于法拉第准电容器的重点专利申请逐渐增多，例如，南京理工大学 2009 年申请了一项专利（CN101527202B），其公开了一种氧化石墨烯／聚苯胺超级电容器复合电极材料及其制备方法、用途，具体包括：首先将氧化石墨加到水中超声分散，形成以单片层均匀分散的氧化石墨烯溶液；在室温下，向所得氧化石墨烯溶液中滴加苯胺，继续超声分散形成混合液；在低温条件下，向混合液中依次逐滴加入过氧化氢、三氯化铁和盐酸溶液，搅拌聚合；反应完毕，将得到的混合液离心、洗涤、真空烘干得到氧化石墨烯／聚苯胺复合电极材料，将氧化石墨烯／聚苯胺复合材料作为超级电容器、电池的储电系统的电极材料。通过该制备方法得到了电化学性能优良的氧化石墨烯／聚苯胺复合电极材料，大幅度提高了氧化石墨烯和聚苯胺的比容量，同时氧化石墨烯的加入提高了聚苯胺的充放电寿命。中国科学院电工研究所在 2010 年申请的 CN101882480B，保护一种聚吡咯／石墨烯复合材料的制备方法，将氧化石墨通过水合肼还原后的产物用去离子水洗涤得到均匀分散的石墨烯胶体，用该石墨烯胶体与吡咯单体按一定的比例混合后超声分散，然后置于冰浴条件搅拌，再将氯化铁的盐酸溶液缓慢滴加入反应物中，滴加完毕之后让反应物在冰浴条件下反应，反应完毕后洗涤干燥即得聚吡咯／石墨烯复合材料粉体。该申请工艺条件简单，成本低廉，制备的复合材料中聚吡咯被石墨烯均匀包裹，作为超级电容器电导率高、电化学性能好。天津大学通过改进石墨烯结构来改进其超级电容器的性能（CN101982408A），其具体公开了一种石墨烯三维结构体材料，所述的材料由 10%~99% 的石墨烯和 1%~90% 的锰、镍、铁或钴的氧化物组成，其制备方法包括：氧化石墨加入超声分散配制成氧化石墨烯溶液，之后在搅拌或超声条件下加入金属盐溶液，再混加入水合肼溶液，然后在干燥箱内，或水热反应釜中反应，之后干燥得到石墨烯三维结构体材料。这种石墨烯三维结构体材料用于超级电容器，其容量达到 200 法拉／克 ~ 800 法拉／克。

东华大学于 2011 年申请的公开号为 CN102275903A 的专利，制备出的瓣状或棒状二氧化锰纳米晶具有较大的比表面积，增大活性物质的反应区域，而石墨烯的引入可以充当高效的载体，提高二氧化锰的使用效率和防止团聚；在作为电极材料时，可以大大减小电极的内阻，使电子在材料中转移顺畅，大大提高了复合材料的性能，在 100 毫安／克的电流密度下，通过充放电测试得到的可逆比容量为 400 毫安／克，100 次循环后可逆比容量为 310 毫安／克。中国科学院过程工程研究所在 2013 年申请了公开号为 CN103117175A 的专利申请，其提供了一种超级电容器用多元复合纳米材料及其制备方法。所述材料含有碳材料、金属氧化物和导电聚合物，其组分可以是其中两种或两种以上的材料；该发明利用碳材料良好的导电性、长循环寿命、高比表面积，金属氧化物较高的法拉第准电容器容量和导电聚合物的低内阻、低成本、高工作电压等特性，使不同类型电极材料之间产生协同效应，优势相互结合，缺陷相互减弱，同时发挥双电层电容和法拉第准电容储能特性，制备出了具有高功率密度、良好循环稳定性能和相对较高能量密度的复合电极材料，该复合材料经三电极体系测试后发现，循环 500 次后比电容保持率可达 96%。

从石墨烯在超级电容器领域的重点专利技术可以看出，石墨烯在法拉第准电容器领域的技术则相对丰富，既有早期的石墨烯与金属氧化物的复合，也有后来的石墨烯与不同导电高分子聚合物种类的复合，最新的重点技术则包括石墨烯/金属氧化物/导电聚合物材料的三者复合以及结构框架的设计和改进。

7.4.2.3 混合型超级电容器

基于锂离子电池能量密度优势以及双电层电容器的功率密度优势，两者的复合储能体系混合型超级电容器逐渐成为近十年来储能器件的研发热点。从广义上来讲，混合型超级电容器可分为内串型和内并型两种。内串型器件是指器件内部其中一极为锂离子脱嵌电极，另一极为电容电极。内并联器件则是基于内串型一极单一的活性炭材料对于能量密度的局限性，将混合型超级电容器改进为在锂离子电池正极或者负极中混入活性炭。

由图 7-4-1 可以看出，在混合型超级电容器方面，产生的重点专利技术相对较少，例如，2007 年，美国的 Nanotek 公司申请了专利 US7875219B2，采用含有纳米级石墨烯薄片的介孔复合材料作为电极材料，表现出优异的双电层超电容和氧化还原电荷转移型伪电容，从而使电极材料能够大规模生产，成本低廉。所述多孔纳米复合材料包含完全分离的石墨薄片，具有足够的排列有序性和孔隙度，以获得更大的表面积和高电容值，所述导电材料连接所述纳米石墨烯板，以提高电荷存储容量。LG 电子株式会社在 2013 年申请的专利 KR1778541B1，提供了一种石墨烯锂离子电容器，其包括由石墨烯材料形成并预掺杂锂离子的电极。所述石墨烯锂离子电容器包括：至少部分由石墨烯材料形成的阳极和阴极；与阴极电连接以向阴极提供预掺杂的锂离子的锂牺牲电极；位于阳极和阴极之间的分离膜；与阳极和阴极结合的电解质，当其离解为离子时能够在所述阳极和所述阴极之间流过电流，其中，阴极将由锂牺牲电极提供的锂离子吸附至其表面，并由多层结构形成以容纳插入在石墨烯层之间的锂离子，并且所述表面和所述多层结构的至少一部分通过与所述锂离子反应而由锂碳化物形成。

综上所述，石墨烯在超级电容器领域重点专利技术节点演进主要集中在双电层电容器、法拉第准电容器电极材料的改进上，通过对石墨烯的改性、石墨烯制备技术的改进并将石墨烯与金属氧化物或者导电聚合物复合等方面来提高石墨烯超级电容器的能量密度；另外，还有多个专利技术同时适用于双电层电容器和法拉第准电容器电极材料。

下面介绍几个重点专利技术。

2006 年，Nanotek Instruments，Inc. 申请的公开号为 US7623340B1 的专利的被引用次数高达 183 次，其公开了介孔纳米复合材料，包括：（1）纳米级石墨烯片，其厚度不大于 100 纳米，且平均长度、宽度或直径不大于 10 微米；（2）一种导电黏合剂或基体材料，用于和石墨烯片黏结或接触以得到纳米复合材料，该复合材料具有可流通液体的孔结构，具有大于 100 平方米 /克的比表面积(优选大于 1000 平方米 / 克)。该介孔纳米复合材料制备成本低，有利于大规模应用，可用作双电层电容器或赝电容电容器的电极材料，能量密度高。

2008 年，巴特尔纪念研究院申请的公开号为 US9346680B2 的专利技术的目的在于提供一种可将比容量提高到大于 200 法拉 / 克的中孔金属氧化物石墨烯纳米复合材料。其首先形成石墨烯、表面活性剂和金属氧化物前体的混合物，从所述混合物中沉淀所述金属氧化物前体和所述表面活性剂而形成中孔金属氧化物，该中孔金属氧化物然后被沉积到所述石墨烯的表面上。纳米复合材料用于电池，用于双层式超级电容器。

2008 年，奈米调控科技公司申请的公开号为 US20090303660A1 的专利技术的被引用次数达 75 次，公开了用于一种供使用于能量储存装置中的电极，该电极包含溶胶 – 凝胶衍生之整块材料，其包含孔隙开放的网状组织；与导电性材料，经配置在孔隙开放的网状组织表面或部分充填孔隙开放的网状组织内，以形成导电性网状组织。其中，导电性材料包括石墨、石墨状材料、石墨烯、石墨烯状材料或碳。此高表面积电极具有孔隙大小可调与经良好控制的孔隙大小分布，能够用于多种能量储存装置与系统中作为电极使用，如电容器、电双层电容器、电池组以及燃料电池。

2008 年，天津大学申请的公开号为 CN101367516A 的专利的目的在于提供一种高电化学容量氧化石墨烯，其通过将氧化石墨在高真空下以一定升温速率升温至 150℃～600℃，维持恒温 0.5 小时～20 小时，得到氧化石墨烯；该制备过程简单，制备温度低，且易于操作，能量消耗低，所得到的氧化石墨烯片层厚度为 0.35 纳米～20 纳米，比表面积为 200 平方米／克～800 平方米／克，电化学比容量达到 50 法拉／克～220 法拉／克。可用于超级电容器电极材料。该项专利于 2010 年授权后其专利权人即转让给深圳清研紫光科技有限公司，实现了产学研的迅速转化。

2009 年，西门子能源公司申请的公开号为 US20110038100A1 的专利技术，通过使用具有导电碳网络的纳米复合物电极提供高能量密度超级电容器，所述导电碳网络具有大于 2000 平方米／克的表面面积和赝电容金属氧化物，诸如二氧化锰。导电碳网络被合并到多孔金属氧化物结构中以引入足够的导电性，使得金属氧化物的本体被用于电荷存储和／或导电碳网络的表面用金属氧化物布置，用以增加表面面积和在纳米复合物电极中的赝电容金属氧化物的量用于电荷存储，具有与铅酸、镍镉电池和锂电池组一样好并且几乎类似于燃料电池的能量密度，同时具有类似于铝电解电容器的功率密度、周围环境温度运行、快速响应和长循环寿命。

2009 年，中国科学院金属研究所申请的公开号为 CN101894679B 的专利技术主要通过制备石墨烯膜状产物，并经电化学沉积过程，得到具有很高强度且可弯折的石墨烯／导电聚合物 - 过渡金属氧化物复合结构（即石墨烯基复合薄膜）。石墨烯基柔性超级电容器的电极材料的制备方法，其中，采用不同浓度石墨烯水分散液，将分散液通过滤膜过滤形成膜状产物，在滤膜和膜状产物干燥后，将膜状产物从滤膜上剥离，获得石墨烯薄膜；以石墨烯薄膜作为电极材料，硫酸分别与导电聚合物或过渡金属氧化物的水溶液为电解液，采用恒电位电化学沉积，在石墨烯薄膜表面沉积导电聚合物或过渡金属氧化物，制备石墨烯基复合薄膜，即通过制备石墨烯膜状产物，并经电化学沉积过程，得到具有很高强度且可弯折的石墨烯／导电聚合物 - 过渡金属氧化物复合结构。本方法可获得具有较高重量容量和体积容量、可弯折、高功率并形成柔性结构的超级电容器。石墨烯基柔性超级电容器用于能源、电子器件、电池、电动汽车、国防工业等。

2010 年，得克萨斯大学系统 Univ. Texas System 申请的公开号为 US20110227000A1 的专利技术的被引用次数为 100 次，其提供一种通过电沉积方式将石墨烯片沉积到基底上，该方法具有沉积效率高、成本经济、环境友好、产率高等特点，其得到的石墨烯薄膜厚度可控、均匀，能够用于超级电容器、锂离子电池等电子器件中。

2010 年，JANG B. Z. 申请的公开号为 US20110183180A1 的专利技术的被引用次数为 117 次，其提供一种柔性非对称电化学电池，包括：（1）石墨烯纸作为第一电极，其由厚度小于 1 纳米石墨烯片构成，该第一电极具有电解液通过的孔隙；（2）第一隔膜和电解液；（3）一薄膜或纸状的第二电极，其组成与第一电极不同，前述隔膜夹在第一和第二电极之间以形成柔性层压结构。由上述不对称电极所组成的混合型超级电容器结合了双电层材料的快速充放电和赝电容的高能量密度的特性，可同时具有高功率密度和高能量密度，以及优异、稳定的循环特性。

2010 年，Nanotek Instruments，Inc. 申请的公开号为 US20120026643A1 的专利技术的被引用次数为 67 次，提供一种超级电容器，包括两个电极，所述两个电极之间设置一多孔隔板，离子液体电解液与所述两个电极物理接触，其中所述两个电极中的至少一个包括由卷曲石墨烯片形成的介孔结构，其孔径在 2 纳米 ~25 纳米。该介孔可通过离子液体分子，使得在超级电容器中形成大量双电层电荷，表现出非常高的比电容和能量密度（大于 100 瓦）。

同年，Nanotek 公司基于超级电容器用石墨烯改性又推出一项专利技术，公开号为 US20110165321A1，其提供一种用于连续生产基于垫片（spacer）-改性纳米石墨烯片的多孔固体薄膜，制备时，先溶解形成一种前体溶液，将多个纳米石墨烯片加入该溶液以形成一分散液；连续输送该分散液固化成膜，并不断堆叠；最后，除去溶剂，形成一种由垫片-改性石墨烯片组成的多孔固体膜；利用收集器（如缠绕辊）连续收集所述多孔固体薄膜，所述的多孔固体薄膜（毡、纸或网状物）的比表面积能超过 2600 平方米/克，可以被切割成件用于超级电容器电极。

2010 年，北京化工大学申请的公开号为 CN101870466A 的专利技术提供一种电极材料石墨烯纳米片的制备方法，具体步骤如下：按照 1∶10 的比例称取石墨和氯酸钾，将石墨加入体积比为 2 : 1 的浓硫酸和浓硝酸的混合液中，接着逐步加入氯酸钾，反应温度为 0~4℃，氧化反应 72 小时 ~100 小时后，先用稀盐酸溶液再用去离子水反复清洗至无氯离子和硫酸根离子检出及 pH 值达中性，然后真空 60℃烘干，研磨，筛分，得到氧化石墨粉末；取制得物，装入坩埚后放入 1000℃的马弗炉中，空气气氛下快速热处理 10 秒 ~30 秒后取出，得到膨胀石墨；取制得物，以 377 : 1 的球料比与磨球混合均匀，以 328~528 每分钟的转速在行星式球磨机上球磨 2 小时 ~6 小时，得到石墨烯纳米片。使用该材料组装的超级电容器电极在 100 毫安 / 克的电流密度下，稳定的比电容量达到 164 法拉 / 克 ~210 法拉 / 克，电流密度从 100 毫安 / 克逐渐增大到 2000 毫安 / 克时，容量保持率保持在 85% 以上。

2012 年，巴斯夫公司、马克思 – 普朗克科学促进协会公司申请的公开号为 WO2013132388A1 的专利技术提供了一种气凝胶，其具有互连网络结构、高比表面积、优异导电性、机械挠性和 / 或轻重量的三维（3D）开放大孔性，性能好，可较为容易地用电解质凝胶嵌入，制备方法可良好控制气凝胶单块的体积和形状，形成的电极无添加剂和 / 或黏合剂，赋予电解质的完全界面润湿性，可在本体电极中快速离子扩散和在三维石墨烯网络中快速电子传输，形成的电容器可具有高比电容、良好倍率性能、增强的能量密度或功率密度，增加电化学可逆性和赝电容。

7.5　本章小结

从 20 世纪 90 年代混合电动汽车兴起之后，超级电容器一直都是很热门的研究方向。由于传统的多孔炭材料能量密度较低，很大程度上限制了超级电容器的应用，研究者致力于找出一种高电导率和高比表面积的电极材料，石墨烯的出现从一开始就被认为是传统炭材料最好的替代品，从而促使和加快了石墨烯在超级电容器的应用。石墨烯在超级电容器中的应用主要包括石墨烯导电剂以及石墨烯基材料应用的双电层电容器、赝电容电容器等，石墨烯作为导电性极佳的"至柔至薄"二维材料，是一种高性能导电添加剂。它可以与超级电容器电极中活性炭颗粒形成二维导电接触，在电极中构建"至柔 – 至薄 – 至密"的三维导电网络，降低电极内阻，改善电容的倍率性能和循环稳定性。近年来，石墨烯导电剂技术取得了重大进展，高端石墨烯导电剂已取得小规模试制成功，但目前，由于石墨烯导电剂品质和成本等方面原因，仍影响石墨烯导电剂在超级电容商业应用中的大范围推广，总体来讲，石墨烯在导电剂领域的应用技术难度较高，受限于品质和成本。

从超级电容器技术发展趋势来看，从 2009 年开始，超级电容器的申请量快速增长，大部分重点专利分布在 2009~2014 年，世界各国的竞争者竞相抢占该领域的空白，并开始有意识地在重点市场内进行专利布局，从而起到牵制对手，抢占市场的目的，而这也促进了整个超级电容器的发展。

通过对石墨烯超级电容器领域的专利信息的统计和分析可知，虽然中国起步稍晚，但目前已经是超级电容器领域最大的技术来源国（地区 / 组织），也在专利技术上取得了一定的成果；但在重要专利的拥有数量上低于国外申请人。同时，国内的申请人目前仍然以高校、研究所等科研机构为主，缺乏具有自主研发能力的企业，此外，国内申请人很少进行国际申请和海外布局，而国际先进企业都非常注意国际申请的针对性，都把国际申请与目标市场紧密联系，如美国、日本、韩国和欧洲的企业在其他地区和组织的专利输出远高于中国。

从技术方向可以看出，石墨烯超级电容器技术研发和专利保护的重点集中在电极材料的制备，特别是石墨烯在双电层电容器、赝电容电容器电极材料方面的改进。通过对石墨烯的改性、石墨烯制备技术的改进，并将石墨烯与金属氧化物或者导电聚合物复合等来提高石墨烯超级电容器的能量密度。另外，还有多个专利技术同时适用于双电层电容器和赝电容电容器电极材料，说明超级电容器领域的关注点与超级电容器领域的核心问题保持一致。

由于石墨烯超级电容器能量密度与锂离子电池相比仍存在较大差距，是限制超级电容器更广泛应用的主要原因，高能量密度的超级电容器研究仍处在实验室阶段，电极材料制备成本高且难以工业化生产；因而需要在电极材料的制备和器件优化方面积极探索，提升超级电容器的能量密度，实现石墨烯基超级电容器的商业化和市场化。

第八章　石墨烯触摸屏专利技术分析

氧化铟锡兼具电学传导和光学透明的特性，是制作触摸屏的传统材料。薄膜沉积时，高浓度电荷载流子将会增加材料的电导率，但会降低它的透明度，这就需要进行权衡。氧化铟锡要用到铟，这种材料质地脆、延展性差、易碎、有毒、难以回收，并且制作电极需要在真空中层沉积，致命缺点多且成本比较高。

石墨烯触摸屏与氧化烟锡相比具有"一低、一高、两更"的诸多应用优势：（1）低成本。石墨烯主要是由碳、氢、氧这些常见的元素组成，而自然界碳元素含量非常丰富，可以说是"取之不尽，用之不竭"，因此采用石墨烯作为触摸屏来源，原材料的限制较小，并且石墨烯制备较氧化烟锡成本低。（2）高性能。石墨烯只有 0.34 纳米厚，它只吸收约 2.3% 的光，能做到几乎完全透光，因此，石墨烯几乎是完全透明的，单层石墨烯薄膜从紫外线、可见光到红外波段的透光率高达 97.7%，因而不会偏色，并且具有很高的电导率。电导率与透光率的矛盾在石墨烯透明电极中可以得到很好的解决，石墨烯材料仅一个碳原子层厚，其载流子迁移率极高，是迄今为止发现的电导率最高的材料。（3）更柔韧。石墨烯具有极高的力学强度，并且非常柔软，在一定程度上甚至可以弯曲折叠，都不会对屏幕造成损害。（4）更环保。石墨烯的化学性质稳定，性能受环境的影响较小，石墨烯是单原子层的碳材料，不存在毒性，对环境也无污染，石墨烯触摸屏的合成对环境无害，需要的资源少，符合可持续发展、绿色发展的理念。

石墨烯凭借其高导电性、高韧度、高强度、高透明度等优势成为新兴产业中的新型材料，由石墨烯代替氧化烟锡制作而成的柔性触摸屏能够实现手机与平板电脑的完美统一，将带来消费电子领域划时代的变革。

总而言之，石墨烯触摸屏透光率更高、功耗更低、性能更稳定，并且更轻更薄。但触摸屏对石墨烯的面积要求大，目前大规模制备技术尚不成熟。下面具体分析石墨烯在触摸屏领域的应用的专利申请状况和最新进展。

8.1 全球专利申请分析

8.1.1 申请趋势分析

检索并筛选后得到全球石墨烯触摸屏相关专利申请 1082 项，其中，在华专利申请 743 件。时间分布如图 8-1-1 所示。

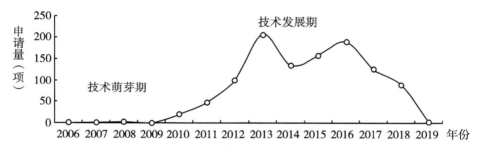

图 8-1-1 石墨烯触摸屏领域全球专利申请趋势

从图 8-1-1 中可知，第一件石墨烯应用到触摸屏的相关专利出现在 2006年，其发展历程可以分为以下两个阶段：（1）技术萌芽期（2006~2009 年）。在这四年中，申请仅有三项。（2）技术发展期（2010 年至今）。自 2010 年石墨烯荣膺诺贝尔物理学奖后，石墨烯得到了越来越多人的关注，研发投入也日渐增大。随着制备技术的进一步成熟，石墨烯触摸屏相关的专利申请有了迅速增加，2010~2013 年，每年都呈翻倍式增长。从图中可以看出，直到 2010 年，石墨烯应用到触摸屏的专利数量才有了明显增加，实际上，石墨烯真正应用到触摸屏领域的相关专利申请是从 2010 年开始，而在这一年，韩国三星公司与成均馆大学最早将石墨烯薄膜作为透明电极应用于 3.1 英寸电阻触摸屏。到了 2013 年，相关领域的专利申请量开始出现快速增长，直到 2016 年依然保持着较高的年申请量。而图中显示 2017 年后申请量的下降主要因为相关专利申请还未公开，统计数据不完整，目前石墨烯在触摸屏领域的应用研发依然是触摸屏领域的一个热点。

8.1.2 技术来源国（地区／组织）分析

如图 8-1-2 所示，在全球 1082 项石墨烯触摸屏专利申请中，中国有 684 件，占总量的 63%，之后依次为韩国、美国、日本，申请数量的占比分别为 20.4%、7.2%、2.8%。以上四国的专利产出量占全球的 90% 以上，为石墨烯在触摸屏领域应用的最主要的技术来源国（地区／组织）。由此可以看出，在全世界范围内，石墨烯在触摸屏领域的应用相关专利在中国的申请量最大，其他国家／地区相关专利的申请量比较少。值得注意的是，欧洲地区石墨烯触摸屏领域的专利申请占比不大，这可能与传统的面板企业均在亚洲有关，如三星集团、京东方科技集团股份有限公司等。

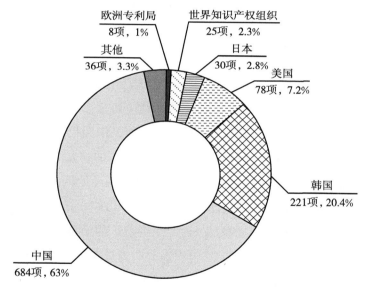

图 8-1-2　石墨烯触摸屏领域技术来源国（地区／组织）申请比例

作为全球石墨烯触摸屏专利申请主要技术来源国（地区／组织），中国、韩国两国具体的年度申请趋势和占比如图 8-1-3 所示。从图中可以得出以下信息：韩国起步最早，但是韩国和中国均是在 2010 年之后才开始有了比较稳定的申请量。中国最近几年的相关专利申请量比较多，申请量快速增长，而韩国由于在电子技术和屏幕制作方面的优势，在石墨烯应用于触摸屏领域的研发也非常活跃，申请量仅次于中国。中国从 2010 年开始相关申请，到 2012 年申请量已经赶超韩国，到了 2013 年，中国的申请量比韩国申请量的两倍还要多，在随后的几年内，中国的相关申请量一直处于波动增长阶段。

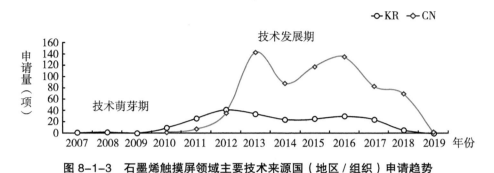

图 8-1-3　石墨烯触摸屏领域主要技术来源国（地区／组织）申请趋势

8.1.3　技术目标国（地区／组织）分析

　　图 8-1-4 给出了石墨烯在触摸屏领域的全球专利申请主要技术目标国（地区／组织）申请比例。总体来看，整体的专利申请量比例与图 8-1-2 中的主要技术来源国（地区／组织）申请占比情况类似，中国仍然是该领域最大的技术目标国（地区／组织），韩国仍然是仅次于中国的第二大技术目标国（地区／组织），但两国在具体的比值上却与技术来源国（地区／组织）占比具有一定的差异：（1）中国作为技术目标国（地区／组织）的申请量为 761 件，占总量的 70%，而作为技术来源国（地区／组织）的申请量为 684 件，占总量的 63%，作为技术目标国（地区／组织）的申请量高于作为技术来源国（地区／组织）的申请量，体现了全球申请人对中国市场的重视，也说明中国国内申请人比较重视自己国内的市场。（2）韩国作为技术目标国（地区／组织）的申请量为 130 件，占总量的 12%，而作为技术来源国（地区／组织）的申请量为 221 件，占总量的 20.4%，作为技术目标国（地区／组织）的申请量明显低于作为技术来源国（地区／组织）的申请量，说明韩国申请人对全球市场特别是国外市场的专利布局重视程度较高，本国技术的对外输出程度较高。

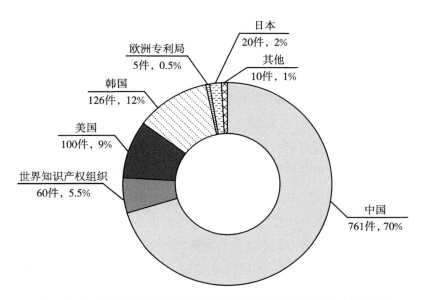

图 8-1-4　石墨烯触摸屏领域技术目标国（地区 / 组织）申请比例

图 8-1-4 中还显示了美国作为技术目标国（地区 / 组织）的申请量为 97 件，占总量的 9%，而作为技术来源国（地区 / 组织）的申请量为 78 件，占总量的 7.2%，作为技术目标国（地区 / 组织）的申请量高于作为技术来源国（地区 / 组织）的申请量，说明了全球申请人对美国市场的重视程度较高。美国作为全球第一大经济体，专利申请人在选择本土以外的技术输出国时，多会优先选择美国作为重点输出的技术目标国（地区 / 组织）。

图 8-1-4 中也显示了日本作为技术目标国（地区 / 组织）的申请量为 20 件，占总量的 2%，而作为技术来源国（地区 / 组织）的申请量为 30 件，占总量的 2.8%，作为技术目标国（地区 / 组织）的申请量低于作为技术来源国（地区 / 组织）的申请量，说明日本在石墨烯应用于触摸屏领域中的研发活动虽然不及中国、韩国和美国活跃，但是本国的技术输出程度却相对较高，与韩国相似，均对国外市场的重视程度较高，在全球专利布局方面走在前列。

从图 8-1-5 中可以看出，中国申请人在美国的专利申请量最高，在韩国、日本、欧洲的申请量相对较低，说明中国申请人比较重视美国市场的专利布局。与中国类似，韩国申请人同样在美国的专利申请量最高，其次是在世界知识产权组织、中国的专利申请量，在日本、欧洲的申请量相对较低，说明韩国申请人也比较重视美国市场的专利布局，对世界知识产权组织和中国市场的关注度也相对较高，对日本、欧洲市场的技术输出度相对较低。与中国、韩国申请人不同的是，美国申请人向世界知识产权组织提出的申请量最高，为38件，其次是在中国的专利申请量，为18件，在欧洲的专利申请量与在中国的相当，为17件，在韩国、日本的申请量相对较低，利用向世界知识产权组织提出申请的特点可以根据需要向特定的国家／地区进行有针对性的布局，因此，其更倾向于采用专利合作条约的模式进入他国。日本申请人的全球专利布局与美国相类似，在主要国家／地区的专利申请量差别不大，其中向美国提出的申请量最高，为7件，其次是向中国和世界知识产权组织的专利申请量，均为5件，在欧洲的专利申请量与在韩国的相当，分别为3件和2件，说明日本申请人的目标国（地区／组织）也是以美国为重点技术输出国。

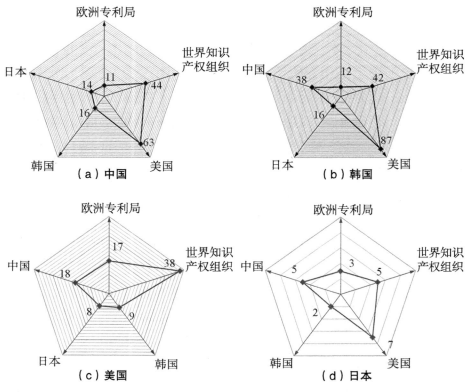

图8-1-5　石墨烯触摸屏领域的主要技术目标国（地区／组织）布局

注：图中数字表示申请量，单位为件。

8.1.4 全球申请人分析

图 8-1-6 显示了全球石墨烯触摸屏相关专利申请人的排名状况，该图宏观地反映了全球前十位主要申请人的申请数量状况。

从全球主要申请人的国别构成来看，中国申请人为 8 家，另外两家分别为韩国的 LG 公司和三星集团。总体来看，中国申请人数量占了很大比例，中国申请人的申请量也占了很大比例，第一、第二大申请人均是中国申请人。这说明中国申请人意识到石墨烯触摸屏的潜在市场价值，对其技术的研究关注较多，并且积极申请专利保护，从而抢占未来的市场份额。近年来，韩国政府积极支持本国科研机构和公司开展石墨烯技术研发及商业化应用研究。韩国在石墨烯技术走向市场方面取得了诸多成果。目前，韩国已经成为石墨烯在触摸屏领域的专利重要输出国。

全球主要申请人均是企业，可见石墨烯触摸屏领域产业化已经发展得比较成熟，应用前景非常好。韩国的三星和 LG 公司是传统的显示屏生产厂商，在石墨烯兴起后，也投入了大量的研发资源，并将其应用于触摸屏领域。

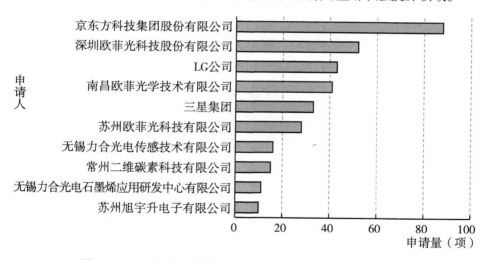

图 8-1-6　石墨烯触摸屏领域全球主要申请人的申请数量排名

8.2　在华专利申请分析

自 2010 年开始出现在华申请，从 2012 年后申请量大幅增长，如图 8-2-1 所示，可见，全球申请人对中国市场的重视程度是随着石墨烯触摸屏技术的发展而逐渐提高的，这与中国重视科技创新、实施科技强国战略的政策引导是密不可分的。近几年来，我国政府在积极推动石墨烯产业的快速发展，石墨烯作为发展的前沿材料被纳入《新材料产业"十二五"发展规划》，在政府的大力扶持下，科研机构、相关企业都对石墨烯投入了大量的研发精力。随着中国经济的快速发展，国外申请人发现中国市场具有巨大的潜力，日益重视在中国的专利布局，尤其是在触摸屏、显示器领域与我国贸易量较大的韩国。

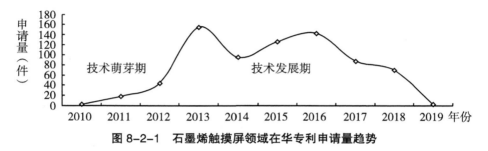

图 8-2-1　石墨烯触摸屏领域在华专利申请量趋势

石墨烯触摸屏专利在华申请共 743 件，从图 8-2-2 中可以看出，实用新型申请共 235 件，占所有申请的 32%。与石墨烯其他应用相比，该占比是比较大的，这主要是由于石墨烯触摸屏的专利申请很大一部分的改进点在于触摸屏具体结构设计与改进。

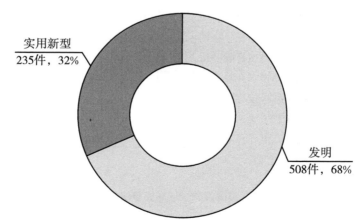

图 8-2-2　在华申请发明与实用新型的分布情况

图 8-2-3 为国内石墨烯触摸屏领域申请量排名。从图中可以看出，国内申请主要集中在江苏、广东，这两个省的申请量远远领先国内其他各地区。江苏是最大的技术产出省，总申请量达到 157 件，这主要是由于江苏石墨烯

产业政策、环境优势，因而我国很多石墨烯企业都分布在江苏。2014年12月，常州国家石墨烯新材料高新技术产业化基地正式获批，这是全国首个"国字头"的石墨烯产业化基地。常州第六元素材料科技股份有限公司2014年11月成功在"新三板"上市，成为国内首家石墨烯上市企业。

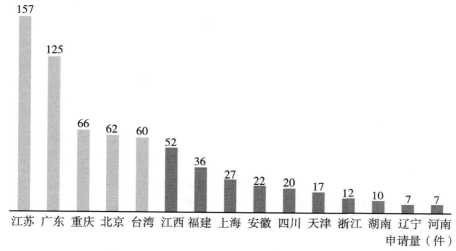

图8-2-3　国内石墨烯触摸屏领域申请量排名

8.3　重要申请人分析

申请量排名指标反映了该特定领域内专利申请的技术趋势及其专利布局策略。排名靠前的国内外重点申请人通常是该产业的领导者。它们在市场、资金、人才和技术方面具有优势，在产业中占据着重要地位，并一定程度上代表了产业技术发展的趋势。它们在产业链/价值链中的位置、技术发展路线、最新的研发动态等都值得研究与借鉴。

8.3.1　三星集团

三星集团曾在2011年的美国电子消费展上展示了4.5英寸柔性屏幕，2013年展出了5.5英寸柔性屏幕，该屏幕拥有1280×720的高清分辨率和267ppi的像素密度。韩国三星集团在石墨烯触摸屏领域的研发十分活跃，技术研发和技术投资均走在前列。因此，三星集团是石墨烯触摸屏领域的重要申请人之一，对其在全球石墨烯触摸屏领域的专利分析有着重要的参考价值。

　　安德烈·海姆教授访问三星集团时，他看到了三星集团绘制的石墨烯产品路线图，这张图包括大约 50 个热点，分别对应石墨烯在不同领域的特殊应用，并按接近市场的程度进行排序，而排在最前面的正是即将商用的柔性触摸屏。三星集团在新兴技术领域敏锐的洞察力和高效的执行力让它在市场竞争中占得先机，过去的几年中，三星集团陆续在触摸屏领域取得技术突破。据统计，三星集团涉及石墨烯专利申请的子公司共计 10 家，在石墨烯触摸屏领域申请量较大的子公司包括三星电机、三星 LED、三星电子以及三星 Techwin 等 4 家，专利申请的总量为 33 项。

　　三星电子（Samsung Electronics）成立于 1969 年。1978 年，成立了两家独立的实体——三星半导体和三星电子，同时也开始向全球市场提供产品。在 1983 年 12 月成功开发出 64K 动态随机存储器（Dynamic Random Access Memory，DRAM）VLSI 芯片，并因此成为世界半导体产品领导者。2009 年，三星电子超越惠普（HP）跃升为世界最大的 IT 企业，其中 LCD 电视、LED 电视和半导体等产品的销售额均在全球高居榜首。不仅如此，三星电子的存储器广泛应用于世界各地的各种电子产品。目前，三星电子的主要经营项目包括半导体、移动通信、数字图像、电信系统、IT 解决方案及数字应用。

　　三星电机（Samsung Electro-Mechanics）成立于 1973 年，总部设在水原市，是三星集团的旗舰子公司之一。目前，该公司已成为全球重要的电子部件制造商，其主要产品包括印刷电路板、多层片式电容器、电源模块、相机模块、精密电机和网络模块。

　　1977 年，三星精密机械株式会社成立，并于 1978 年建立了精密仪器实验室。1979 年开始生产相机。1980 年与通用电气进行技术合作，开始制造喷气式发动机。1987 年 2 月，公司更名为三星航空工业株式会社。1999 年，将飞机业务移交给韩国航空航天工业公司，并于 2000 年正式更名为三星 Techwin。

　　三星 LED（Samsung LED）是这四家公司中最年轻的，2009 年，三星电子和三星电机将 LED 业务合并，成立三星 LED。

　　三星集团最早的关于石墨烯触摸屏领域相关的专利申请出现于 2007 年，具体是由其子公司三星电子提出。2010 年之后，三星集团的上述几家子公司的研发活动开始变得活跃，尤其是三星电机在 2010 年后的连续几年间均在触摸屏领域进行了专利申请。2010 年 6 月，三星集团和韩国成均馆大学的研究人员在一个 63 厘米宽的柔性透明玻璃纤维聚酯板上，制造出了一块电视机大小的纯石墨烯。这是当时"块头"最大的石墨烯块。随后，他们使用该石墨烯制造出了一块柔性触摸屏。三星 LED 于 2012 年开始进行专利申请后，后续几年又接连进行了多件专利申请。三星电子和三星 Techwin 在石墨烯触摸屏领域也进行了一系列的技术研发跟进活动。2014 年，使用石墨烯柔性有源矩阵有机发光二极体（Active-matix Organic Light-emitting Diode，AMOLED）屏幕的 Galaxy Skin 手机被投入市场销售。

表 8-3-1　石墨烯触摸屏领域三星集团各子公司申请量分布　　　（单位：项）

子公司	总申请量	2007年	2008年	2009年	2010年	2011年	2012年	2013年	2014年	2015年	2016年	2017年	2018年
三星 Techwin	4				3	1							
三星电子	7	1					3				1	2	
三星电机	8				4	1	2	1					
三星 LED	11						1	4	1	1	3		1

图 8-3-1 列出了三星集团具有代表性的石墨烯触摸屏专利申请。在触摸屏中的具体应用方面，石墨烯主要被用来制备散热材料、电极、透明导电材料、导电层；在触摸屏结构方面，石墨烯主要涉及柔性、触摸敏感触摸屏以及部件结构。2007 年，三星集团中的三星电子申请了第一件将石墨烯应用到触摸屏的相关专利，其中在电极中使用了石墨烯材料来增加电极的导电性能。随后，三星集团的其他子公司对触摸屏中的电极相关技术进行了进一步研发拓展，后续几年又接连申请了多件电极相关的专利，包括在电极材料的制备过程中引入石墨烯氧化材料或使用含石墨烯的纺丝溶液材料作为原材料，在电极结构设计中通过调整电极、矩阵的模式来改善透光率和导电性。在电极材料的技术更新方面，三星电机于 2013 年提出了以氧化石墨烯作为电极的聚光层材料的专利申请。在电极材料和电极结构方面，三星集团的各子公司更注重电极中导电层的材料研发和相关功能层的性能改进，在 2012 年后的申请数量明显增多。三星集团在触摸屏领域的电极方面的研发改进点在于克服了传统电极存在的成本较高、环保性差、在工业常用波段范围内的透明度较低的缺点，通过引入石墨烯材料来增加电极材料的透光率、导电性能、机械稳定性能和化学稳定性。

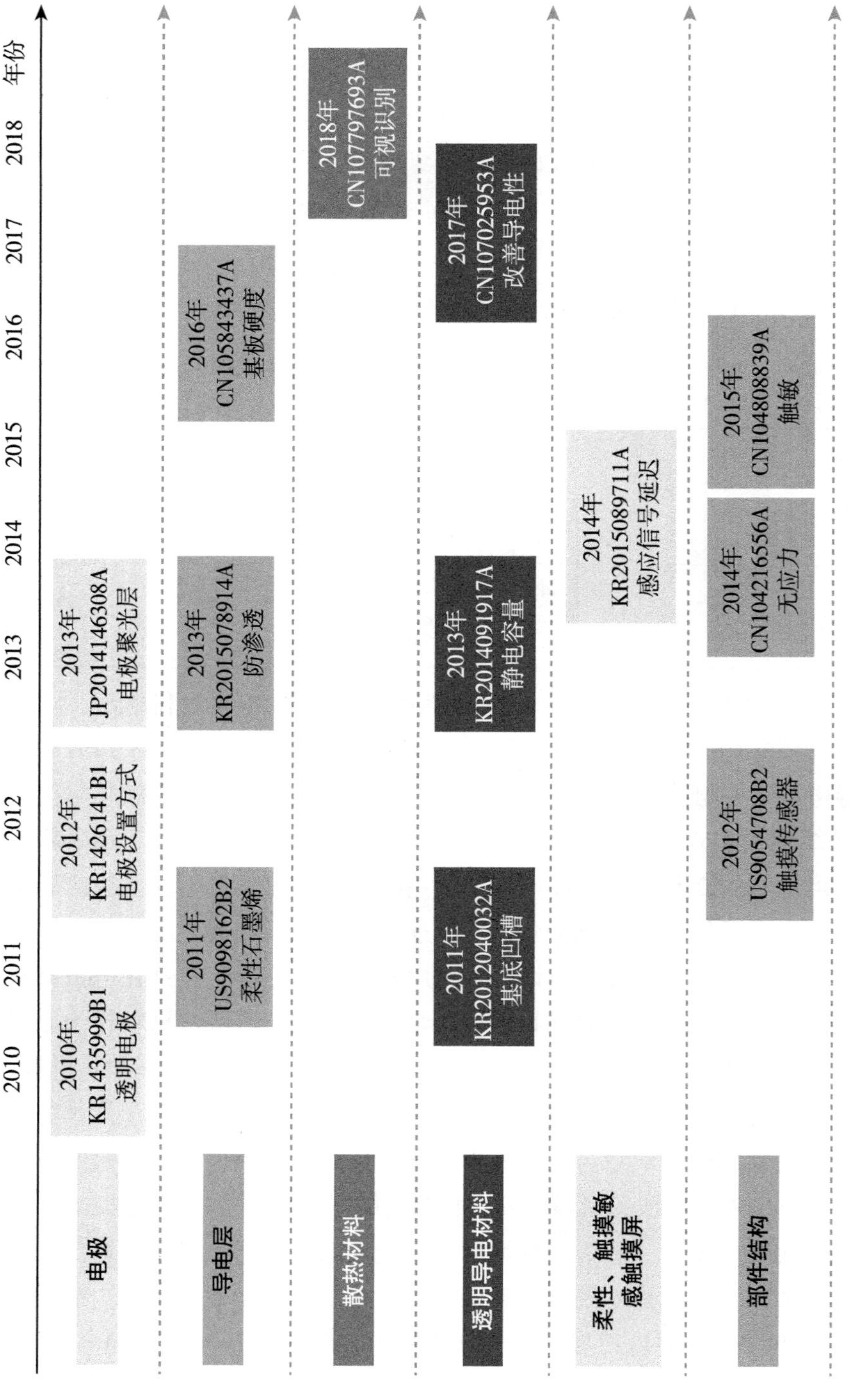

图 8-3-1　石墨烯触摸屏领域三星集团代表性专利申请

电极

2010年
KR143599B1
透明电极

2012年
KR1142614I1B1
电极设置方式

2013年
JP2014146308A
电极聚光层

导电层

2011年
US9098162B2
柔性石墨烯

2013年
KR20150078914A
防渗透

2016年
CN105843437A
基板硬度

散热材料

2018年
CN107797693A
可视识别

透明导电材料

2011年
KR2012040032A
基底凹槽

2013年
KR2014091917A
静电容量

2017年
CN107025953A
改善导电性

**柔性、触摸敏
感触摸屏**

2014年
KR2015089711A
感应信号延迟

部件结构

2012年
US9054708B2
触摸传感器

2014年
CN104216556A
无应力

2015年
CN104808839A
触敏

综上所述，三星集团在石墨烯触摸屏技术方面侧重于电极材料应用和触摸屏制备技术的革新，通过改进电极材料的组成和原料来源来充分发挥石墨烯的优异性能，通过触摸屏制备技术的研发来推动市场化应用。此外，三星集团在触摸屏领域的研发团队在技术革新上有着较强的可持续性，以三星电机和三星LED为主，并与大学等科研机构进行密切的合作和学术交流。这些团队人员专业程度较高，研发经历丰富，充分保证了研发工作始终走在技术的前沿。

8.3.2 欧菲光集团股份有限公司

欧菲光集团股份有限公司是一家国内领先的精密光电薄膜元器件制造商，以拥有自主知识产权的精密光电薄膜镀膜技术为依托，长期从事精密光电薄膜元器件的研发、生产和销售。公司主要产品包括红外介质滤光片及镜座组件和纯平触摸屏等。欧菲光集团股份有限公司作为国内触摸屏专利领域申请量较大的申请人，其技术发展情况及其专利研究动态也非常值得关注和分析。本节将以欧菲光集团股份有限公司为研究对象，对其石墨烯触摸屏领域专利申请进行分析。

欧菲光集团股份有限公司在石墨烯触摸屏领域的技术研发活跃期始于2010年，随后进入快速发展期，专利申请涉及的欧菲光集团股份有限公司的子公司共计5家，按申请量排名为深圳欧菲光科技股份有限公司、苏州欧菲光科技有限公司、南昌欧菲光显示技术有限公司、南昌欧菲光科技有限公司和南昌欧菲光学技术有限公司。表8-3-2呈现出欧菲光集团各子公司申请量分布状况。欧菲光集团股份有限公司上述子公司于2013年在石墨烯触摸屏领域进行了大量专利申请，近几年在该领域也投入了大量人力、物力进行研究。

表8-3-2　石墨烯触摸屏领域欧菲光各子公司申请量分布　　（单位：项）

子公司	总申请量	2010年	2011年	2012年	2013年	2014年	2015年	2016年	2017年	2018年
南昌欧菲光显示技术有限公司	17			1	15	1				
南昌欧菲光科技有限公司	26			1	12	2	2	3	4	2
南昌欧菲光学技术有限公司	2				1	1				
苏州欧菲光科技有限公司	23			2	17	2			2	
深圳欧菲光科技有限公司	52	4	7	2	31	2		1	4	1

图 8-3-2 列出了欧菲光集团股份有限公司具有代表性的石墨烯触摸屏专利申请。在触摸屏的具体应用方面，石墨烯被用于电极、导电层、导线、透明导电材料以及导电墨水；在触摸屏结构方面，石墨烯主要涉及电容式触摸屏以及部件结构。2012 年，深圳欧菲光科技股份有限公司申请了首个透明电极包含石墨烯材料的触摸屏相关专利；随后，深圳欧菲光科技股份有限公司、苏州欧菲光科技股份有限公司对该技术进行了延续和发展，于 2013 年分别申请了以石墨烯作为感应组件电极、光伏电池电极材料的相关专利，以及通过设置石墨烯感光导电材料来提高透光率和导电性的相关专利。深圳欧菲光科技股份有限公司于 2012 年申请了以石墨烯作为导电图案层的相关专利；之后深圳欧菲光科技股份有限公司以及其他子公司联合申请了通过填充设置的凹槽来形成导电层、绝缘胶层来提高器件透光性和导电性，并使得器件轻薄化的相关专利。

透明导电膜是触摸屏中接收触摸等输入信号的感应元件。目前，氧化铟锡层是透明导电膜中至关重要的组成部分。虽然触摸屏的制造技术飞速发展，但是以投射式电容屏为例，氧化铟锡层的基础制造流程近年来并未发生太大的改变，总是不可避免地需要氧化铟锡镀膜和氧化铟锡图形化。铟是一种昂贵的金属材料，因此以氧化铟锡作为导电层的材料，很大程度上提升了触摸屏的成本。另外，氧化铟锡导电层在图形化工艺中，需将镀好的整面氧化铟锡膜进行蚀刻，以形成氧化铟锡图案，在此工艺中，大量的氧化铟锡被蚀刻掉，造成大量的贵金属浪费和环境污染。因此，氧化铟锡材料及相应工艺使产品成本居高不下，导致传统的单层多点式触控导电膜的成本较高。相较于传统的单层多点式触控导电膜，在 CN103425343A 中提出了一种改进的单层多点式触控导电膜，其在透明基底开设网格凹槽，网格凹槽内填充第一导电丝线形成第一导电层，从而以嵌入式网格结构取代传统氧化铟锡工艺结构，因而降低了成本；同时，第一导电层和第二导电层中至少有一个材料为透明导电材料，透明导电材料可选石墨烯，这样对第一导电层和第二导电层的对准精度要求比较低，可以进一步降低成本。

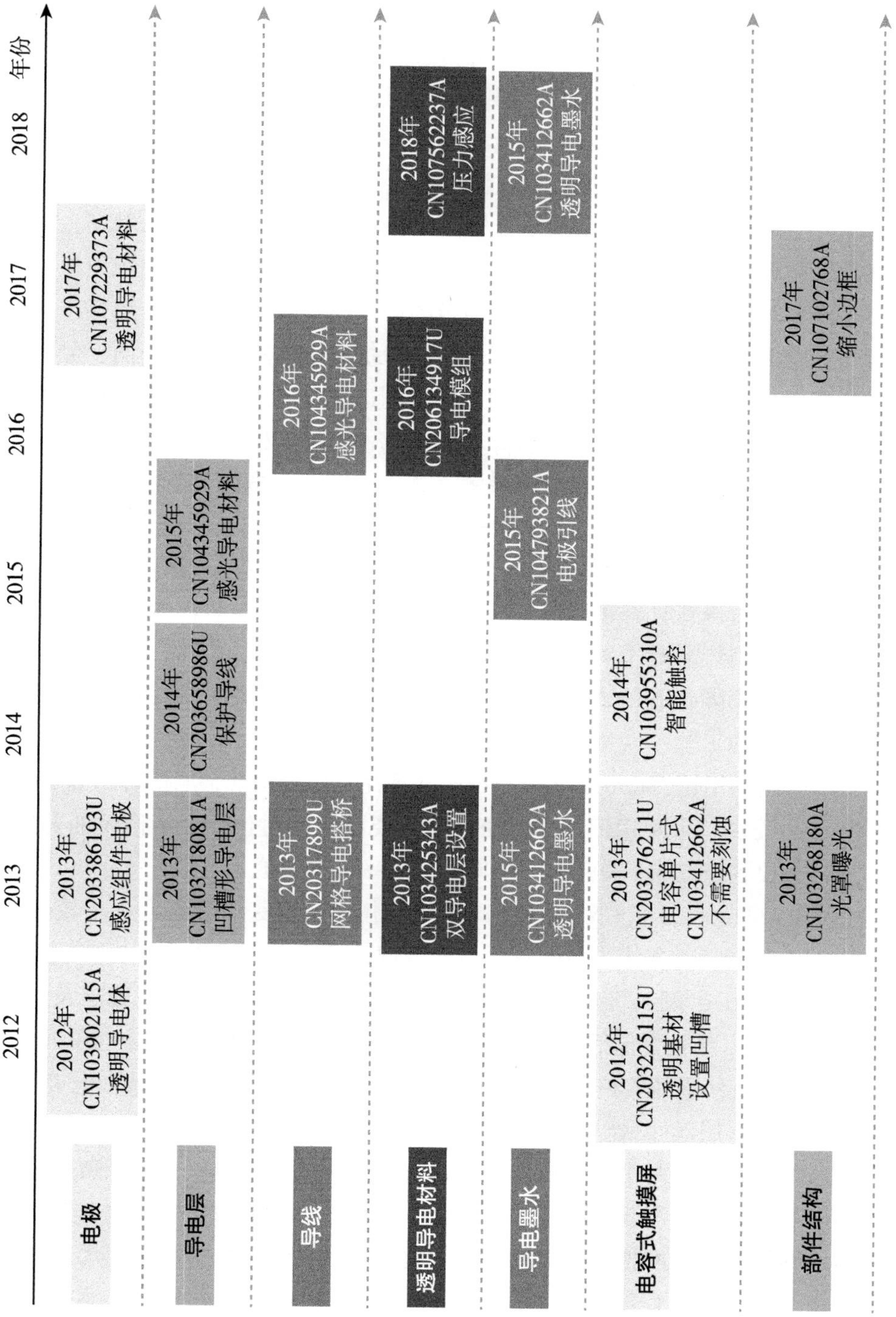

年份

	2012	2013	2014	2015	2016	2017	2018

电极
- 2012年 CN103902115A 透明导电体
- 2013年 CN203386193U 感应组件电极
- 2017年 CN107229373A 透明导电材料

导电层
- 2013年 CN103218081A 凹槽形导电层
- 2014年 CN203658986U 保护导线
- 2015年 CN104345929A 感光导电材料

导线
- 2013年 CN203317899U 网络导电桥
- 2016年 CN104345929A 感光导电材料

透明导电材料
- 2013年 CN103425343A 双导电层设置
- 2016年 CN206134917U 导电模组
- 2018年 CN107562237A 压力感应

导电墨水
- 2015年 CN103412662A 透明导电墨水
- 2015年 CN104793821A 电极引线
- 2015年 CN103412662A 透明导电墨水

电容式触摸屏
- 2012年 CN203225115U 透明基材设置凹槽
- 2013年 CN203276211U 电容单片式 CN103412662A 不需要刻蚀
- 2014年 CN103955310A 智能触控

部件结构
- 2013年 CN103268180A 光罩曝光
- 2017年 CN107102768A 缩小边框

图 8-3-2 石墨烯触摸屏领域欧菲光集团代表性专利申请

CN103955310A 中提出了一种屏幕触摸板的全触控式电子装置，可以实现全触控式按键设计，包括机体、屏幕触控面板、数个按键触控面板及上述屏幕触摸板。机体包括周侧部。屏幕触控面板装于机体上，屏幕触控面板周缘与周侧部垂直设置，视窗触摸板盖于屏幕触控面板上，至少有两个侧键触摸板盖设于周侧部的数个按键触控面板上，用以触控所述数个按键触控面板。数个按键触控面板对应的功能通过手势滑动或者指纹识别来触发。屏幕触控面板远离视窗触摸板设有传感器，传感器延伸至数个按键触控面板，用以感测对屏幕触控面板及按键触控面板的操作。屏幕触控面板与视窗触摸板构成手机的触摸显示屏。传感器周边走线弯折设于油墨区下方。两个侧键触摸板成为全触控式电子装置两个相对的外侧边框，其中，所应用的传感器的导体由可弯折的柔性的金属网格导电膜组成，金属网格导电膜的材料为石墨烯。上述设计提高了电容式触摸屏多点触控灵敏度，为实现基于石墨烯应用于触摸屏的技术应用提供了一种解决方案。

传统一体化触控（One Glass Solution，OGS）技术采用在玻璃上镀氧化铟锡，经蚀刻后得到所需 X、Y 方向的导电单元，最后采用氧化铟锡进行搭桥。这种传统的制作需要昂贵的镀膜设备，流程复杂且冗长，因此良率控制就成了现阶段触摸屏制造领域难以回避的难题，并且这种制作方式还不可避免地需要用到刻蚀工艺，大量的氧化铟锡材料会被浪费。目前，主流一体化触控面板都采用钼铝钼（MoAlMo）进行搭桥，产品外观会出现金属搭桥的金属线，影响产品美观。采用钼铝钼进行搭桥时需要精确的对位，由于搭桥的宽度、长度很小很容易造成不良产品，影响产线良率，提高成本。

CN103412662A 和 CN203276211U 中提出了一种良率较高且成本较低的触控面板及其制备方法，包括透明盖板玻璃，覆盖在所述透明盖板玻璃的一个表面的透明压印胶，嵌设于所述透明压印胶内的导电层、绝缘覆层及透明导电墨水层。导电层包括相互交错设置的 X 轴导电单元和 Y 轴导电单元，Y 轴导电单元连续设置，X 轴导电单元以 Y 轴导电单元为间隔分成数个电极块；透明导电墨水层丝印或喷墨打印等搭桥在 X 轴导电单元和 Y 轴导电单元的交叉处，将每相邻的两个电极块连通形成连续的 X 轴导电单元，绝缘覆层设置于透明导电墨水层与 Y 轴导电单元之间。X 轴导电单元和 Y 轴导电单元均包括导电网格，导电网格由导电的网格线构成，网格线的材料为石墨烯。透明导电墨水层的材质为透明导电墨水，透明导电墨水包括导电材料、溶剂、交联剂及分散剂，导电材料中也添加了石墨烯。在上述触控面板中，石墨烯作为一种高度疏水性物质被添加到导电油墨中，通过将石墨烯导电墨水层丝印或喷墨打印在器件搭桥的位置来保证导电薄膜的有效导电率。

相比电极、导电层以及导电墨水，欧菲光集团股份有限公司还特别关注了导线和透明导电材料的开发，专利数量明显增多。虽然在导线方面的专利申请量较多，但改进点主要在于导电搭桥采用网格方式设置以提高透明度和电极引线设置方式。对于透明导电材料，欧菲光集团股份有限公司通过设置双导电层形成电容、双导电层设置方式以及导电膜基片上设置槽来提高透光率、降低成本并使得器件轻薄化。

综上所述，欧菲光集团股份有限公司在石墨烯触摸屏技术方面侧重于透明导电材料、导线以及电极应用，同时对电容式触摸屏以及涉及滤光和感应的部件结构给予了重点开发，通过不同的模式以及材料设置方式充分发挥石墨烯的优异性能。

8.3.3 京东方科技集团股份有限公司

京东方科技集团股份有限公司（BOE）创立于 1993 年 4 月，是一家为信息交互和人类健康提供智慧端口产品和专业服务的物联网公司。1997 年，京东方科技集团股份有限公司进入显示终端领域，与中国台湾企业冠捷科技合作，成立东方冠捷电子股份有限公司，京东方科技集团股份有限公司持股52%，把台式电脑的显示器做到了世界第一。1998 年，京东方科技集团股份有限公司开始进军液晶显示领域，并开始战略布局与技术积累，当时液晶显示产业开始进入大规模产业化阶段，率先进入的日韩企业已经占据优势，京东方科技集团股份有限公司面临着大量专利和技术壁垒。通过不断的技术积累，京东方科技集团股份有限公司自 2003 年起，投建了中国大陆第一条第 5代 TFT–LCD 生产线、第一条第 6 代 TFT–LCD 生产线、第一条第 8.5 代 TFT–LCD 生产线，结束了中国大陆"无自主液晶显示屏时代"，同时京东方科技集团股份有限公司还拥有全球首条第 10.5 代 TFT–LCD 生产线以及中国首条第 6 代柔性有源矩阵有机发光二极体生产线。在有机发光二极管领域，京东方科技集团股份有限公司已经实现和华为的合作，并且成为苹果的考察企业之一，可见其在有机发光二极管领域的实力逐渐得到了市场认可。根据市场咨询机构 IHS 数据，2018 年京东方科技集团股份有限公司液晶显示屏出货数量约占全球 25%，总出货量全球第一。2019 年第一季度，京东方科技集团股份有限公司智能手机液晶显示屏、平板电脑显示屏、笔记本电脑显示屏、显示器显示屏、电视显示屏出货量均位列全球第一。

京东方科技集团股份有限公司一直注重科技创新，专利权等无形资产丰富，2018 年新增专利申请量 9585 件，其中发明专利超 90%，累计可使用专利超 7 万件。全球创新活动的领先指标——汤森路透《2016 全球创新报告》显示，京东方科技集团股份有限公司已跻身半导体领域全球第二大创新公司。美国商业专利数据显示，2018 年京东方科技集团股份有限公司美国专利授权量全球排名第 17 位，成为美国商业专利数据库（IFI Claims）TOP20 中增速最快的企业。世界知识产权组织发布的 2018 年全球国际专利申请情况中，京东方科技集团股份有限公司以 1813 件申请位列全球第七。

京东方科技集团股份有限公司近年来也意识到石墨烯在触摸屏方面的技术优势，并开展了相关前瞻性研究，与此同时，加强外部合作，于 2018 年与重庆墨希科技有限公司共同开发研究了石墨烯柔性触摸屏和有机发光二极管柔性显示屏。京东方科技集团股份有限公司在石墨烯触摸屏领域的技术研发活跃期始于 2011 年，随后进入快速发展期，专利申请涉及京东方科技集团股份有限公司及其子公司共计 5 家，按申请量排名依次为京东方科技集团股份有限公司、合肥鑫晟光电科技有限公司、北京京东方光电科技有限公司、京东方（河北）移动显示技术有限公司和重庆京东方光电科技有限公司。表8-3-3 呈现出京东方科技集团股份有限公司及其各子公司申请量分布状况。京东方科技集团股份有限公司及上述子公司于 2013~2017 年在石墨烯触摸屏领域进行了大量专利申请，并且近两年在该领域依然保持研发热度。

表 8-3-3　石墨烯触摸屏领域京东方科技集团股份有限公司及其各子公司申请量分布

（单位：项）

京东方科技集团股份有限公司及其各子公司	总申请量	2011年	2012年	2013年	2014年	2015年	2016年	2017年	2018年	2019年
京东方科技集团股份有限公司	88	1	1	8	9	29	11	17	9	3
合肥鑫晟光电科技有限公司	20				2	6	4	6	2	

续表

京东方科技集团股份有限公司及其各子公司	总申请量	2011年	2012年	2013年	2014年	2015年	2016年	2017年	2018年	2019年
北京京东方光电科技有限公司	19			4	3	10	1		1	
京东方（河北）移动显示技术有限公司	1					1				
重庆京东方光电科技有限公司	1						1			

京东方科技集团股份有限公司在 2011 年的专利申请 CN102629579A 首次利用石墨烯作为半导体有源层、源极、漏极和像素电极，利用有机树脂等柔性材料作为栅绝缘层来制备薄膜晶体管（TFT）阵列基板，这样得到的薄膜晶体管阵列基板即使在多次弯曲和折叠后，也能很好地发生龟裂，提高了基板质量。在专利申请 CN103412436A 中采用片状石墨烯层和单色量子点层交替层叠组成叠层结构的方式，可以使单色量子点均匀地分散于相邻的片状石墨烯层之间，防止单色量子点的堆积，增加量子点的量子产率，以提高量子激发光效。

在电容器触摸屏的一体化触控模组中，桥接层的材料选择很重要，由于石墨烯具有较高的电荷迁移率，且电阻值在可见光波段与光的波长无关，因此可以对触控结构中相邻的触控驱动电极或相邻的触控感应电极起到很好的桥接作用，在京东方科技集团股份有限公司的多个专利申请中均采用了石墨烯桥接层。在专利申请 CN103455203A 和 CN103500036A 中，通过在一次构图工艺中同时完成石墨烯桥接层和周边走线的构图，减少了制造过程中的构图次数，提高了触摸屏的制造效率。在专利申请 CN104199580A 中，触摸屏中触控结构的桥接层的材料采用了石墨烯，采用石墨烯制作的桥接层与现有技术中氧化铟锡材料的桥接层相比具有很强的抗静电性能；与现有技术中金属材料的桥接层相比，可以避免金属爬坡、桥点可见性的缺点和提高触摸屏的透过率。

随着人们对显示技术需求的不断提高，柔性显示器成为一个重要的发展方向。从 2014 年起，京东方科技集团股份有限公司申请了有关柔性衬底基板的专利申请，并于 2015 年起申请柔性触控显示的相关专利申请，在专利申请 CN104656996A 中提供一种触控单元，由石墨烯层和无机材料层组成的复合石墨烯层形成，其具有优秀的机械性能和柔韧性，包括抗弯曲、刮擦和敲击等性能，使得该触控单元可以很好地应用到柔性触控显示产品中。另外，由于该触控单元具有优秀的机械强度尤其是柔韧性，使得该触控单元可以设计在触控面板的几个相邻表面上（如侧面和背面），从而克服了现有技术中触控单元只能设置在主显示面板上的缺陷。在专利申请 CN106055161A 中提供一种柔性触控屏的制备方法，先在第一基板上形成辅助膜层并刻蚀出触控图形，然后利用石墨烯催化剂的特性，在辅助膜层上形成与所述触控图形一致的石墨烯膜层，最后通过在石墨烯膜层上形成柔性基膜，并去除第一基板以及辅助膜层，将具有触控图形的石墨烯膜层转移至柔性基膜上。上述制备方法解决了塑料基板等柔性基板制作时比较软不好操作的问题，同时实现了石墨烯在可穿戴触控和柔性触控领域的应用。

随着石墨烯技术的提高和柔性显示屏的性能需求，京东方科技集团股份有限公司持续进行相关技术的研发和专利申请，在最近的专利申请 CN110085763A 中提供了一种柔性透明电极，包括石墨烯本体和金属纳米线，其中，石墨烯具有多个孔状缺陷结构，金属纳米线穿插于孔状缺陷结构中，即金属纳米线和石墨烯本体构成穿插体结构，一方面可以解决金属纳米线稳定性差、粗糙度大和与柔性衬底结合力差的问题，另一方面可以解决石墨烯方阻高、功函数低，不利于空穴注入的问题，而将金属纳米线和石墨烯本体构成穿插体结构，相互弥补各自的缺陷，可以用于替代氧化铟锡材料的柔性透明电极，并且其具有高的导电率和透过率，与柔性基底的结合力较强，稳定性较高，应用在器件中可以提高器件的寿命。

图 8-3-3 列举出了京东方科技集团股份有限公司在触摸屏领域中的代表性申请及其主要特点，虽然京东方科技集团股份有限公司在石墨烯触摸屏领域起步晚于三星集团，但是其在石墨烯触摸屏领域研发投入大，对专利申请的布局较为全面，涵盖设计、制造等各个领域，以寻求更加全面的保护，从而抑制竞争对手，抢占市场份额。

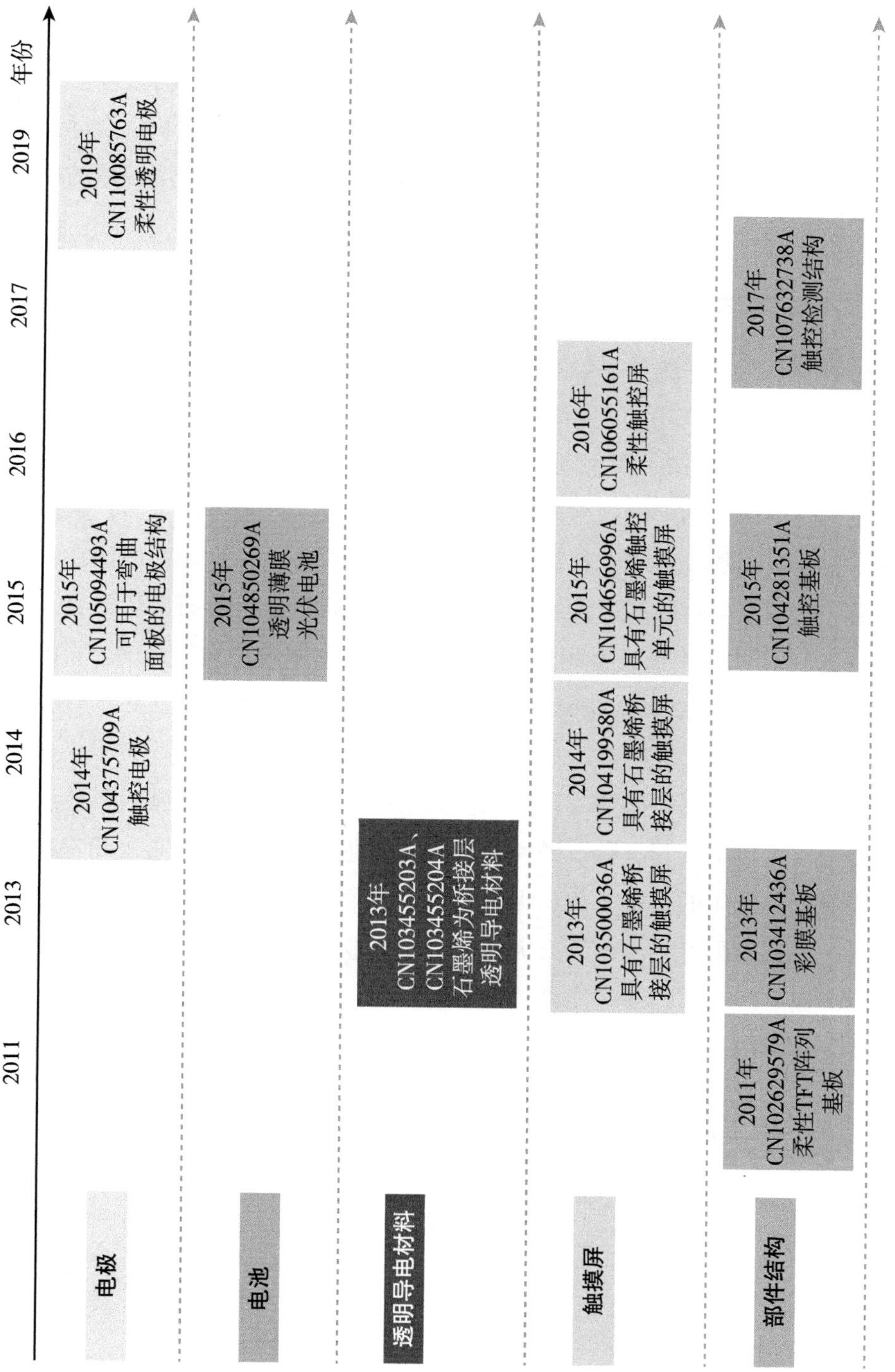

年份

电极

2019年
CN110085763A
柔性透明电极

2015年
CN105094493A
可用于弯曲
面板的电极结构

2014年
CN104375709A
触控电极

电池

2015年
CN104850269A
透明薄膜
光伏电池

透明导电材料

2013年
CN103455203A、
CN103455204A
石墨烯为桥接层
透明导电材料

触摸屏

2016年
CN106055161A
柔性触控屏

2015年
CN104656996A
具有石墨烯触控
单元的触摸屏

2014年
CN104199580A
具有石墨烯桥
接层的触摸屏

2013年
CN103500036A
具有石墨烯桥
接层的触摸屏

部件结构

2017年
CN107632738A
触控检测结构

2015年
CN104281351A
触控基板

2013年
CN103412436A
彩膜基板

2011年
CN102629579A
柔性TFT阵列
基板

2011 2013 2014 2015 2016 2017 2019

图 8-3-3 京东方科技集团股份有限公司代表性专利申请

307

8.4 重点专利分析

本节在分析技术发展态势、主要申请人以及技术发展路线的基础上，将通过多种信息分析方法，例如，专利引用分析、同族专利规模分析、全球专利布局分析等方法，综合确定触摸屏领域的重点专利，来研判触摸屏领域的核心技术。

8.4.1 专利引用和同族专利规模分析

在本节中，首先统计了触摸屏领域被引用次数排名前 26 位的专利技术。从表 8-4-1 中可以看出，在触摸屏领域引用频次排名前 26 位的专利中，技术来源国（地区 / 组织）为中国的专利技术有 12 项、韩国有 10 项、美国有 3 项、芬兰有 1 项。从上述技术来源国（地区 / 组织）分布可以看出，触摸屏领域专利被引次数较高的专利技术主要掌握在中国手中，这说明中国在石墨烯触摸屏领域具有较强的研发和创新能力。据报道世界首款石墨烯电容式触摸屏于 2012 年 1 月由国内常州二维碳素科技股份有限公司发布，该公司电容式触摸屏所用的导电薄膜是通过化学气相沉积方法而制备的；次年 5 月，该公司石墨烯薄膜年产量达到 3 万平方米，第 3 年达到年产 20 万平方米，这说明国内较早的尝试将石墨烯应用于触摸屏领域中。除常州二维碳素科技股份有限公司外，化学气相沉积石墨烯的量产公司还有隶属于常州第六元素材料科技股份有限公司的全资子公司无锡格菲电子薄膜科技有限公司等。从申请人来看，上述中国专利的申请人大部分来自企业，可以看出，触摸屏领域中研发和产业之间有着密切的结合，随着石墨烯薄膜量产技术的日臻完善，可以预期，我国在石墨烯触摸屏领域将具有更广阔的探索和应用前景。

表 8-4-1 石墨烯触摸屏领域专利引用频次

序号	专利号	技术来源国（地区 / 组织）	被引证次数	序号	专利号	技术来源国（地区 / 组织）	被引证次数
1	US20090146111A1	韩国	121	14	CN103500596A	中国	24
2	US20080048996A1	美国	120	15	CN103455203A	中国	23

续表

序号	专利号	技术来源国（地区/组织）	被引证次数	序号	专利号	技术来源国（地区/组织）	被引证次数
3	CN103106953A	中国	55	16	US20140253495A1	韩国	23
4	CN103345963A	中国	50	17	US20130189444A1	美国	23
5	CN102527621A	中国	46	18	CN103236320A	中国	21
6	US20110216020A1	韩国	40	19	US20120299638A1	韩国	21
7	US20120313877A1	韩国	32	20	KR2011090398A	韩国	21
8	CN103105970A	中国	31	21	KR2014040919A	韩国	21
9	CN102880369A	中国	28	22	CN103794265A	中国	19
10	WO2012139203A1	美国	28	23	CN104261383A	中国	18
11	CN103021574A	中国	25	24	CN103218081A	中国	17
12	KR1432988B1	韩国	25	25	US20140212596A1	芬兰	17
13	US20110234530A1	韩国	25	26	CN103425347A	韩国	17

韩国在引证次数前 26 名的专利技术有 10 项，主要出自三星集团和 LG 集团的申请，它们一直致力于对石墨烯电极材料、石墨烯超级电容器、石墨烯触摸屏的制造技术的研发，具有很强的实力。

表 8-4-2 是触摸屏领域同族专利数排名前 29 位的专利技术。从表中可以看出，在触摸屏领域同族专利数排名前 29 位的专利中，技术来源国（地区/组织）可谓百花齐放，来自中国、韩国、美国、日本、芬兰、欧洲等地的专利申请均上榜，中国作为石墨烯专利的申请大国，有 6 项申请进入上述名单；而在石墨烯触摸屏领域，国内研发单位已经初露峥嵘，表现出了良好的发展势头，且具有较强的专利保护意识，能够对基础核心专利在世界范围内进行有效的专利布局，应该说这为该领域的后续发展起到了良好的铺垫作用。此外，三星集团、英特尔公司、LG 公司、索尼公司、诺基亚公司等龙头企业均在此领域作了重点研发布局。例如，韩国成均馆大学和三星公司的研

究人员已经制造出由多层石墨烯和聚酯片基底组成的透明可弯曲显示屏；韩国团队所采用的方法，有用于大规模制造的潜力。据悉，芬兰诺基亚公司从欧盟的未来与新兴技术组织获得了 13.5 亿美元的研究经费，该经费将用于石墨烯材料的研究，其中就包括石墨烯用于高性能超薄触摸屏的研究。

表 8-4-2　石墨烯触摸屏领域同族专利数

序号	专利号	技术来源国（地区/组织）	同族数量	序号	专利号	技术来源国（地区/组织）	同族数量
1	CN102681737A	美国	13	16	KR2013004018A	韩国	10
2	TW201303688A	韩国	12	17	CN103529980A	韩国	10
3	CN103443753A	韩国	12	18	WO2013032302A3	韩国	10
4	CN103105970A	中国	11	19	CN103412663A	中国	9
5	WO2011096700A2	韩国	11	20	CN103412668A	中国	9
6	CN103733271A	欧洲专利局	11	21	WO2015099737A1	世界知识产权组织	9
7	CN104040643A	韩国	11	22	WO2014152509A1	美国	9
8	CN104995840A	美国	11	23	US20140207467A1	美国	9
9	CN103218081A	中国	10	24	WO2014057171A1	芬兰	9
10	CN103187119A	中国	10	25	WO2014026692A1	欧洲专利局	9
11	CN105492126A	美国	10	26	CN102622149A	韩国	9
12	CN103412688A	中国	10	27	CN103999024A	韩国	9
13	CN103907083A	韩国	10	28	CN105474332A	韩国	9
14	CN103443947A	日本	10	29	CN105493016A	世界知识产权组织	9
15	CN102799308A	韩国	10				

专利全球布局的角度反映专利的重要性。一般来说，美国专利商标局、欧洲专利局、中国国家知识产权局、日本专利局和韩国知识产权局是全球五大专利局，与世界知识产权组织一起，是全球专利最重要的目标国（地区/组织），某一项专利同时进入上述六个国家（地区/组织），本身就说明了该

专利申请的重要性。

表 8-4-3 为相关专利在全球主要国家（地区/组织）专利布局情况，主要显示了进入五局以上的专利申请，从表中可以看出，共有 7 件专利申请进入了全部六局。从技术来源国（地区/组织）可以看出，在这 7 件进入六局的重要专利申请中，来源于美国的专利有 2 项，中国、韩国、芬兰、欧洲、日本等地各 1 项。

表 8-4-3　石墨烯触摸屏领域在全球主要国家（地区/组织）专利布局的专利申请

序号	专利号	技术来源国（地区/组织）	同族数量	序号	专利号	技术来源国（地区/组织）	同族数量
1	CN103733271A	欧洲专利局	11	5	CN105493016A	中国	9
2	CN104995840A	美国	11	6	CN105474332A	韩国	9
3	CN103443947A	日本	10	7	WO2015089130A1	美国	8
4	WO2014057171A1	芬兰	9				

8.4.2　重点专利技术介绍

本节在引用频次、同族数量、全球主要国家（地区/组织）专利布局情况分析的基础上，并结合申请时间、申请人情况等相关因素，综合确定触摸屏领域的重点专利申请，通过对重点专利技术进行解读，从而使企业能够借鉴先进技术、避免重复研究、了解主要竞争对手的专利保护范围并防止专利侵权行为的发生。

图 8-4-1 为石墨烯触摸屏领域重点专利技术的演进。从重点专利技术出现时间分布来看，大部分重点专利分布在 2009~2015 年，这与之前全球触摸屏技术的专利申请趋势基本是一致的。2009 年开始，触摸屏的申请量开始快速增长，而在这期间研发和创新也相继广泛开展，世界各国的竞争者竞相抢占该领域的空白，并开始有意识地在重点市场内进行专利布局，从而起到牵制对手、抢占市场的目的，而这促进了整个触摸屏领域的发展。从技术方向可以看出，触摸屏的关注点在石墨烯薄膜转移、薄膜改性、薄膜图形化和触控模组的改进技术上，近几年更侧重于石墨烯薄膜图形化和触屏模组关键技术的改进。

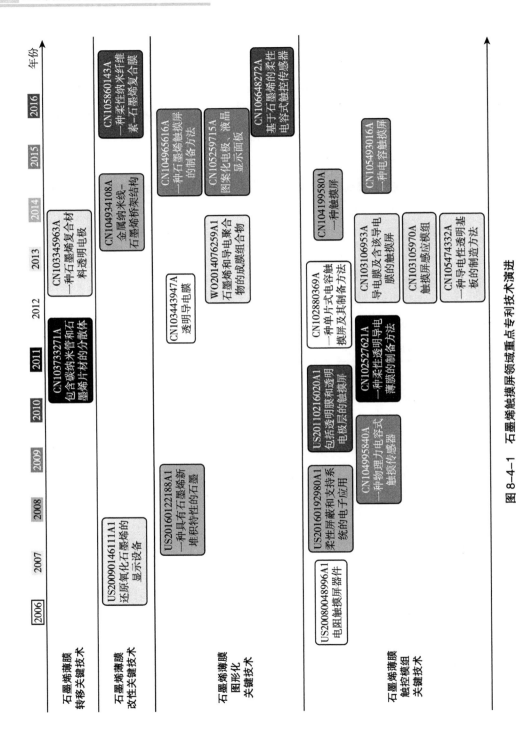

图 8-4-1　石墨烯触摸屏领域重点专利技术演进

8.4.2.1 石墨烯薄膜转移关键技术

目前使用最多石墨烯薄膜的转移方法有两种：基于聚甲基丙烯酸甲酯（PMMA）牺牲层的转移方法和热释胶带转移方法。前一种方法是在石墨烯表面旋涂上聚甲基丙烯酸甲酯，用酸液刻蚀铜，然后将石墨烯转移至目标基底上，最后用丙酮去除聚甲基丙烯酸甲酯。该方法操作简单，在实验室大量使用。后一种方法是将热释胶带与石墨烯/铜箔贴合，用酸液刻蚀铜，然后将石墨烯/热释胶带与目标基底贴合，最后热释胶带通过加热转移释放石墨烯。热释胶带转移方法方便大面积使用，同时通过胶带的裁剪也方便控制转移石墨烯的形状，因而对于石墨烯触控屏而言，热释胶带转移石墨烯方法更为实用。

2013年，重庆墨希科技有限公司和重庆绿色智能技术研究院发明了一种透明电极，公开号为CN103345963A，包括柔性透明基板，柔性透明基板上设有石墨烯层和导电高分子层。石墨烯复合材料透明电极的制备方法有两种：一种是先将石墨烯转移到柔性透明基板上，再在石墨烯表面涂布导电高分子材料；另一种是先将导电高分子材料涂布到柔性透明基板表面，再将石墨烯转移到柔性透明基板上的导电高分子层上。石墨烯复合材料透明电极点兼顾导电性、透光率及柔性的性能，满足方块电阻为 $5\Omega/sq{\sim}1000\Omega/sq$、透光率为80%~97%、弯曲半径小于5毫米时，对其电学性能无影响，无毒环保。可以在制作触摸屏、太阳能电池、有机发光二极管、液晶显示屏、薄膜晶体管、柔性电子产品或可穿戴式电子产品中应用。

8.4.2.2 石墨烯薄膜改性关键技术

范德华力的存在使石墨烯易团聚，从而降低了石墨烯的比表面积和比容量，引入金属氧化物与石墨烯进行复合可以使纳米粒子嵌入相邻的石墨烯片层间，有效阻止石墨烯片重新堆叠，使高的电荷容量得以保持，从而弥补石墨烯作为电子触摸屏材料的不足，使用石墨烯金属复合材料，兼具了良好的柔性和导电性。

2007年，三星电子的公开号为US20090146111A1的专利将氧化石墨烯分散体涂覆在基底上以形成氧化石墨烯层，将衬底和石墨烯氧化层浸入含还原剂的溶液中来还原氧化石墨烯，用有机掺杂剂和/或无机掺杂剂掺杂还原氧化石墨烯。通过调节氧化石墨烯分散浓度和喷涂条件，可以制备出大尺寸的薄层，薄层厚度易于控制，透光率易于控制。由于薄层具有柔性，因此易于处理并应用于柔性透明电极上。

2014年，重庆元石石墨烯技术开发有限责任公司发明了一种金属纳米线－石墨烯桥架结构复合材料，公开号为CN104934108A，该专利包括复数层石墨烯与金属纳米线，其特征在于：金属纳米线设置在石墨烯片层表面的一侧或两侧，金属纳米线与生长在石墨烯表面上的金属纳米颗粒熔接，形成金属纳米线－石墨烯桥架结构复合材料。该申请的复合材料可实现透光度为85%~92%的同时面电阻小于1Ω/sq。最佳实现透光度大于90%，面电阻小于1Ω/sq的透明导电膜，完全可以满足当下的工业应用要求。

2016年，上海大学发明了一种柔性纳米纤维素－石墨烯复合膜，公开号为CN105860143A，其纳米纤维素表面富含的含氧基团可与石墨烯表面残留的含氧基团形成氢键或静电力等非共价相互作用，纳米纤维素吸附在石墨烯片层上，使得石墨烯片层之间不会发生团聚，使石墨烯在纳米纤维素基体中均匀分散；石墨烯高度取向于平面方向，导热性能具有明显的各向异性，可达到以下导热性能参数：平行方向导热系数$\geq 2W \cdot m^{-1} \cdot K^{-1}$，垂直方向导热系数$\leq 0.3W \cdot m^{-1} \cdot K^{-1}$，导热系数各向异性比例$\geq 5$，拉伸强度$\geq 100MPa$；同时，具有优异柔韧性和耐弯折性，复合膜弯折500次之后导热系数变化范围为$0 \sim 10\%$。

8.4.2.3 石墨烯薄膜图形化关键技术

化学气相沉积多晶石墨烯与基底附着力差，在导电膜式触摸屏的预缩、丝印、光刻、清洗及转运制作工程中易刮擦、易损伤，引入的碎屑毛发等脏物无法通过业内正常清洗手段（高压水、超声、清洗剂）解决；清洗会损伤石墨烯薄膜层，不清洗无法去除光刻后银屑短路及表面脏污，良率低，从而不能大规模工业化量产。

2015年，重庆墨希科技有限公司和中国科学院重庆绿色智能技术研究院的专利CN104965616A涉及在石墨烯导电膜表面制作高电阻甚至绝缘的抗静电保护层，选用可穿透抗静电保护层的银浆形成的导电网络与底层石墨烯导通，在石墨烯表面近似绝缘的情况下不影响导电膜在触摸屏产品和制程中的正常使用。

2016 年，无锡格菲电子薄膜科技有限公司申请的专利 CN106648272A 在一层薄膜两面分别制作石墨烯层，并对石墨烯层分别进行图案化，使电容式触控传感器整体厚度实现了超薄，可实现 100 微米内的厚度。该申请中的电容式触控传感器为双层薄膜基底传感器结构的电容屏，灵敏度高，支持多点触控效果好，而且采用石墨烯代替氧化铟锡作为透明导电电极，使传感器可以做到良好的柔性，且加工过程中不用担心透明导电电极发生变化，可以大大降低工艺的难度，提高良率。

8.4.2.4 石墨烯薄膜触控模组关键技术

传统电容式触控传感器因为采用的是传统材料氧化铟锡，无法实现较好的柔性，同样，由于氧化铟锡薄膜易碎，在制作触控传感器的时候十分容易弯折而造成氧化铟锡性质发生突变，如导电性变差，这时候只能通过增加氧化铟锡的厚度和衬底的厚度，减少制作过程中的弯折，但是这样会导致整体厚度的增加，无法实现器件结构的超薄。

2006 年，Unidym 公司发明了一种电阻触摸屏器件（US20080048996A1），具有透明导电层和透明衬底，导电层涂覆在基板上，包括石墨烯片等纳米结构和导电聚合物组成的网络。提供另一导电层、另一衬底和间隔层，其中导电层涂覆于后一衬底上。导电层彼此相对，由间隔层隔开，包括每平方米小于 500 欧姆的电阻和对 550 纳米波长的光的 90% 的透光率。

2010 年，三星电机发明了一种大面积触摸屏（US20110216020A1），将石墨烯用于触摸屏的透明电极层。该触摸屏包括透明膜，其厚度为 188 微米 ~ 2000 微米，透明电极层。所述透明膜的至少一个表面经过紫外线处理、高频处理或引物处理。触摸屏具有优异的表面电阻、柔韧性、厚度和透明度。

2012 年，无锡格菲电子薄膜科技有限公司、无锡力合光电传感技术有限公司申请了一种基于石墨烯薄膜的电容式 OGS 触摸屏（CN102880369A），包括单片基板、非视窗油墨区、视窗触控区和引线区；其中，单片基板上四周设置非视窗油墨区，非视窗油墨区环绕形成视窗触控区，在非视窗油墨区上设置引线区；视窗触控区的电极材料为石墨烯透明导电薄膜。该发明所述的触摸屏的制备方法有利于强化玻璃的制作，提高了强化玻璃的强度维持能力与稳定性，同时可以显著提高触控区感测电极的光透过性和阻抗均匀性，避免了黄光制程，只采用激光直写刻蚀或金属掩膜加反应离子刻蚀，制作工艺方便、快捷、高效。

2014 年，合肥鑫晟光电科技有限公司和京东方科技集团股份有限公司申请了一种触摸屏（CN104199580A），在触摸屏中触控结构的桥接层的材料为石墨烯，由于石墨烯具有较高的电荷迁移率，且电阻值在可见光波段与光的波长无关，因此可以对触控结构中相邻的触控驱动电极或相邻的触控感应电极起到很好的桥接作用。另外，采用石墨烯制作的桥接层与现有技术中氧化铟锡材料的桥接层相比具有很强的抗静电性能力；与现有技术中金属材料的桥接层相比，可以避免金属爬坡、桥点可见性的缺点，从而提高了触摸屏的透过率。

8.5 本章小结

石墨烯触摸屏第一件专利申请出现在 2006 年，该领域经历了技术萌芽期（2006~2009 年），目前已进入技术发展期（2010 年至今）。随着制备技术的进一步成熟，石墨烯触摸屏相关的专利申请有了迅速增加，2010~2013 年，每年都呈翻倍式增长。全球石墨烯触摸屏专利主要技术来源国（地区／组织）均是在 2010 年之后才开始有了比较稳定的申请量。

石墨烯触摸屏专利在华申请中，实用新型申请占有比率较大，这主要是由于石墨烯触摸屏的专利很大一部分的改进点在于触摸屏的结构设计。从全球主要申请人的类型来看，全球十大申请人均是企业，其中国内申请人为 8 家，另外两家为韩国的 LG 公司和三星集团。

韩国三星集团以及我国欧菲光集团股份有限公司、京东方科技集团股份有限公司作为触摸屏领域专利申请量较大的重要申请人，其技术发展情况及其专利研究动态也非常值得关注和分析。三星集团在石墨烯触摸屏技术方面侧重于电极材料应用，而欧菲光集团股份有限公司在石墨烯触摸屏技术方面侧重于透明导电材料、导线以及电极应用，同时对电容式触摸屏以及涉及滤光和感应的部件结构给予了重点研发，京东方科技集团股份有限公司则对专利申请的布局较为全面，涵盖设计、制造等各个领域。

第九章　展望和建议

1. 在政府层面，建议以市场为导向，加大政策、资金扶持力度，服务石墨烯产业化之路

石墨烯在光、电、热、力等方面具有优异性能，极具应用潜力、可广泛服务于经济社会发展的新材料，在电子、能源、材料、生物等产品上已呈现良好的应用前景，发展石墨烯产业对带动相关下游产业技术进步、提升创新能力、加快转型升级、激活潜在消费等，都有重要的现实意义。事实上，近几年来，我国在石墨烯领域的专利申请位居世界首位，在科研领域取得了丰硕成果，市场上也出现了一系列的石墨烯产品，例如，石墨烯防腐涂料、石墨烯发热膜、石墨烯散热膜、石墨烯电池等，但是，石墨烯产业化的时间还较短，目前仍处于从实验室走向产业化的过程中。当前阶段制约石墨烯产业发展的关键问题是石墨烯的工业化制备方法不成熟，无论是粉体产品还是薄膜产品都面临着成本高、产品不稳定、标准化程度低等问题，还需要长时间发展才能克服这些困难。此外，下游应用产品开发也还比较初级，石墨烯生产企业的盈利能力较弱，这与需要投入高额的研发经费相矛盾。因此，在当前石墨烯产业化的关键时期，还需要各级政府加大在政策、资金方面的扶持力度，例如，给予适当的税收优惠，引导包括风险投资在内的产业资本快速、有效地流入石墨烯产业，多方面挖掘资金渠道，减少企业压力，分担投资风险。

作为战略新兴产业，石墨烯产业目前仍处于以政策引导模式为主的产业发展过程，新兴产业的产业规模和市场容量都需要长时间政策和资金的扶持和培育才能达到市场自我循环的能力，政策引导占据了主要因素。但是，我国与美、韩、日等其他石墨烯专利申请大国相比，在产业驱动要素上存在一定的差别，主要体现在重点领域分布和申请主体上。在应用方面，我国更加

侧重材料、新能源领域，这些领域产业成熟期更长，受政策因素影响更大。在政策因素推动下，早期产业发展所需的研发资金主要以科研资金的形式进入基础研究能力更强的科研机构，这些资金看似庞大，但"僧多粥少"。从技术复杂度和资金需求量上考虑，科研机构更加倾向于选择相对研发难度低的"氧化还原法、气液相剥离法－材料/能源领域"进行重点切入，由此也造成上述技术领域申请量偏大、申请主体以科研机构为主的局面。同时，这些专利技术侧重于基础研究，大部分停留在实验室阶段，没有经过产业化放大的检验，不适合直接进行产业化推广，影响了研发资金的使用效率。相比之下，美国、日本和韩国的石墨烯产业发展受市场因素驱动的成分更大。在应用领域上，上述国家的技术更加侧重市场自由竞争度更高、市场需求传导性更强的电子领域，而申请主体也往往是企业。市场对技术的需求是影响专利活跃度的主要因素之一。在市场经济规律的自我调节下，一方面，市场主体为了获得更高的利润，都有试图脱离同质化竞争较为激烈的"红海"而转向"蓝海"的意愿，并都希望通过对未来市场的准确判断获得发展的先机；另一方面，由市场传导回来的信息表明，只有不断地满足消费者对新产品、新功能和新体验的需求，才有可能在未来的竞争中保持或处于领先地位。因此，市场需求是影响技术发展趋势的主要因素。市场内生因素会引发对新技术、新功能和新应用的需求，企业则结合自身技术和资金实力，以及对未来产业趋势的判断力，表现出对技术升级和产业升级切入点的不同。像三星集团这样的跨国企业技术实力较强且具有长远判断力，通过对现有技术的变革性创新，会努力开发出能够为其带来领先于同业竞争者并且可以获得超额利润的技术，这使其在创立了全新市场并成为全新市场领导者的同时，也获得了市场的先机。这些公司在选择技术研发方向时也会优先考虑市场需求、容量以及技术复杂度等因素，技术复杂度越高，市场需求和容量越大的技术往往是他们的首选目标。从这个意义上讲，一方面，三星集团这样的跨国企业在石墨烯技术领域的发展动向值得重点关注；另一方面，更为重要的是，培育企业或企业与科研机构联合成为创新主体，对提高资金使用效率、推动石墨烯产业发展具有重大的现实意义。因此，在制定相应政策时，可以选择适当地向企业倾斜，鼓励企业与有实力的科研机构合作，加快石墨烯产业化步伐。

此外，在大力发展石墨烯产业的同时，石墨烯制备（尤其是氧化还原法）与应用过程中所带来的环境风险也应受到足够重视。需要尽快由政府出面对石墨烯产业的环境风险进行评估，配套出台相应的环境保护政策，更好地为石墨烯产业化服务，避免高污染、低技术含量项目重复建设，过度集中，引导产业资本在石墨烯产业链上合理布局，实现经济的高质量增长。

2.在产业技术层面，实现上游制备技术"双轮驱动"，重点推进生产设备、下游应用领域技术的开发与专利布局，向下游产业链延伸

从制备方法来看，氧化还原法和化学气相沉积法是当前两种主流方法，由两种方法制备的产品在物理、化学性能上各具特色。石墨烯领域事实上已经初步形成"氧化还原、气液相剥离法制造（上游）-新能源、新材料领域应用（下游）"和"化学气相沉积制造（上游）-电子领域应用（下游）"两条技术链。以电子信息产业为例，其发展主要依赖于新材料、新结构和新方法的不断涌现。石墨烯在该领域前景广阔，尤其是化学气相沉积法制备的石墨烯薄膜相对于传统材料具有不可比拟的优势，它易于规模化生产，所得导电薄膜质量高、面积大，便于转移，恰恰满足了下游电子领域对高质量材料的要求。而高性能集成电路、触摸屏、发光二极管、液晶显示以及晶体管等电子领域属于高端制造业，产品附加值高，市场需求量大，为石墨烯的应用留下相当大的利润空间。

从专利布局和主要产品结构来看，我国优势企业的布局重点仍然是上游制备，下游应用布局相对较少且领域单一，并未形成完整的"一体化"产业链，这种发展现状一定程度上会阻碍上下游环节的联系和互动。具体而言，上游环节向下游环节输送产品和服务，在缺少下游应用企业的情况下，上游生产企业的产品销售就可能出现问题，尤其是石墨烯产品在大多数应用领域属于替代材料，并且在成本和性能上不占优势，上述销售困难的问题就更加突出；同时，下游环节向上游环节反馈信息，在缺少下游应用企业的情况下，石墨烯产品在应用当中出现的技术问题就无法得到有效反馈，上游企业也没有改进产品和后处理技术的动机和方向，长期缺乏市场的反馈循环，上下游技术衔接就会被阻断。随着石墨烯制备技术的逐渐成熟和产业推进，上游制备可能沦为人力或资金密集型产业，价值链向下游应用倾斜，上游生产企业会逐渐陷入低附加值、低成本的恶性循环，对整个石墨烯产业的健康发

展不利。因此，从产业发展的角度考虑，应当鼓励优势企业适当延伸产业链，向下游开发迈进。

3. 在企业发展层面，鼓励先进企业和科研机构积极推动和参与石墨烯标准体系的建立，成立区域技术联盟，促进企业与科研机构的交流合作，根据自身优势进行方向选择和目标定位，避免盲目跟风导致重复研发；提高技术开发和专利保护意识，对重点专利及时进行海外布局

当前，石墨烯制备技术所面临的主要问题是批量化生产技术不成熟、产品成本高、不稳定、标准化程度低。为解决上述问题，一方面，规模化生产技术的基础研究工作有待继续加强；另一方面，需要进一步完善标准规范体系，建立适合我国产业特点并与国际接轨的石墨烯标准。

目前全国有数量众多的企业、科研结构从事石墨烯的研究与生产，涉及的领域也较广，加上各地政府的政策扶持，我国投入的人力和物力已经不小，然而至今仅有一个国家标准（GB/T 30544.13—2018 纳米科技术语第13部分：石墨烯及相关二维材料）和少量团体标准制定完成，涉及的企业数量有限，专利标准化进展缓慢；因此，尽快制定国家或行业标准，同时将专利标准化是比较迫切的要求，有利于规范整个行业，提高整个行业的竞争力，要让国内企业认识到标准的重要性，从而推动行业不断发展，进而能够参与到国际标准的制定中去，从而增强在国际市场上的竞争力和话语权。目前，我国的石墨烯生产企业已经初具规模，在制备技术研究中积累了大量经验，具有重要的行业影响力，这些先进企业应当积极推动和参与石墨烯标准体系的建立，为自身发展提供帮助。首先，参与标准制定可以提升企业形象；其次，"得标准者得天下"，率先参与制定标准，率先规范市场，一旦标准实施，企业就获得一个绝好的保护自我发展的壁垒，也获得了抢占国内、国际市场的强大武器，并会产生强大的市场控制效应。

随着石墨烯产业的发展，全国各地已出现多个石墨烯的产业聚集区和科研聚集区，但我国产业和科研分离现象严重，因此需要通过政府引导和行业自发相结合的模式，联合科研机构和企业组建产学研一体、上中下游产业链结合的产业联盟，促进产业优势互补、研发技术优势互补和专利资源优势互补，形成专利联盟，推动石墨烯的产业化进程。

近几年，石墨烯的研究开发持续受到关注，有众多的企业和科研机构开

展了相关研究，然而作为研究热点有时候会造成短期大量的研发资源投入，盲目跟风进而导致资源浪费的可能。从我国专利申请的申请人来分析，主要存在两种情况：一种情况是申请人数量分散，另一种情况是有部分申请人进行短期集中申请，而没有良好的连续性，上述情况都不排除存在无计划盲目投入研发的可能。然而，国外的申请人特别重视研发的重点与主要业务密切相关，并不盲目扩张，例如，三星公司持续布局化学气相沉积法制备石墨烯以及石墨烯在电子领域的应用，PPG 公司专注于涂料，浦项制铁集团公司作为钢铁企业特别重视防腐涂料的研发，这些都可以为国内创新主体在方向选择上提供借鉴，国内企业应根据自身情况，选择合适的发展方向和策略，从而避免导致研发资源的配置不合理，影响研发效率。

目前，全球石墨烯专利申请约 3/4 涉及应用技术，一旦实现产业化，将快速向石墨烯产业链下游应用领域扩展。我国申请人虽然专利申请量较多，但是在海外布局的情况与国外申请人相比还明显不够，究其原因，一方面可能是对潜在的市场全球化专利保护意识不够，另一方面可能是重要专利的数量并不多。因此，需要学习和借鉴国外优秀企业的研发和保护策略，提前对存在潜在市场的海外国家和地区进行专利布局。